电工技术无师自通系列丛书

电工安全用电

李良洪　郭振东　主　编

蒋国平　俞　研　李纪红　副主编

李志勇　陈　影　主　审

電子工業出版社

Publishing House of Electronics Industry

北京 · BEIJING

内 容 简 介

为防止各类电气事故的发生，保证人身和设备的安全，安全用电始终是一个必须时刻引起高度重视的课题。

本书重点介绍了安全用电基础、电路保护装置、电工常用工具和安全用具、电气绝缘和防护技术、电气接地和接零技术、触电及其急救、雷电及其防护、静电及其防护、电磁辐射及其防护、电气火灾和爆炸事故及其预防、家用电器的安全使用、常见不安全行为及安全操作注意事项等内容。本书以简洁明了的文字和通俗易懂的插图相结合，辅以实际应用举例和经验，使复杂的理论容易被读者接受和理解，从而达到活学活用的目的。

本书可供从事电气安全工作的技术人员学习使用，也可作为高职高专相关专业学生的参考用书。

图书在版编目（CIP）数据

电工安全用电 / 李良洪，郭振东主编. —北京：电子工业出版社，2015.1
（电工技术无师自通系列丛书）
ISBN 978-7-121-24976-1

Ⅰ. ①电… Ⅱ. ①李… ②郭… Ⅲ. ①安全用电 Ⅳ. ①TM92

中国版本图书馆 CIP 数据核字(2014)第 276445 号

策划编辑：李　洁
责任编辑：刘真平
印　　刷：北京七彩京通数码快印有限公司
装　　订：北京七彩京通数码快印有限公司
出版发行：电子工业出版社
　　　　　北京市海淀区万寿路 173 信箱　邮编　100036
开　　本：787×980　1/16　印张：13.25　字数：296.8 千字
版　　次：2015 年 1 月第 1 版
印　　次：2022 年 8 月第 8 次印刷
定　　价：39.00 元

凡所购买电子工业出版社图书有缺损问题，请向购买书店调换。若书店售缺，请与本社发行部联系，联系及邮购电话：（010）88254888。

质量投诉请发邮件至 zlts@phei.com.cn，盗版侵权举报请发邮件至 dbqq@phei.com.cn。

服务热线：（010）88258888。

前　言

随着我国电力事业的迅猛发展，电的使用范围也越来越广泛。人类社会不断向前发展，人类对电的依存程度越来越高。

无论是煤、石油、天然气等热能，还是核能、风能、太阳能及生物质能等，人类都试图把它转化为电能再来应用。电能既是国民经济的重要能源，也是人类步入信息化、智能化时代的介质。换言之，电能几乎成了人类在用能源的终极形式，当今社会，人类生活的一切场合，电几乎无处不在，无时不有，电甚至已经成为人类不可或缺的东西。

但是由于“电”具有看不见、听不到、嗅不着的特性，安全用电就显得尤为重要。据调查，我国的用电安全水平与发达国家相比，还有很大的差距。为防止各类电气事故的发生，保证人身和设备的安全，安全用电始终是一个必须时刻引起高度重视的课题。

正因为电与人类的关系如此密切，电在人类生活中如此重要，一旦发生电气事故，不仅会直接危及人的生命、财产安全，甚至直接影响到人类社会生活的稳定与和谐。因而，掌握电气安全基本理论和技术，防范电气事故发生，是一项极为重要的技能。期望通过本书使读者了解电力系统安全运行及防范电气伤害事故两方面的基本理论知识，做到安全用电。

本书由李良洪、郭振东主编，蒋国平、俞研、李纪红任副主编，李志勇、陈影主审。参加编写的还有赵健辉、刘卜源、胡云朋、范毅军和钱晓涛。

在编写本书时，引用了众多电工师傅和电气工作者的成功经验与资料，难以一一列举，谨在此向有关杂志和资料的作者表示诚挚的谢意。同时，由于时间仓促、作者实践经验和学识水平有限，书中缺点、错误和不妥之处在所难免，恳请广大读者批评指正。

编　者

目　录

第1章　安全用电基础

电的发现及其广泛应用，促进了人类社会飞跃的进步。电能在工农业生产和生活中，起着举足轻重的作用。但是，如果电气设备安装不合要求，维修不及时或使用不当等，不仅会造成停电、停产、损坏设备、引起火灾等事故，甚至会造成人身伤亡。因此，电气安全已成为人类社会安全的重要组成部分，搞好安全用电工作十分重要。安全用电就是指在使用电气设备的过程中如何防止电气事故，以保证人身和设备的安全问题。

第1节　安全电压

一、人体电阻

人体电阻包括体内电阻和皮肤阻抗两个部分。体内电阻为 500Ω左右。皮肤阻抗包括皮肤电阻和皮肤容抗，由于皮肤容抗很小，可忽略不计，所以，皮肤阻抗近似等于皮肤电阻。

不同频率下人体电阻与接触电压的关系如图 1-1 所示。

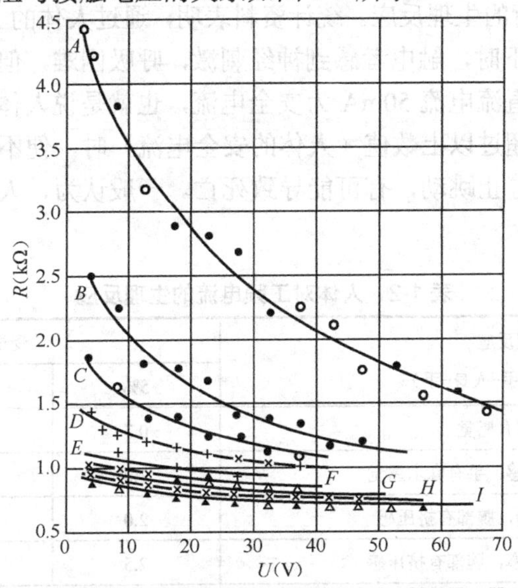

图 1-1　不同频率下人体电阻与接触电压的关系

皮肤电阻的大小取决于诸多因素，如皮肤的潮湿程度、触及电压值、接触面积、接触压力、温度等，如表 1-1 所示。皮肤干燥完好的情况下，人体电阻可达 10^4～10^5Ω；皮肤潮湿、外伤破坏皮肤角质后，人体电阻下降到 800～1000Ω。一般情况下，人体电阻可按 1000～2000Ω考虑。

表 1-1　不同条件下的人体电阻

接触电压（V）	人体电阻（Ω）			
	皮肤干燥	皮肤潮湿	皮肤润湿	皮肤浸入水中
10	7000	3500	1200	600
25	5000	2500	1000	500
50	4000	2000	875	440
100	3000	1500	770	375
250	1500	1000	650	325

二、安全电流

人体是导体，当人体上加有电压时，就会有电流流过人体，可能造成对人体的伤害。伤害程度与电流的大小、电流流经人体的路径、电流持续时间、电流频率以及人体状况等因素有关。表 1-2 为人体对工频电流的生理反应，表 1-3 为人体对直流电流的生理反应，表 1-4 为人体对静电电荷的生理反应。统计资料表明，通过人体的工频电流在 10mA 以下，或直流电流在 50mA 以下时，触电者感到神经刺激，呼吸困难，但能自己摆脱电源，因此确定工频电流 10mA 和直流电流 50mA 为安全电流，也就是说人体通过的电流小于安全电流时对人体是安全的。超过以上数值（人体的安全电流）时，便不能自己摆脱危险，会感到呼吸麻痹，继而心脏停止跳动，有可能导致死亡。一般认为，人体可以忍耐的极限电流为 30mA。

表 1-2　人体对工频电流的生理反应

生理反应 （电流路径：手–人身–手）	受试者百分数		
	5%	50%	95%
手掌刚有感觉	0.7	1.2	1.7
手掌有轻度刺痛感，手有麻木感觉	1.0	2.0	3.0
手掌有轻度颤动，腕部有挤压感	2.0	3.2	4.4
肘下前臂轻度痉挛，腕部有挤压感	2.5	4.0	5.5
肘上臂轻度痉挛	3.2	5.2	7.2

续表

生理反应 （电流路径：手–人身–手）	受试者百分数		
	5%	50%	95%
手僵硬、手指蜷握，尚能自己摆脱电源，有疼痛感	4.2	6.2	8.2
手到肩部的肌肉全部痉挛，自己不能摆脱电源	7.0	11	14

注：表中数值为工频电流有效值，单位为mA。

表1-3 人体对直流电流的生理反应

生理反应 （电流路径：手–人身–手）	受试者百分数		
	5%	50%	95%
手掌指尖有轻度刺痛感	6	7	8
手掌刺痛感增强，并感觉发热，腕部有轻度挤压感	10	12	15
有挤压感，手掌、腕部疼痛	18	21	25
手掌、腕部疼痛，挤压感增强，肘下前臂感到刺痛	25	27	30
腕部挤压感增强，疼痛加剧，肘部感到刺痛	30	35	40

注：表中数值为直流电流值，单位为mA。

表1-4 人体对静电电荷的生理反应

电压（kV）	能量（mJ）	电击程度
1	0.37	没有不适感觉
2	1.48	稍有不适感觉
5	9.25	有刺痛感
10	37	剧烈刺痛
15	83.2	轻微痉挛
20	148	轻度痉挛
25	232	中等痉挛

三、安全电压

从安全的角度来看，确定对人的安全条件，不用安全电流而用安全电压，因为影响电流变化的因素较多，而电力系统的电压通常是恒定的。安全电压是指人体与电接触时，对人体各部分组织（如皮肤、心脏、呼吸器官和神经系统等）不会造成任何损害的电压。我国安全电压标准规定的安全电压系列是42V、36V、24V、12V、6V五种，如表1-5所示。当设备采用安全电压做直接接触防护时，只能采用额定值为24V以下

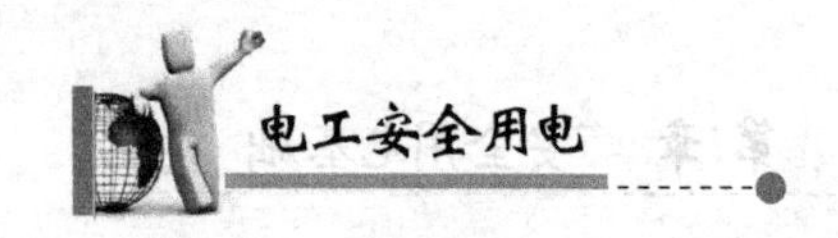

（包括 24V）的安全电压；当做间接接触防护时，则可采用额定值为 42V 以下（包括 42V）的安全电压。

表 1-5　我国安全电压标准

安全电压（交流有效值）（V）		选用举例
额定值	空载上限值	
42	50	在没有高度触电危险的场所（如干燥、无导电粉末、地板为非导电性材料的场所）选用
36	43	在有高度触电危险的场所（如相对湿度达 75%，有导电性粉末和有潮湿的地板场所）选用
24	29	在有特别触电危险的场所（如在相对湿度达 100%、有腐蚀性蒸汽、导电性粉末、金属地板和厂房等情况下），根据特别危险的程度选用 24V、11V 和 6V 电压
12	15	
6	8	

在安全电压范围内，如果周围环境条件（如人体在汗湿、皮肤破裂等）发生了变化，安全电压也会变成“危险”电压，导致触电事故的发生。换句话说，安全电压并不是绝对安全的。

为防止触电事故的发生，在一些具有触电危险的场所使用移动式或手持式电气设备时（如手电钻、手提照明灯等），必须采用安全电压供电。凡是在危险环境里使用的局部照明灯、手提灯、携带式电动工具，均应采用 36V 安全电压。凡是在特别危险环境里以及在金属容器、矿井、隧道里使用的手提灯，均应采用 12V 安全电压。

关于安全电压值的规定，各国并不相同。如美国规定为 40V；荷兰和瑞典规定为 24V；法国规定交流电为 24V，直流电为 50V；波兰、瑞士、捷克斯洛伐克规定为 50V。

从安全的角度来看，安全电压和危险电压是不能与普通的电压（对地电压小于 250V）或高压（对地电压大于 250V）混为一谈的。有时偶尔触及 220V 的电源，并没有造成伤亡事故，那是因为触电者穿着绝缘性能良好的鞋和站在干燥的地板上的缘故。否则，如站在潮湿的地上，赤手赤脚触及 220V 电源，是必然会造成严重的伤亡事故的。

第 2 节　电气安全净距

一、室内配电装置的安全净距

室内配电装置的安全净距如表 1-6 所示，各尺寸校验图如图 1-2 所示。

表 1-6 室内配电装置的安全净距

序 号	项 目	额定电压（kV）		
		3	6	10
1	带电部分至接地部分（A_1）	75	100	125
2	不同相的带电部分之间（A_2）	75	100	125
3	（1）带电部分至栅栏（B_1） （2）交叉的不同时停电检修的无遮栏带电部分之间	825	850	875
4	带电部分至网状遮栏（B_2）	175	200	225
5	无遮栏裸导体至地（楼）面（C）	2500	2500	2500
6	不同时停电检修的无遮栏裸导体之间的水平净距（D）	1875	1900	1925
7	出线套管至屋外通道的路面（E）	4000	4000	4000

注：① 表中安全净距的单位为 mm；

② 海拔高度超过 1000m 时，本表所列 A 值应按每升高 100m 增大 1%进行修正，B、C、D 值应分别增加 A 值的修正差值，当为板状遮栏时，其 B_2 取 A_1+30mm；

③ 本表所列各值不适用于制造厂生产的产品。

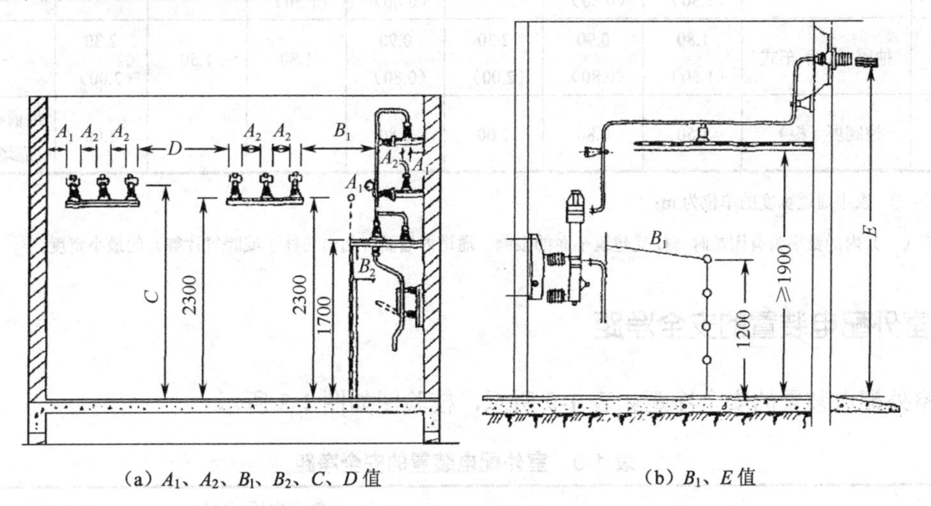

（a）A_1、A_2、B_1、B_2、C、D 值　　（b）B_1、E 值

图 1-2 室内配电装置安全净距尺寸校验图

二、配电装置室内各种通道的最小净距

配电装置室内各种通道的最小净距如表 1-7 所示。

表 1-7　配电装置室内各种通道的最小净距

序号	布置方式	维护通道	操作通道		通往防爆间隔的通道
			固定式	手车式	
1	一面有开关设备时	0.80	1.50	单车长+0.90	1.20
2	两面有开关设备时	1.00	2.00	双车长+0.60	1.20

注：表中最小净距的单位为 m。

三、室内低压配电屏前后的通道宽度

室内低压配电屏前后的通道宽度如表 1-8 所示。

表 1-8　室内低压配电屏前后的通道宽度

序号	类别	单排布置		双排对面布置		双排背对背布置		多排同向布置	
		屏前	屏后	屏前	屏后	屏前	屏后	屏前	屏后
1	固定式	1.50（1.30）	1.00（0.80）	2.00	1.00（0.80）	1.50（1.30）	1.50	2.00	—
2	抽屉式、手车式	1.80（1.60）	0.90（0.80）	2.30（2.00）	0.90（0.80）	1.80	1.50	2.30（2.00）	—
3	控制屏（柜）	1.50	0.80	2.00	0.80			2.00	屏前检修时靠墙安装

注：① 表中通道宽度的单位为 m；

②（　）内的数字为有困难时（如受建筑平面的限制、通道内墙面有凸出的柱子或暖气片等）的最小宽度。

四、室外配电装置的安全净距

室外配电装置的安全净距如表 1-9 所示，校验图如图 1-3 所示。

表 1-9　室外配电装置的安全净距

序号	类别	额定电压（kV）						
		0.4	1～10	15～20	35	60	110J	110
1	带电部分至接地部分（A_1）	75	200	300	400	650	900	1000
2	不同相的带电部分之间（A_2）	75	200	300	400	650	1000	1100
3	带电部分至栅栏（B_1）	825	950	1050	1150	1350	1650	1750
4	带电部分至网状遮栏（B_2）	175	300	400	500	700	1000	1100
5	无遮栏裸导体至地面（C）	2500	2700	2800	2900	3100	3400	3500

续表

序号	类 别	额定电压（kV）						
		0.4	1～10	15～20	35	60	110J	110
6	不同时停电检修的无遮栏裸导体之间的水平净距（*D*）	2000	2200	2300	2400	2600	2900	3000

注：① 表中通道宽度的单位为 mm；

② 有“J”字标记者是指“中性点接地电网”。

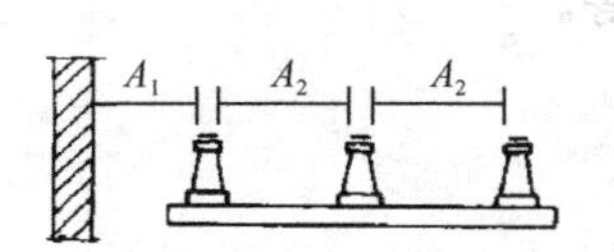

(a) 带电部分至接地部分和不同相的带电部分之间的净距

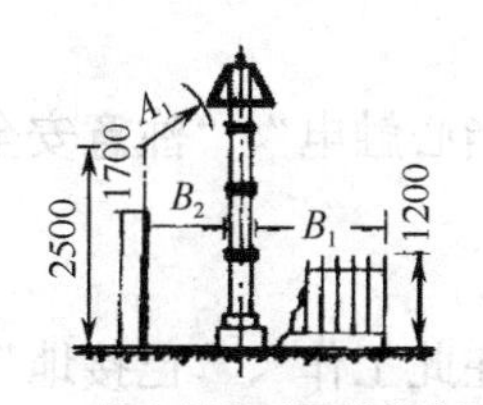

(b) 带电部分至围栏的净距

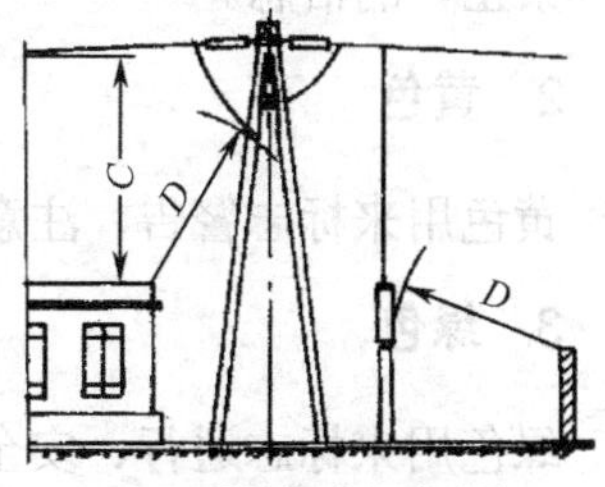

(c) 带电部分至建筑物和围墙顶部的净距

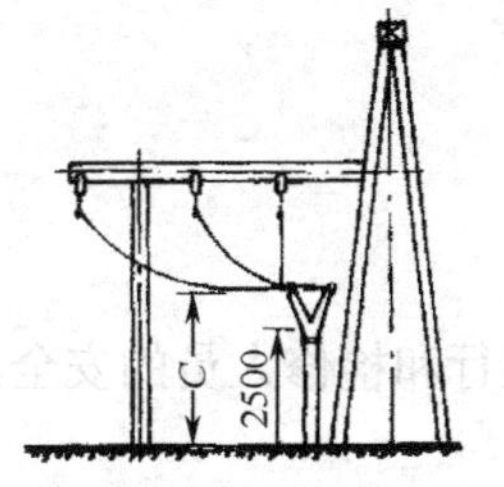

(d) 带电部分和绝缘子最低绝缘部位对地面的净距

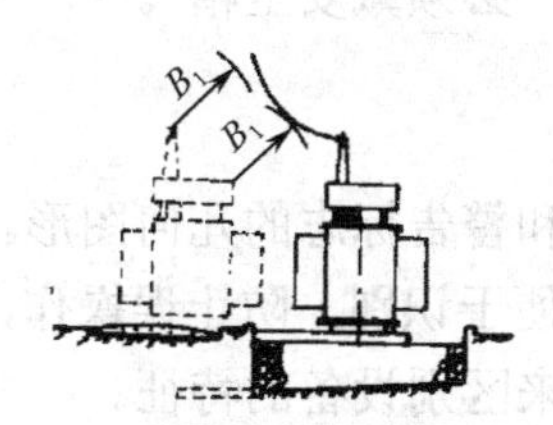

(e) 设备运输时，其外廓至无遮栏裸导体的净距

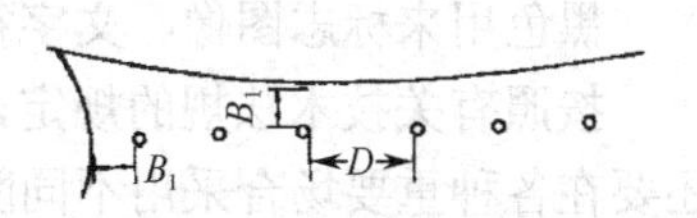

(f) 不同时停电检修的无遮栏裸导体之间的水平和垂直交叉净距

图 1-3 室外配电装置的安全净距校验图

第 3 节 电气安全标志

明确统一的标志是保证用电安全的重要措施之一。如果标志不统一，导线颜色不统一，就会误导将相线接至设备机壳，导致机壳带电，严重的会引起伤亡事故。

电气安全用电标志分颜色标志和图形标志两类。

（1）颜色标志常用于区分各种不同性质、不同用途的导线，或用于表示某处的安全程度。

（2）图形标志一般用于警示人们不要接近有危险的场所，例如，在配电装置的围栏上悬挂告诫人们“当心触电”的三角形标志牌。

为保证安全用电，必须严格按有关标准使用颜色标志和图形标志。

一、安全色

我国安全色采用的标准与国际标准草案（ISD）基本相同。常用的安全色有以下几种。

1. 红色

红色用来标志禁止、危险。如信号灯、信号旗、设备的紧急停机按钮等，都用红色表示“禁止”的信息。

2. 黄色

黄色用来标志警告、注意，如“当心触电”、“注意安全”等。

3. 绿色

绿色用来标志通行、安全，如“在此工作”、“已接地”等。

4. 蓝色

蓝色用来标志指令、遵守，如“必须戴安全帽”。

5. 黑色

黑色用来标志图像、文字符号和警告标志的几何图形。

按照有关技术法规的规定，为便于识别，防止误操作，确保运行和检修人员的安全，还要在各种重要场合采用不同颜色来区别设备的特征。

二、导线的颜色标志

电路中的裸导线、母线、绝缘导线，使用统一的颜色，既可以用来识别导线的用途，还可以作为指导正确操作和安全使用的重要标志。

1）一般用途导线的颜色标志

黑色——装置和设备的内部布线。

棕色——直流电路的正极。

黄色——三相电路的 L_1 相（A 相）；半导体三极管的基极；晶闸管和双向晶闸管的控制极。

绿色——三相电路的 L_2 相（B 相）。

红色——三相电路的 L_3 相（C 相）；半导体三极管的集电极；半导体二极管、整流二极管或晶闸管的阴极。

蓝色——直流电路的负极；半导体三极管的发射极；半导体二极管、整流二极管或晶闸管的阳极。

淡蓝色——三相电路的零线或中性线；直流电路的接地中线。

白色——双向晶闸管的主电极；无指定用色的半导体电路。

黄与绿双色——安全用的接地线（每种色宽15～100mm交替贴接）。

红与黑双色——用双芯导线或双根绞线连接的交流电路。

2）接地线芯或类似保护目的的线芯的颜色标志

在电气设备中，接地或类似保护目的对安全非常重要，因此，对于接地线芯或类似保护目的的线芯，国家做了如下明确规定：

无论采用颜色标志还是数字标志，电缆中的接地线芯或类似保护目的的线芯，都必须采用绿—黄组合颜色的标志。而且必须强调，绿—黄组合颜色的标志不允许用于其他线芯。

绿—黄两种颜色的组合，其中任一种均不得少于30%，不大于70%，并且在整个长度上保持一致。

在多芯电缆中，绿—黄组合线芯应放在缆芯的最外层，其他线芯应尽量避免使用黄色或绿色作为识别颜色。

3）多芯电缆线芯的颜色标志

二芯电缆——红、浅蓝；

三芯电缆——红、黄、绿；

四芯电缆——红、黄、绿、浅蓝。

其中，红、黄、绿用于主线芯，浅蓝用于中性线芯。

4）导线数字标记的颜色规定

电线电缆用数字识别时，载体应是同一种颜色；所有用于识别数字的颜色应相同，并与载体的颜色有明显区别。

多芯电缆绝缘线芯采用不同的数字标志，应符合下列规定：

二芯电缆——0、1；

三芯电缆——1、2、3；

四芯电缆——0、1、2、3。

其中，数字1、2、3用于主线芯，0用于中性线芯。

一般情况下，数字标志的颜色应为白色，数字标志应清晰，字迹应清楚。

三、指示灯的颜色标志

指示灯的颜色是保障人身安全、便于操作和维修的一种措施。

指示灯颜色标志的含义及用途如表 1-10 所示。

表 1-10　指示灯颜色标志的含义及用途

序　号	颜　色	含　义	用 途 举 例
1	红色	反常情况	指示由于过载、行程过头或其他事故； 由于一个保护元件的作用，机器已被迫停车
2	黄色	小心	电流、温度等参变量达到它的极限值； 自动循环的信号
3	绿色	准备启动	机器准备启动； 全部辅助元件处于待工作状态，各种零件处于启动位置，液压或电压处于规定值； 工作循环已完成，机器准备再启动
4	白色 （无色）	工作正常，电路已通电	主开关处于工作位置； 速度或旋转方向选择； 个别驱动或辅助的传动在工作； 机器正在运行
5	蓝色	以上颜色未包括的各种功能	

闪光信息的应用：

- 告诉人们需进一步引起注意；
- 须立即采取行动的信息；
- 反映出的信息不符合指令的要求；
- 表示变化过程（在过程中发闪光：亮与灭的时间比一般在 1∶1～4∶1 之间选取，较优先的信息应使用较高的闪烁频率）。

指示灯的选色示例如表 1-11 所示。

表 1-11　指示灯的选色示例

序号	应 用 类 型	开　关		指示灯位置和功能			指示灯选色
		功能	位置	安装位置	给操作者的光亮信息	光亮信息用意	
1	具有易触及带电部件的高低压试验室或试验区	主电源断路器	闭合	室（区）外的入口处	入内有危险	有触电危险	红色
			断开		无电	安全	绿色

续表

序号	应用类型	开关		指示灯位置和功能			指示灯选色
		功能	位置	安装位置	给操作者的光亮信息	光亮信息用意	
2	配电开关板	支路开关	闭合	开关板上	支路供电	供电	绿色
			断开		支路无电	无电	白色
3	机器的控制与供电装置	电源断路器	断开	操作者的控制台上	不亮	未供电	—
			闭合		供电	正常状态	白色
		各个启动器	闭合		准备就绪	—	绿色
			闭合		机器运转	启动确认	白色
4	抽出危险气体的通风机	电动机的启动器	闭合	风道口	注意：风机正在运转	注意	黄色
				操作者的控制台上和可能聚集有害气体的区域	正在抽气	安全	绿色
			断开		停止抽气	危险	红色
5	若输送停止，被输送物会凝固的输送装置	电动机的启动器	闭合	运输机近旁	运输机在工作，勿触及，离开	注意	黄色
				操作者的控制台上	正常运行	正常状态	白色
					运输机已超载，降低负荷	注意	黄色
			断开		超载停机，重新启动	必须立即采取行动	红色

四、按钮的颜色标志

按钮属于主令电器，主要用于发布命令，对电路实施闭合或断开命令等。因此，按钮的颜色标志对人身和设备安全具有重要意义。

1. 一般按钮的颜色标志

一般按钮颜色标志的含义及用途如表 1-12 所示。

表 1-12　一般按钮颜色标志的含义及用途

序号	颜　色	含　义	用 途 举 例
1	红色	停车、开断	一台或多台电动机的停车 机器设备的一部分停止运行 磁力吸盘或电磁铁的断电 停止周期性的运行
		紧急停车	紧急开断 防止危险性过热的开断
2	绿色或黑色	启动、工作、点动	控制回路激磁 辅助功能的一台或多台电动机开始启动 机器设备的一部分启动 激励磁力吸盘或电磁铁点动或缓行
3	黄色	返回的启动、移动出界、正常工作循环或移动一开始时去抑制危险情况	在机器已完成一个循环的始点，机械元件返回 揿黄色按钮的功能可取消预置的功能
4	白色或蓝色	以上颜色所未包括的特殊功能	与工作循环无直接关系的辅助功能控制保护继电器的复位

2. 带灯按钮的颜色标志

带灯按钮颜色标志的含义及用途如表 1-13 所示

表 1-13　带灯按钮颜色标志的含义及用途

序号	指示灯颜色	彩色按钮含义	指派给按钮的功能	用 途 举 例
1	红色	尽可能不用红指示灯	停止（不是紧急开断）	
2	黄色	小心	抑制反常情况的作用开始	电流、温度等参变量接近极限值 黄色按钮的作用能消除预先选择的功能
3	绿色	当按钮指示灯亮时，机器可以启动	机器或某一元件启动	工作正常 用于副传动时一台或多台电机启动 机器元件的启动 磁力卡盘或夹块激磁
4	蓝色	以上颜色和白色所不包括的各种功能	以上颜色和白色所不包括的功能	辅助功能的控制
5	白色	继续确认电路已通电、一种功能或移动已开始或预选	电路闭合或开始运行或预选	任何预选择或任何启动运行

五、电气安全图形标志

电气安全的图形标志由安全色、几何图形和图形符号构成，用以表达特定的安全信息。图形标志可以和文字说明的补充标志同时使用。电气安全图形标志简称为安全标志。

1. 安全标志的分类

安全标志分为禁止标志、警告标志、指令标志、提示标志及补充标志，其含义及用途如表 1-14 所示。

表 1-14　安全标志的含义及用途

序号	类　别	含　义	图形规定	用途举例
1	禁止标志	不准或制止人们的某些行动	带斜杠的圆环，其中圆环与斜杠相连，用红色；图形符号用黑色，背景用白色	禁止合闸，禁止启动，禁止攀登，禁止通行，禁止跨越
2	警告标志	警告人们可能会发生的危险	黑色的正三角形，黑色符号和黄色背景	注意安全，当心触电，当心爆炸，当心吊物，当心弧光，当心电离辐射，当心激光
3	命令标志	必须遵守	圆形，蓝色背景，白色图形符号	必须戴安全帽，必须穿防护鞋，必须系安全带，必须戴防护手套
4	提示标志	示意目标的方向	方形，绿、红色背景，白色图形符号及文字	安全通道，消防警铃
5	补充标志	对前述 4 种标志的补充说明，以防误解	写在上述标志的上方或下方，竖写或横写	

常见安全标志如图 1-4 所示。

图 1-4　常见安全标志

2. 安全标志的尺寸

安全标志的尺寸可按下式计算：

$$A \geqslant \frac{L^2}{2000}$$

式中 A——安全标志几何图形本身的面积，单位为 m^2；

L——最大观察距离，单位为 m。

通常，安全标志的圆形直径不得超过 400mm，三角形的边长不得超过 550mm，长方形的短边不得超过 285mm。

3. 安全标志的其他规定

（1）安全标志都应自带衬底色，采用与安全标志相应的对比色。其衬底的边宽最小为 2mm，最大为 10mm。

（2）安全标志牌应用坚固耐用的材料制作，如金属板、塑料板、木板等，标志牌应无毛刺和孔洞，也可直接画在墙壁或机具上。

（3）有触电危险的场所，其标志牌应使用绝缘材料制作。

（4）安全标志应放在醒目且与安全有关的地方，并使人们看到后有足够的时间注意它所显示的内容。安全标志不宜设在门、窗、架等可移动的物体上，以免这些物体改变位置后使人们看不见标志。

（5）标志杆的条纹颜色应和安全标志相一致。

（6）安全标志牌每年至少应检查修理一次。

4. 电气安全图形标志的应用

安全标志牌是一种安全标牌，通常都用绝缘材料做成。标志牌应有明显的标记。其作用是提醒作业人员和有关工作人员不得接近带电部分，指出作业人员的工作地点，提醒相关人员采取适当的安全措施，或者禁止向有人工作的地点送电。

依据用途标志牌分警告类、提示类、允许类和禁止类，共 4 类 7 种，安全标志牌的名称、悬挂地点、式样和尺寸示例如表 1-15 所示。

表 1-15 电气安全图形标志示例

序号	标志牌名称	标志牌悬挂场所	标志牌式样		
			尺寸（mm）	底色	字色
1	“禁止合闸，有人工作！”	一经合闸即可送电到施工设备的开关和刀闸操作手柄上	200×100 和 80×50	白底	红字
2	“禁止合闸，线路有人工作！”	一经合闸即可送电到施工线路的开关和刀闸操作手柄上	200×100 和 80×50	红底	白字

续表

序号	标志牌名称	标志牌悬挂场所	标志牌式样		
			尺寸（mm）	底色	字色
3	“在此工作！”	室内和室外工作地点或施工设备上	250×250	绿底，其中有直径210mm的白圆圈	黑字，写于白圆圈中
4	“止步，高压危险！”	施工地点邻近带电设备的栅栏上，室外工作地点的围栏上；禁止通行的通道上，高压试验工作地点，室外构架上工作地点，邻近带电设备的横梁上	250×200	白底红边	黑色，有红箭头
5	“从此上下！”	工作人员上下的铁架、梯子上	250×250	绿底，其中有直径210mm的白圆圈	黑字，写于白圆圈中
6	“禁止攀登，高压危险！”	与工作人员上下的铁架邻近的可能上下的另外铁架上，运行中的变压器梯子上	250×200	白底红边	黑字
7	“已接地！”	看不到接地线的工作设备上	200×100	绿底	黑字

安全标志牌的悬挂和拆除应按照电工作业安全工作规程的规定进行，通常由负责安全的值班人员进行悬挂及拆除。

第4节 电气事故

电气事故是由外部能量作用于人体或电气系统内能量传递发生故障而导致的人身或设备的损坏。

电气事故可以按照不同的方式进行分类。按发生事故的原因不同，电气事故可以分为触电事故、雷电事故、静电事故、射频危害、电路故障等；按发生事故时的电路状况不同，电气事故可以分为短路事故、断路事故、接地事故、漏电事故等；按发生事故的形式不同，电气事故可以分为人身事故、设备事故、电气火灾和爆炸事故等；按发生事故的后果不同，电气事故可以分为特大事故、重大事故、一般事故等；按伤害程度的不同，电气事故可以分为死亡、重伤、轻伤三种。

（1）触电事故。触电事故是由电流的能量施加给人体而造成的，即由于人体接触或接近带电体致使电流流过人体而造成的人身伤害。电流流过人体内部的触电称为电击，由于电流的热效应、化学反应及机械效应对人体局部的伤害称为电伤。一般情况下，电伤对人体造成的伤害要比电击轻一些。绝大部分触电伤亡事故都含有电击的成分。

（2）雷电事故。雷电事故是由于雷电的放电作用对人体或其他物体造成的伤害和破坏。

雷电放电时具有很大的能量，即电流极大、电压很高，因此具有很大的破坏性。雷击除了可能毁坏建筑物和技术设施外，也可能直接伤及人、畜，甚至可能引起火灾和爆炸。

（3）静电事故。静电是由于某些材料的相对运动、接触与分离等原因而积累起来的相对静止的电荷。静电的能量一般不是太大，但电压可能高达数万乃至数十万伏。静电放电时产生的火花是一个十分危险的因素，往往可以引起火灾或爆炸事故，也可能对人体造成伤害。

（4）射频危害。射频危害实际上就是电磁场辐射危害，即电磁场能量对人体造成的伤害。在高频电磁场的作用下，人体因吸收辐射能量而对各个器官产生不同程度的伤害。比如，射频危害可对人的中枢神经系统、心血管系统等造成一定的伤害。射频危害还表现为感应放电。

（5）电路故障。电路故障是指电能在传递、分配、转换过程中由于失去控制而造成的事故。常见的电路故障有断线、短路、接地、漏电、误合闸、误掉闸、电气设备或电气元件损坏等。电路故障不但会威胁到人身安全，而且也会严重损坏电气设备。

第 5 节　万用表的结构与使用

万用表也称三用表，是一种可以进行多种项目测量的便携式仪表，具有基本挡位和附加挡位，利用基本挡位可以比较精确地测量交流电压、直流电压、交流电流、直流电流及电阻值的大小，利用附加挡位可以进行电容器的测量、二极管的测量、三极管的静态电流放大系数测量、线路的通断测量等，是维修人员的必备工具之一。万用表是准确判断故障的重要依据，因此只有熟练掌握万用表的使用方法，再辅助一些其他的手段，才能迅速准确地判断故障，提高工作效率。

一、万用表的分类和选用

1．万用表的分类

万用表有指针式和数字式两类。常见的指针式万用表有：500 型、MF500-B 型、MF47 型、MF64 型、MF50 型、MF15 型等；常见的数字式万用表有：DT890 型、DT890D 型、DT830 型、DT9101 型、DT9102 型、DT9103 型等。指针式万用表使用方便、性能稳定、价格便宜，不易受外界环境和被测信号的影响，可以直观形象地观察变化的趋势；而数字式万用表测试精度高、读数准确、显示清晰、测量范围宽，还能准确进行电容容量和小电阻阻值的测量。这两类万用表各有所长，在使用的过程中不能完全替代，要取长补短，配合使用。

2．万用表的技术特性

1）万用表的灵敏度

灵敏度是指计量器具对被测量对象变化的反应能力。指针式万用表的灵敏度有表头灵敏度、直流电压灵敏度、交流电压灵敏度之分。

（1）表头灵敏度。表头灵敏度是指单位电流量能使表头指针发生偏转的角度。由于在指针式万用表中，指针的偏转范围是一定的，通常在指针发生最大偏转时（也就是满偏时），流过表头的电流为表头的灵敏度。此电流越小，表头的灵敏度越高。500 型万用表一般使用内阻 2500Ω、满偏电流为 40μA 的直流表头，因此 500 型万用表的表头灵敏度为 40μA。

（2）直流电压灵敏度。一般用万用表的最小直流电流挡的满偏电流的倒数来表示。如 500 型万用表的最小直流电流挡为 50μA，那么其直流电压灵敏度为

$$直流电压灵敏度=1/I=1/(50\times10^{-6})=20\ (\mathrm{k\Omega/V})$$

当量程为 10V 时，该挡的总内阻=10×20=200（kΩ）

当量程为 50V 时，该挡的总内阻=50×20=1（MΩ）

当量程为 250V 时，该挡的总内阻=250×20=5（MΩ）

从以上的分析可以看出，直流电压挡的量程越大，其内阻越大，对测量结果的影响越小。

（3）交流电压灵敏度。如果仍使用 50μA 电流量程作为交流电压表，并采用半波整流的方式，该整流电路的工作效率为 0.44，那么，使表头发生满偏所需要的交流电流为

$$50/0.44=113.5\ (\mu\mathrm{A})$$

则交流电压灵敏度为

$$1/(113.5\times10^{-6})=8.8\ (\mathrm{k\Omega/V})$$

当量程为交流 10V 时，该挡的总内阻=10×8.8=88（kΩ）

当量程为交流 50V 时，该挡的总内阻=50×8.8=440（kΩ）

从以上的分析可以看出，跟直流电压挡一样，交流电压挡的量程越大，其内阻越大，对测量结果的影响越小，不同的是交流电压的灵敏度低，相同数值的量程交流挡内阻低。由于 500 型万用表的整流电路采用全波整流，因此它的效率也相应提高了 1 倍，其交流电压灵敏度降低了一半，内阻也减小了一半。

2）万用表的分辨力及分辨率

分辨力是描述数字式万用表技术性能的一项参数，它表示该表可显示的最小的数对被测量值的可表达程度。分辨力不仅可以用来表示测量机构的技术性能，也可以用来表示各挡的技术性能。随着量程的转换，分辨力也相应变化，统一测量功能条件下，量程越小，分辨力越高；反之分辨力越低。如 DT890D 型数字式万用表 200mV、2V、20V、200V、1000V 的分辨力分别是 0.1mV、1mV、10mV、100mV、1V。

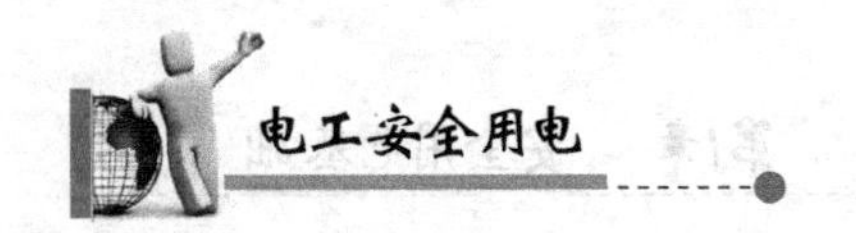

分辨力的相对值称为分辨率。设最大显示数为N_{max}，最小分辨力为一个字，则

$$分辨率=1/N_{max}$$

当N_{max}=1000V，最小分辨力=1V时，

$$分辨率=1/1000=0.001=0.1\%$$

3）万用表的准确度等级

按万用表的测量准确度大小所划分的级别，称为万用表准确度等级。划分的依据是仪表的基本误差，该误差是在规定的正常测量条件下所具有的误差。指针式万用表的准确度等级有0.5级、1.0级、1.5级、2.5级、5.0级。准确度等级的标注方法有3种，分别代表不同数值的测量误差。有的万用表还标有3个精度等级：—2.5、～5.0、Ω2.5，其中—2.5表示直流量程的基本误差为2.5%，～5.0表示交流量程的基本误差为5.0%，Ω2.5表示电阻量程的基本误差为2.5%。

4）万用表的其他技术性能

万用表的其他技术性能还有波形误差、频率特性等。

仪表的指示值按正弦波形交流电的有效值校正，当被测电压为非正弦波时，如测量铁磁饱和稳压器的输出电压，表的指示值将因波形失真而引起误差。数字式万用表大都采用平均值响应的AC/DC转换器，只能测量正弦电压的有效值，且要求被测正弦电压的失真不超过5%，欲测量方波、矩形波、锯齿波、梯形波、半波或全波整流波等非正弦波的电压，必须选用真有效值数字式万用表，如DT960T型、DT980型、DM8145型等。

频率特性是指针式万用表的交流电压挡，适用频率的范围因表而异。有的万用表交流电压挡的频率范围是45～65Hz，其扩展频率为1000Hz，在刻度盘上表示为45Hz～65Hz～1000Hz。有的万用表交流电压挡的频率范围是45～1000Hz，在刻度盘上直接标注。有些万用表没有标注所适用的频率范围，一般情况下按45~65Hz使用。在使用的过程中，如果被测交流电的频率超过万用表的工作频率范围，也将产生误差，并且误差会随着频率的升高而增大，最终会使测量结果失去意义。500型万用表的工作频率范围是45～1000Hz。手持数字式万用表的频率范围一般在400Hz以下，超过此值时测量结果会增大。

3. 万用表的选用

万用表按精度可分为精密、较精密、普通3级，按灵敏度可分为高、较高、低，按体积可分为大、中、小3种，一般来说，精密、灵敏度高、功能多、体积大的万用表质量好、价格贵。万用表的型号很多，而不同型号之间其功能也存在差异，一般情况下，指针式万用表都具有以下基本量程：×1～10～100～1k～10kΩ电阻挡、0～2.5～10～50～250～500V直流电压挡、0～10～50～250～500V交流电压挡、0～50μA～1～10～100～500mA直流电流挡，而数字式万用表量限更大，量程更多。

二、指针式万用表的结构与使用

1. 指针式万用表的结构

指针式万用表的种类很多，功能各异，但它们的结构和原理却基本相同。其结构主要由测量机构、测量电路、转换装置 3 部分组成，从外观上看由外壳、表头、表盘、机械调零旋钮、电阻挡调零电位器、转换开关、专用插座、表笔及其插孔组成，而内部则是由电池及电阻、电容、二极管、三极管、集成电路等元器件组成的测量电路。

下面以 500 型万用表为例介绍指针式万用表的结构。

500 型指针式万用表是一种高灵敏度、多量程的携带式整流系仪表，该表共有 24 个测量量程，能完成交直流电压、直流电流、电阻及音频电平等基本项目的测量，还能估测电容器的性能，判别各种类型的二极管、三极管及极性等。

从外观上看，500 型万用表正面有表头、表盘、两个转换开关、机械调零旋钮、调零电位器和 4 个表笔插孔，背面有电池盒，能容纳一节 1.5V 二号电池和一块 9V 层叠电池，如图 1-5 所示。

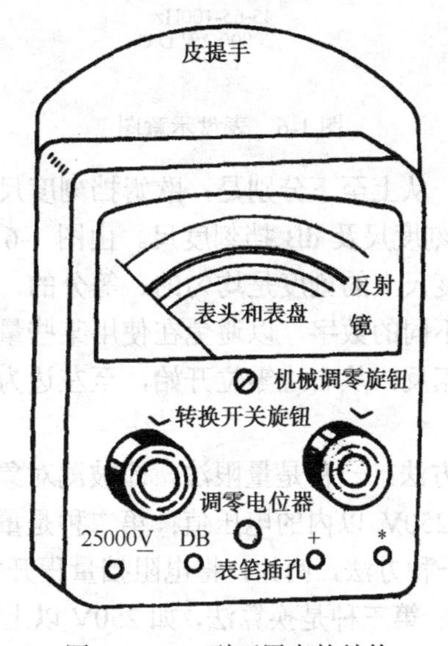

图 1-5 500 型万用表的结构

1）*表头*

表头是万用表的重要组成部分，决定了万用表的灵敏度。表头由指针、磁路系统和偏转系统组成。为了提高测量的灵敏度和便于扩大电流的量程，表头一般都采用内阻较大、灵敏度较高的磁电式直流安培表，500 型万用表使用的是内阻为 2800Ω、满偏度电流为 40μA

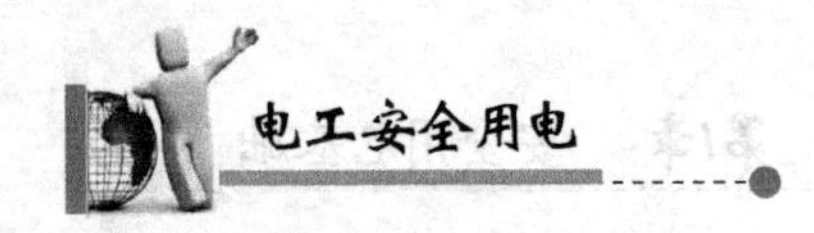

的直流表头。

由于 500 型万用表的表头采用的是直流安培表，电流只能从正极流入，从负极流出。在测量直流电流时，电流只能从与“+”插孔相连的红表笔流入，从与“*”插孔相连的黑表笔流出；在测量直流电压时，红表笔接高电位，黑表笔接低电位，否则，一方面测不出数值，另一方面很容易损坏指针。

2）表盘

表盘由多种刻度线以及带有说明作用的各种符号组成。只有正确理解各种刻度线的读数方法和各种符号所代表的意义，才能熟练、准确地使用好万用表。表盘示意图如图 1-6 所示。

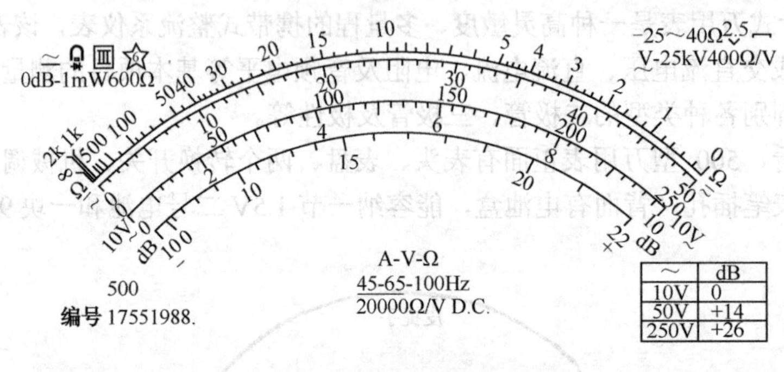

图 1-6　表盘示意图

刻度尺有 4 种刻度标记，从上至下分别是：欧姆挡刻度尺、交直流 50V 和 250V 挡的刻度尺、交流 10V 挡的专用刻度尺及 dB 挡刻度尺。由图 1-6 可见，直流电流和直流电压共用一条刻度尺，并且该刻度尺上的刻度是均匀的、等分的，其他刻度尺上的刻度是不均匀的，同一条刻度尺上标有不同的数字，以避免在使用某些量程时进行换算。电阻值的读数方法与其他读数方法正好相反，从右边零位开始，至左边为无穷大，其他量程读数从左边零位开始。

测量结果的读取有 3 种方法：一种是量限法，即被测对象的数值在刻度尺满偏范围之内，可以直接读取，如测量 250V 以内的电压值；第二种是量程法，即测量结果等于读数乘以量程，电阻挡就属于这一种方法，例如，将电阻挡量程开关旋至 R×100 挡，读数为 8，那么被测电阻的阻值为 800Ω；第三种是换算法，如 250V 以上的电压挡、+22dB 以上的 dB 挡等。

在万用表的表盘上通常印有各种符号，它们所表示的内容如表 1-16 所示。

表 1-16 万用表表盘符号及其意义

符 号	意 义	符 号	意 义
	磁电式带机械反作用力仪表		整流式仪表
	磁电式一级防外磁场		仪表水平放置
II	磁电式二级防外磁场		仪表垂直放置
III	磁电式三级防外磁场	2	表示仪表能经受 50Hz、2kV 交流电压历时 1min 绝缘强度试验（星号中的数字表示试验电压千伏数，星号中无数字时表示 500V，星号中为 0 时表示未经绝缘强度试验）
IV	磁电式四级防外磁场		
	交直流两用	2.5 2.5	准确度等级。此例表示直流测量误差小于满刻度的 2.5%

另外，万用表表盘上还印有各种数值和符号，其意义为：

（1）A－V－Ω。指安培、伏特、欧姆，即表示该万用表是可测电流、电压和电阻的复用表。

（2）MF。M 指仪表，F 为复用式，MF 为万用表的标志。

（3）27℃。为热带使用仪表，标准温度为（27±2）℃，而一般仪表的标准温度为（20±2）℃。

（4）0dB=1mW 600Ω。表示分贝（dB）标尺是以在 600Ω负荷电阻上，得到 1mW 功率时的指示定为 0dB。

3）转换开关

万用表的型号不同，转换开关的工作方式也不同，有功能开关与量程开关合用一只开关型、功能开关与量程开关分离型、功能开关与量程开关交互使用型等，有些万用表还设有专用插座，与功能转换开关配合使用，以完成某些专项测量。500 型万用表属于交互使用型，使用时首先要熟悉两个转换开关上功能选项的位置，根据被测对象的类别，选择相应的测量项目，再根据被测数值的大小，选择合适的量程，即可进行测量。如用 500 型万用表测量一节9V层叠电池的电压，首先选择功能开关，即将右边的旋钮旋至“V”挡；再选择量程，即将左边的旋钮旋至直流电压10V挡，然后将红表笔插入“+”，黑表笔插入“*”，确认无误后，即可进行测量，并从刻度线上读取测试结果。500型万用表除了用上述方法选择量程外，还可利用改变表笔插头位置的方法来转换测量量程。如当测量2500V交直流电压时，黑表笔插在“*”不动，将红表笔插在2500V的插孔内即可进行测量。

4）机械调零旋钮和电阻挡调零旋钮

机械调零旋钮的作用是调整表头指针静止时的位置。万用表不进行任何测量时，其指针应指在表盘刻度线左端“0”的位置上，如果不在这个位置，可调整该旋钮使其到位。电阻挡调零旋钮的作用是，当两表笔短接时，表头指针应指在欧姆挡刻度线的右端“0”的位置，如果不指在“0”的位置，可调整该旋钮使其到位。需要注意的是，每转换一次欧姆挡的量程都要调整该旋钮，使指针指在“0”的位置上，以减小测量误差。

5）表笔插孔

不同万用表表笔插座的表示方式有所不同，有的直接用“+”和“-”表示，有的用“+”、“*”表示，也有的用“+”、“COM”表示等。500型万用表有4个表笔插孔，分别对应在“*”、“+”、“dB”（有些为5A）和“2500V”位置上。测量时红表笔应插在“+”，黑表笔应插在公共端“*”，在使用交直流“2500V”和音频电平测试量程时，红表笔应分别插在“2500V”和“dB”插孔中。

指针式万用表的红表笔插孔与万用表内部电池的负极相连，黑表笔插孔与万用表内部电池的正极相连。数字式万用表正好相反。在用万用表测量二极管、三极管和某些有极性的元件时要特别注意表笔内部电源极性问题，以免引起误判。

2. 500型指针式万用表的使用

1）调“零点”

使用前，如果万用表指针不指在刻度尺的零点（非欧姆挡的起始零点），则必须用螺丝刀慢慢转动机械零点校正螺钉，使指针指在起始点零位上。然后将红表笔插在“+”内，黑表笔插在“*”内，再选择合适的量程，即可进行下一步的测量。

2）直流电压挡的使用

将右边的转换开关旋至直流电压挡，左边的旋钮旋至相应的待测直流电压的量程。测量时两表笔并接在线路的两端即可。

如果事先不知道待测电压的值在哪一个量程范围之内，应该遵循从高量程到低量程的原则，不合适再依次递减，直至指针在有效的偏转范围之内。如果不考虑表的内阻对测量结果的影响，可以选择较小的量程，使指针得到最大幅度的偏转，这时测量的结果读数最准确，误差最小；如果考虑表的内阻对测量结果的影响，就应该选择较高的量程，这样表

的内阻增大，减小了表的内阻对测量结果的影响。

在测量过程中，如果不知道电压的极性，可先将一支表笔接好，用另一支表笔在待测点上轻轻地、快速地触一下，如果表针向左偏转，说明测量错误，只需将红、黑表笔交换即可；如果指针向右偏转，表明测量正确，这时红表笔所接的一端为正极，黑表笔所接的一端为负极，接着可以进行细致的测量。除 50V 和 250V 挡的测量结果可以直接读出外，其他挡的测量结果需按比例换算。读取测量结果时，眼睛的视轴应和指针的中垂线重合，以减小人为的读数误差。如果表盘上带有反光镜，读数时指针应和镜中的影像重合。

3）交流电压挡的使用

将右边的转换开关旋至交流电压挡（与直流电压挡共用），左边的旋钮旋至相应的待测交流电压的量程。量程的选择与测量结果的读取方法与直流电压相同。另外，交流电压挡又多了交流 10V 专用刻度尺。注意：500 型万用表是磁电式整流系仪表，它的指示值是交流电压的有效值，均按正弦波形交流电压的有效值校正，因此只适用于正弦波。

由于交流电没有正、负极之分，所以表笔也没有红、黑之别。但需要说明的是，用直流电压挡测量交流电压值时，指针会抖动而不偏转，甚至会损坏；用交流电压挡测直流电压值时，所测量的结果大约要高一倍；测量交流电压时，如被测交流信号上叠加上直流电压，交、直流电压之和不得超过该量程的量限，必要时应在输入端串接隔直电容，也可直接利用 dB 挡进行测量，该插孔内部已串入隔直电容。因此在利用交流电压挡进行测量时，要注意量程的选用。

4）直流电流挡的使用

测直流电流时应将左边的转换开关旋至直流电流挡，右边的转换开关旋至与被测电流值相应的量程，量程的选定与直流电压的测量方法相同，将被测电路的某一点断开，将两支表笔串接在电路中，注意红表笔接电流流入的一端，黑表笔接电流流出的一端。在测量的过程中要注意两支表笔与电路的接触应保持良好，切勿将两支表笔直接并接在某一电路的两端，以防万用表损坏。

5）电阻挡的使用

将左边的转换开关旋至电阻（Ω）处，将右边的转换开关旋至待测电阻值相应的量程，先将两支表笔短路，调节欧姆挡调零电位器，使指针指在欧姆刻度线零的位置上，再将两支表笔并接在被测电阻的两端进行测量。

为了减小测试误差，提高测试精度，欧姆挡量程的选用应使指针的摆动范围尽可能地在刻度尺全刻度起始的 20%～80%之间，最好指在中间部位，这样精度更高。在测量阻值较大的电阻时，要避免人体与电阻两端或表笔导电部分接触。

R×1、R×10、R×100、R×1k 挡所用直流电源为一节 1.5V 二号电池，R×10k 挡所用直流电源是一节 1.5V 二号电池和一块 9V 层叠电池相串联。当两表笔短路时，调节调零电位器不能使指针摆到"0"位置上，表明电池电压不足，应更换电池。更换时要注意电池的极性，更换后要保证电池与电池夹接触良好。长期不用，要把电池取出，以防止电池漏液而腐蚀或影响其他元件。

利用万用表电阻挡测量发光二极管的好坏。取一个容量大于 100μF 的电解电容（容量越大，现象越明显），先用 R×100 挡对其进行充电，此时黑表笔接电容的正极，红表笔接电容的负极。充电完毕后，黑表笔改接电容的负极，将被测二极管串接于红表笔和电容正极之间，若二极管亮后逐渐熄灭，表明二极管是好的；若发光二极管不亮，将其两引脚交换后重新测试，还不亮表明该发光二极管已损坏。

6）音频电平挡的使用

利用音频电平（dB）挡可以测量标准负载时的功率增益。标准负载是指负载阻抗正好是 600Ω。将红表笔插入到"dB"，黑表笔插入到"*"，左边和右边的转换开关旋至交流电压挡及其对应的量程上，将两支表笔并接在负载两端就可进行测量。如果使用的是交流 10V 挡，指针所指的就是测量结果；如果使用的是交流 50V 或交流 250V 挡，就应该在指针读数上再分别加上 14dB 或 28dB。

三、数字式万用表的结构与使用

1. 数字式万用表的结构

数字式万用表采用了大规模集成电路和液晶数字显示技术，与指针式万用表相比，表的结构和原理都发生了根本的改变，具有体积小、耗电省、功能多、读数清晰准确等优点，因此受到广大维修人员的青睐。

在常用的数字式万用表中，以 $3\frac{1}{2}$ 位和 $4\frac{1}{2}$ 位袖珍式较多。$3\frac{1}{2}$ 通常读作"三位半"。其含义是最高位只能显示"1"或不显示即称为"半位"，其他 3 位显示 3 位十进制数，也就是说，$3\frac{1}{2}$ 位数字式万用表能显示的最大数字为 1999（不考虑小数点）。

DT890 是价格较低、较为普及的 $3\frac{1}{2}$ 位数字式万用表，其面板如图 1-7 所示。

DT890 有 30 个基本挡和两个附加挡，可用来测量直流电压（简称 DCV，有 200mV、2V、20V、200V、1000V 五挡）、交流电压（简称 ACV，有 200mV、2V、20V、200V、700V 五挡）、直流电流（简称 DCA，有 200μA、2mA、20mA、200mA 和附加 10A 五挡）、交流电流（简称 ACA，有 2mA、20mA、200mA 和附加 10A 四挡）、电阻（简称 OHM，有 200Ω、2kΩ、20kΩ、200kΩ、2MΩ和 20MΩ六挡）、电容（简称 CAP，有 2000pF、20μF、200μF、2μF 和 20μF 五挡），还有一挡用二极管符号和音乐符号表示，是二极管和蜂鸣器共用挡，

用来检测二极管的好坏和线路的通断，测量三极管的 h_{FE} 时，采用八芯插座，分为 NPN 和 PNP 二挡。

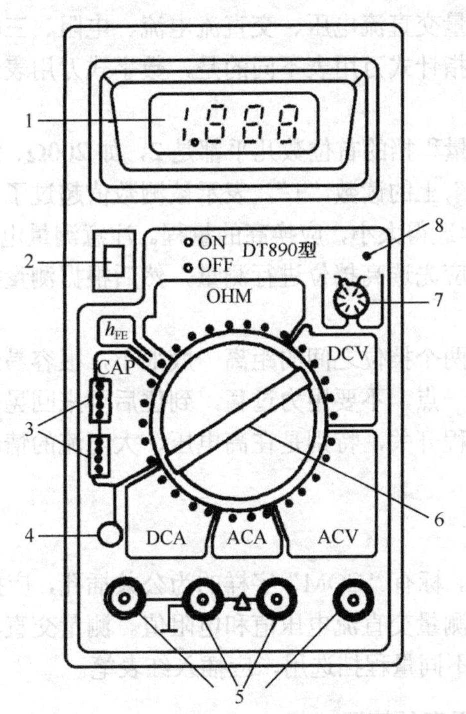

1—CD 显示器；2—电源开关；3—电容接口；4—测电容零点调节器；5—表笔插孔；6—量程选择开关；7—h_{FE} 端口；8—LED

图 1-7 DT890 型数字式万用表的面板

从面板上看，数字式万用表主要由液晶显示器、量程转换开关和表笔插孔等组成。

1）液晶显示器（LCD）

不同厂家生产的数字式万用表，其液晶显示器所显示的内容也各有不同，主要有测量项目显示、测量数字显示、计量单位显示、状态显示等，除数字显示以外，其他内容的显示都是以字母或符号表示。从液晶显示屏上可以直接读出测试结果和单位，避免了在使用指针表时人为的读数误差及测量结果的换算等。

在测量直流电压或直流电流时，如果读数为负值表示红表笔和黑表笔极性接反，此时也不必交换表笔重新测量；如果只显示最高位的“1”，表示超量限，应当换用高挡位，在换用量程之后要注意小数点位置的变化，以免读错结果。在测量开始 1～2s 时间内显示的数字会反复跳动也是正常现象。显示屏如果无任何显示，要检查电池及开关是否接触良好，在使用过程中，如果液晶显示屏显示电池电压不足，则打开后盖螺钉，换上同一型号的 9V 新电池即可；如果只显示固定的数值，则要检查万用表是否处于保持状态。

2）量程转换开关

数字式万用表量程转换开关在表的中间，量程开关与功能开关合用一只开关，并且功能多、测量范围广，能测量交直流电压、交直流电流、电阻、三极管的放大倍数、电容器的容量、电路的通断。与指针式万用表不同的是，数字式万用表还增加了交流电流和电容容量测试等挡位。

在数字式万用表中，量程挡的首位数几乎都是 2，如 200Ω、2V、20μF、20mA 等。如果测量结果只显示“半位”上的读数“1”，表示被测数值超过了该量程的测量范围（这种现象称为溢出），说明量程选得太小，应换高的量程。注意测量电压或电流时，在不能确定被测数值范围的情况下，应先选高挡位进行测量，然后根据测量数据，再选择合适挡位进行测量。

数字式万用表相邻的两个挡位之间的距离一般很小，很容易造成跳拨和错拨，因此在转换量程的时候动作要慢一点，不要用力过猛，到位后要来回晃动一下看是否接触良好。严禁在测量的同时拨动量程开关，特别是在高电压、大电流的情况下，以防产生电弧烧坏量程开关。

3）表笔插孔

表笔插孔一般有 4 个。标有“COM”字样的为公共插孔，应插入黑表笔，标有“V/Ω”字样的应插入红表笔，以测量交直流电压值和电阻值。测量交直流电流还有两个插孔，分别为“A”和“10A”，供不同量程挡选用，应插入红表笔。

2．DT890 数字式万用表的使用

1）电阻挡的使用

将红表笔插入“V/Ω”插孔，黑表笔插入“COM”插孔，将功能开关旋至Ω挡相应的量程。当无输入时，如在开路情况下则显示屏显示“1”。如果被测电阻值超出所选择量程的最大值，显示屏也将显示“1”，应选择更高的量程。对于大于 1MΩ或更高的电阻，要过几秒钟后读数才能稳定，这是正常现象。在测量高阻值时，应减去误差，如使用 200MΩ挡测量 100MΩ的电阻值时，测量的结果应减去表笔短路时显示的数字。

与指针式万用表相比，使用数字式万用表测量电阻值时，在任何挡位都无须调零，读数直观、准确，精确度高。如测量一只标有 47kΩ的电阻，将量程转换开关旋至 200kΩ挡，打开表的电源开关，这时显示“1”，将表笔跨接在电阻的两端，读数最后稳定在 45.4kΩ，这就是测量结果。由于电阻值的误差和表的误差导致了测量结果和电阻标注值存有差异，由此也不能说明电阻值不准或万用表测量不准。

2）直流电压挡的使用

将红表笔插入“V/Ω 插孔，黑表笔插入“COM”插孔，将功能开关旋至被测直流电

压相应的量程，量程的选用与指针式万用表相同。但当被测电压的极性接反时，测量结果前面会显示“-”，此时不必调换表笔重测。

如果显示屏只显示“1”，表示被测电压超过了该量程的最高值，应选用更高的量程。注意：不要测量1000V以上的电压值，否则容易损坏内部电路。

3）交流电压挡的使用

将红表笔插入“V/Ω 插孔，黑表笔插入“COM”插孔，将功能开关旋至被测交流电压相应的量程，其他方法与测直流电压基本相同。注意：不要测量 700V 以上的电压值，否则容易损坏内部电路。

4）直流电流挡的使用

将黑表笔插入“COM”插孔，当测量电流的最大值不超过 200mA 时，将红表笔插入“mA”插孔；当测量电流的最大值超过200mA时，将红表笔插入“10A”插孔。将功能转换开关旋至直流电流相应的量程，再将两表笔串联在被测电路中，便可测量出结果。

5）交流电流挡的使用

将功能转换开关旋至交流电流相应的量程，其他方法与直流电流的测量方法相同。

6）电容挡的使用

将功能转换开关置于电容量程，将电容器直接插入电容测量插座“CX”中，便可显示测量结果。注意：万用表本身对电容挡设置了保护电路，在测试过程中，不用考虑电容的极性和放电情况。测量较大的电容时，稳定读数需要一定的时间。

7）h_{FE}挡的使用

将待测三极管插入“NPN”（用于测 NPN 三极管的β）或“PNP”（用于测 PNP 三极管的β）插孔中，显示屏上显示的数值即为被测三极管的β值。

8）数字式万用表的妙用

灵活运用数字式万用表所具有的一些特殊功能，会给元器件检测和电路测量带来很多方便。下面介绍一些数字式万用表在元器件检测和电路测量中的一些技巧。

（1）蜂鸣器和二极管挡的使用。将红表笔插入“V/Ω 插孔，黑表笔插入“COM”插孔，功能转换开关旋至蜂鸣器和二极管挡，便可进行测量。该挡有两项功能：

① 判断线路的通断。将两表笔跨接在线路的两端，蜂鸣器有声音时，表示线路导通（$R \leqslant 90\Omega$），如果没有声音表示线路不通。

② 判断二极管的好坏、极性、正向压降值。将红、黑表笔分别接二极管的两端，如果显示溢出，表示反向，再交换表笔，这时显示的数值为二极管的正向压降值，红表笔所连接的一端为正极，另一端为负极。同时也可以根据正向压降的大小判断二极管的制作材料，一般情况下锗管的正向压降为0.15～0.3V，硅管为0.5～0.7V；如果以上两次测量均为溢出，

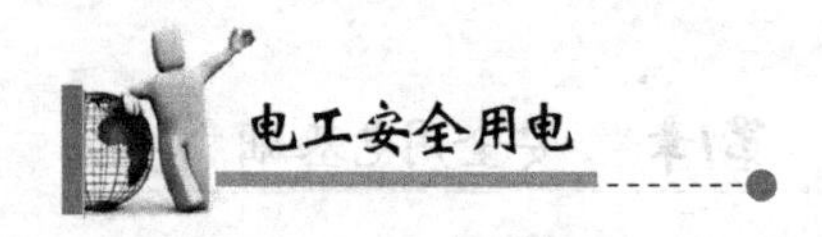

表明此二极管已损坏。

注意：数字式万用表的红表笔接内部电源的正极，黑表笔接负极，与指针式万用表正好相反。在测量二极管时不要误判。

（2）发光二极管的检测。利用数字式万用表检测发光二极管有两种方法。

① 将红表笔插入“V/Ω 插孔，黑表笔插入“COM”插孔，功能转换开关旋至蜂鸣器和二极管挡，用红、黑表笔分别接触发光二极管的正、负极，在显示正向压降的同时，发光二极管还能被点亮而发出微光。

② 将发光二极管的两引脚分别插入 h_{FE} 插座的 C、E 检测孔，若二极管不亮，对调一下亮，则说明该二极管是好的，反之则说明二极管是坏的。能亮时，在 NPN 挡插入 C 孔的是正极，在 PNP 挡插入 E 孔的是正极。

（3）晶振的检测。用电容挡测其容量，在 200～300pF 之间为好。容量大于此值表明晶振漏电，容量小于此值为破碎，无容量为极间断路。

（4）三极管引脚的判别。用蜂鸣器和二极管挡检测三极管的好坏。拨到“蜂鸣器和二极管”挡，用表笔测 PN 结，如果正向导通，则表上显示的数字即为此 PN 结的正向压降。压降大的为发射结，压降小的为集电结。如果红表笔接的是公共极，则被测三极管为 NPN 型，且红表笔所接的极为基极；如果黑表笔接的是公共极，则被测三极管为 PNP 型，且黑表笔所接的极为基极。

（5）可控硅的检测。在 h_{FE} 挡时，用 NPN 座测量，将可控硅的阳极引线插入 C 孔内，阴极插入 E 孔内，控制极空着，这是显示应为“0”，如果显示在千位为“1”，则表明可控硅已击穿。当显示为“0”时，把控制极接到阳极上，这时显示在千位数上有“1”，或除千位数上有“1”显示外，后 3 位数也有数字闪动，则表明可控硅已导通。断开控制极与阳极的连线，把阳极在 C 孔内的线拆下，再插入，重复上述方法，显示数值从“0”变到千位“1”，则说明可控硅是好的。

（6）电解电容的检测。拨到电容检测挡，两支表笔分别与被测电容的两只引脚接触，如果表内蜂鸣器急速地响了一下，对换表笔又响了一下，同时显示指示为“1”，则说明该电容器是好的；如果响声不断，则说明该电容漏电或内部短路；反复对换表笔，表内始终不响，总是显示“1”，则说明该电容断路。数字表 2000pF 挡的最小分辨率为 0.1pF，可以准确测量小瓷介电容，并估计其温度系数。

四、指针式万用表和数字式万用表的合理使用

由于指针式万用表和数字式万用表在结构与原理上的不同，决定了它们在性能上各有差异，因此在实际的维修过程中，要根据实际需要合理使用不同类型的万用表。

1. 在进行以下检测时，使用数字式万用表比较好

（1）在线测量电压时，选用的万用表内阻越高越好，这样对电路的影响就越小，因此数字式万用表为首选，对于精度要求较高的测量尤其如此。

（2）测量小阻值电阻时宜用数字式万用表，因为数字式万用表的输入阻抗很高，对输入信号无衰减作用。当被测量电阻阻值较大时，指针式万用表也完全能胜任，但对精度要求较高的电阻，就只能使用数字式万用表了。

（3）要准确地测量电容器的容量，就只能使用数字式万用表。用指针式万用表电阻挡测量电容器的容量时，只能靠经验或对比粗略地判断其容量，对几百皮法以下的电容，指针式万用表在 R×10k 挡时也毫无反应，对 2000pF 以上的电容器，也只能用万用表的 R×10k 挡进行测量，通过指针的摆动来判断电容器容量的有无。测试电容器的耐压或在软击穿情况下，指针式万用表 R×10k 挡内电池电压较高，接近某些电容器的工作条件，容易损坏电容器。

2. 在进行以下检测时，使用指针式万用表比较好

（1）要判断电容器是否漏电，使用指针式万用表比较方便。

（2）数字式万用表测试一些连续变化的电量和过程，不如指针式万用表方便直观。如测量电容器的充、放电过程，热敏电阻，光敏二极管等。

（3）两种万用表都能测试二极管和三极管。数字式万用表能够准确地测出它们的 PN 结的压降，也能够较准确地测量出小功率三极管的 h_{FE} 值。但估测二极管、三极管的耐压和穿透电流时宜用普通指针式万用表。测量发光二极管时，使用数字式万用表既能判断其好坏，又能够判断其正、负极。

（4）用电阻法测量集成块和厚膜电路时宜用指针式万用表。

从以上可以看出，指针式和数字式万用表虽然各有优势，但不能相互代替，在维修过程中，要注意取长补短，配合使用。

五、万用表使用注意事项

1. 指针式万用表使用注意事项

万用表属于常规仪器，使用人员多且应用频繁，稍有不慎，轻则损坏表内的元器件，重则损坏表头，甚至危及人的生命安全。因此，在使用万用表时要格外小心，应注意以下几个方面：

（1）要全面了解万用表的性能。在使用万用表之前，必须详细阅读使用说明书，了解每条刻度线所对应的量程，熟悉各转换开关、旋钮、测量插孔、专用插座的作用。

万用表有水平放置和竖直放置之别，不按规定的要求放置，会引起倾斜误差。按规定的要求放置后，当指针不在机械零点时，应调整表头下方的机械调零旋钮，使指针回零以消除零点误差。另外，在使用内装运算放大器的万用表之前，如MF101，需分别进行机械调零和放大器调零，使用欧姆挡时还要调整欧姆零点。

（2）测量前应注意的事项。首先要确定要测什么和怎样测，然后正确选择测量项目和量程。如果不能估计被测对象的大小，应将量程转换开关旋至最大挡，不合适再依次递减，使指针在刻度线起始位的20%～80%范围内即可。在每一次拿起表笔准备测量时，务必再核对一下测量项目及量程开关是否合适，使用专用插座时要注意选择正确，以免烧坏万用表。

（3）测量电压应注意的事项。测量电压时应将两表笔并联在被测电路的两端，测量直流电压时应注意电压的正、负极性。如果不知道极性，应将量程旋至较大挡，迅速检测一下，如果指针向左偏转，说明极性接反，应将红、黑表笔调换（在这种情况下，如果有数字式万用表则最好使用数字式万用表）。

当被测电压高于几百伏时必须注意安全，要养成单手操作的习惯。事先把一支表笔固定在被测电路的公共端，用另一支表笔去碰触测试点。要保持精力集中，避免触电。测量1000V以上的高压时，应把插头插牢，避免因插头接触不良而造成打火，或因插头脱落而引起意外事故。测量显像管上的高压时，要使用高压探头，确保安全。高压探头有直流和交流之分，其内部均有电压衰减器，可将被测电压衰减至1/10或1/100，高压探头的顶部均带有弯钩或鳄鱼夹，以便于固定。严禁在测较高电压时转动量程开关，以免产生电弧，烧坏转换开关的触点。

如果误用直流电压挡去测交流电压，则指针不动或稍有摆动；如果用交流电压挡去测量直流电压，读数会偏高1倍。

电压挡的测量误差以满量程的百分数表示，因此在测量时应使指针具有最大限度的偏转，这样测量误差最小。

（4）测量电流应注意的事项。在测量电流时，要与被测电路串联，切勿将两支表笔跨接在被测电路的两端，以防止万用表损坏。测量直流电流时应注意电流的正、负极性（极性的判别及量程的选择同直流电压挡的使用）。若负载电阻比较小，应尽量选择高量程挡，以降低内阻，减小对被测电路的影响。

（5）测量电阻应注意的事项。测量电阻时要将两支表笔并接在电阻的两端，严禁在被测电路带电的情况下测量电阻，或用电阻挡去测量电源的内阻，这相当于接入一个外部电压，使测量结果不准确，而且极易损坏万用表。

每次更换欧姆挡时，均应重新调整欧姆零点。当R×1挡不能调整到零点时，应立即更换电池，且要注意电池的极性，如果手头没有新电池可更换，应将测量值再减去零点误差。由于电阻挡的刻度呈非线性，越靠近高阻端刻度越密，读数误差也越大，因此，在测量的过程中，要正确选择量程，使得指针的偏转最好在中心值附近，这时误差最小。

用高阻挡测量大电阻时，不能用手捏住表笔的导电部分，以免对测量结果产生影响。

在使用的过程中，应尽可能避免两支表笔短路，以免空耗电池。

在用电阻挡测量电解电容器的性能时，要先放电再进行测量，以免烧坏表头。由于万用表 R×10k 挡采用一节 1.5V 二号电池和一块 9V 层叠电池串联使用，因此不宜测量耐压很低的元器件，如耐压 6V 的小电解电容器。

测量二极管、三极管、稳压管时，首先要注意两支表笔的极性，黑表笔接内部电池的正极，红表笔接电池的负极，一旦两表笔的极性接反，测量结果会迥然不同；再者采用不同量程测量其等效电阻时，测量的结果也不同，这是因为非线性器件对不同的测试电流呈现出不同的等效电阻，是正常现象。

（6）维护应注意的事项。在使用完毕或携带过程中，应将万用表的量程开关拨至最高电压挡，防止下次使用时不慎损坏万用表。而有些万用表设置了相应的开关，如 500 型万用表，电表两只转换开关上各有一个“·”（早期的 500 型万用表只有右边的旋钮有“·”）。当右边的旋钮旋至此处时，表内电路呈开路状态，可以防止有人不会使用或粗心大意损坏万用表，用完后要把右边的旋钮旋至“·”处；当左边的旋钮旋至此处时，表头被短路，使得指针的阻尼作用加强，抗震能力提高，所以在携带或运输时，要把右边的旋钮旋至“·”处。也有些万用表设置了“OFF”开关，如 MF64 型，使用完毕后应将功能开关拨至此挡，使表头短路，起到防震保护作用。需要注意的是，带运算放大器的万用表，此“OFF”挡代表电源的开关。

万用表应在干燥、无震动、无强磁场以及适宜的温度和湿度环境下存放与使用。潮湿的环境容易使绝缘度降低，还会使元器件受潮而性能变劣；机械震动容易使表头中的磁钢退磁，导致灵敏度降低；在强磁场附近使用万用表会使测量误差增大；环境温度过高或过低，不仅会使整流管的正反向电阻发生变化，改变整流系数，还会影响表头灵敏度以及分压比和分流比，产生附加温度误差。

2. 数字式万用表使用注意事项

数字式万用表属于精密电子仪器，尽管有比较完善的保护电路和较强的过载能力，使用时仍应力求避免误操作并倍加爱护。使用时要注意以下几个方面：

（1）要全面了解万用表的性能。使用前要认真阅读使用说明书，熟悉电源开关、量程转换开关、各种功能键、专用插座及其他旋钮的作用和使用方法；熟悉万用表的极限参数及各种显示符号所代表的意义，如过载显示、正负极性显示、表内电池低电压显示等；熟悉各种声、光报警信息的意义。

有些数字式万用表有自动关机功能，当万用表停止使用超过 15min 时，能自动切断主电源，使万用表进入低功耗的备用状态，此时万用表不能继续进行测量，显示屏也没有任何显示，必须连续按两次电源开关，才能恢复正常工作。有些新型数字式万用表设置了读数保持开关，具有读数保持功能，方便读数和记录。如果万用表只显示某一数值而不随测量发生变化，这是因为误按下了该键，弹起该键即可转入正常测量状态。

（2）测量前要注意的事项。测量前首先明确要测量什么和怎样测，然后再选择相应的测量项目和合适的量程。尽管数字式万用表内部有比较完善的保护电路，仍要避免出现误操作。每次拿起表笔准备测量时，务必再核对一下测量项目及量程开关是否合适，使用专用插座时要注意选择正确。例如，用电流挡去测电压、用电阻挡去测电压或电流、用电容挡去测带电的电容等，以免损坏仪器。

万用表开机后不显示任何数字，首先应检查 9V 层叠电池及引线。开机后显示低电压符号，应及时更换电池，安装时要注意电池的极性。更换电池前，要先关闭电源。更换熔丝管时，必须与原来的保持一致。

（3）测量电压时应注意的事项。测量电压时，数字式万用表的两表笔应并接在被测电路两端。如果无法估计被测电压的大小，应选择最高的量程试测一下，再选择合适的量程。若只显示“-1”，其他位消隐，证明已发生过载，应选择较高的量程。若被测交流电压上叠加有直流分量，二者电压之和不得超过所用 ACV 挡的最高值，必要时可加隔直电容，使直流分量不能进入测量电路。在测量直流电压时，可以不考虑表笔的极性，因为数字式万用表具有自动转换并显示极性的功能。测量完毕后，应将量程开关旋至电压最大挡，以免下次使用时，因误操作而损坏了电表。

误用 ACV 挡去测直流电压，或误用 DCV 挡去测交流电压时，万用表可显示“000”，或在低位上出现跳数现象。由于数字式万用表电压挡的输入阻抗很高，当其两输入端开路时，因外界干扰信号的输入，其低位也会显示没有变化规律的数字，属于正常现象。

不得使用万用表的直流电压挡来检查自身 9V 层叠电池的电压。

（4）测量电流时应注意的事项。测量电流时，一定要注意将两支表笔串接在被测电路的两端，以免损坏万用表。测量直流电流时，跟测量直流电压一样，万用表可以自动转换并显示电流的极性，因此不必考虑电流的方向。

（5）测量电阻时应注意的事项。使用电阻挡时，红表笔接“V/Ω”插孔，带正电，黑表笔接“COM”插孔，带负电。这与指针式万用表正好相反，因此在检测二极管、三极管、电解电容等有极性的元器件时，要注意表笔的极性。而且由于各电阻挡的短路电流不尽相同，用不同的电阻挡测同一只非线性器件时，测得的结果会有差异，这是正常现象。由于数字式万用表电阻挡所提供的测试电流较小，测二极管正向电阻时要比用指针式万用表测得的值高出几倍，甚至几十倍，这也是正常现象。此时建议改用二极管挡去测 PN 结的正向电压，以便获得准确结果。

利用高阻挡测量大阻值电阻时，显示值需要经过一定时间才能稳定下来，这属于正常现象。测量的结果应当等于稳定的显示值减去零点的固有误差。利用低电阻挡测量小阻值电阻时，应先将两支表笔短路，测出两支表笔引线的电阻值，测量的实际结果应等于显示

值减去此值。另外，有些新型的万用表增加了低功率法测电阻挡，符号为“LOΩ”或“LOWOHM”。该挡的开路电压低于 0.3V，不会使硅管导通，因此适合测量在线电阻，不必考虑被测电路中硅管的影响。

利用蜂鸣器可以快速测量电路的通断。当被测电路的电阻值低于发声阈值时，蜂鸣器即可发出音频振荡声。利用此法有一定的偏差，应以实测值为准。

严禁在被测线路带电的情况下测量电阻，也不允许直接测量电池的内阻，因为这相当于给万用表加了一个输入电压，不仅使测量结果失去意义，而且容易损坏万用表。

（6）使用其他功能时应注意的事项。利用电容挡测量有极性的电解电容时，电容插座的极性应与被测电容的极性保持一致，测量前必须先放电，再进行测量。新型的数字式万用表采用容抗法测量电容的容量，实现了自动调零，不必考虑电容挡的零点误差；早期的万用表（如 DT890、DT890A 等），使用前首先要调整零点，更换电容挡时也需要重新调整零点。

利用 h_{FE} 插孔测量小功率晶体管的电流放大系数时，管子的 3 个电极和选择的挡位应保持一致，不得搞错。因为测试电压较低，h_{FE} 插孔提供的基极电流又很小，使得被测管工作在低电压、小电流状态下，因此测量结果仅供参考。

利用频率挡测量频率时，被测信号的有效值应大于 50mV 而小于 10V，由于频率挡的输入阻抗较高，不接信号时也可能有一定读数，但这并不影响正常测量。

（7）数字式万用表的维护注意事项。

① 禁止在高温、阳光直射、潮湿、寒冷、灰尘多的地方使用或存放万用表，以免损坏液晶显示屏和其他元器件。液晶显示屏长期处于高温环境下，表面会发黑，造成早期失效。潮湿的环境则容易造成集成电路、线路板的锈蚀、漏点，使测量误差明显增大，甚至引发短路故障。

② 若发生故障应对照电路进行检修，或送有经验的人员维修，不得随意打开万用表拆卸线路，以免造成人为故障或改变出厂时已调好的技术指标。修理完毕后要进行校准。另外，有些万用表后盖上贴有屏蔽层，请勿揭下或拆掉引线；有的装有金属屏蔽层或屏蔽胶罩，要注意紧固螺钉或摆正压簧，否则容易引入外界电磁干扰，影响屏蔽效果。

③ 清洗表壳时，可用酒精棉球清洗污垢，不得使用汽油、丙酮等有机溶剂。

④ 长期不用应将电池取出，以免电池渗液而腐蚀线路板。

3. 数字式万用表与指针式万用表的不同点

数字式万用表的红表笔接内部电源的正极，黑表笔接负极，与指针式万用表正好相反。在测量二极管时不要误判。

第2章　电路保护装置

第1节　断路器

一、高压断路器

高压断路器也称高压开关，用来在正常情况下接通和断开电路，以及在故障时切除故障电路。

按灭弧介质的不同，可分为多油断路器、少油断路器、电磁式空气断路器、六氟化硫断路器和真空断路器。

1. 多油断路器

多油断路器是用绝缘油作为灭弧介质，同时也用绝缘油作为相间、相对地绝缘介质的一种断路器。它主要由油箱、盖、套管绝缘子、触点和传动机构等组成。电压不超过10kV的多油断路器，三相均放在一个充以绝缘油的箱内。电压为35～110kV的多油断路器，均用分相油箱，通过连杆操作三相联动。

断路器的油面既不能过高也不能过低。因为在电弧发生时将产生大量气体，若油面过高，则缓冲空间太小，使油箱压力过大而发生爆炸；反之，若油面过低，则油冷却气体的程度不够，给灭弧增加困难，且可能使得油分解出的高温氢气与缓冲空间的空气接触引起燃烧甚至爆炸。因此，在运行中的油断路器要经常注意油面指示，并定期取样试验，检查油的质量是否符合规范要求。此外，其排气管具有防止爆炸的作用，应保持畅通。图2-1所示为DW2-35型多油断路器一相剖面图。

2. 少油断路器

SN10-10 I 型少油断路器的结构如图2-2所示。少油断路器中的油量较少，而且只用来做灭弧介质，载流部分的绝缘是利用空气和陶瓷等绝缘材料，因油箱可造得很坚固，制造质量良好的少油断路器可以认为是防爆和防火的，使用比较安全。少油断路器的油箱是带电的，安装时应保证具有足够的安全距离，并且外壳漆成红色。少油断路器体积小，重量轻，爆炸和失火的危险性较小，多用在工矿企业6～10kV的变配电装置中，但是它不适于频繁操作。

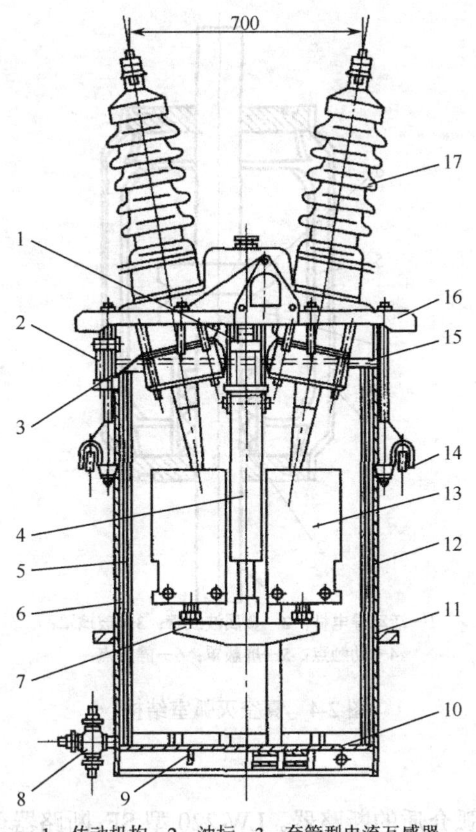

1—传动机构；2—油标；3—套管型电流互感器；
4—绝缘提升杆和导向管；5—绝缘隔板；6—木条；
7—动触点；8—放油阀；9、11—加强肋铁；10—电热器；
12—油箱；13—灭弧室；14—滑轮；15—油面；
16—油箱盖；17—套管

图 2-1 DW2-35 型多油断路器一相剖面图

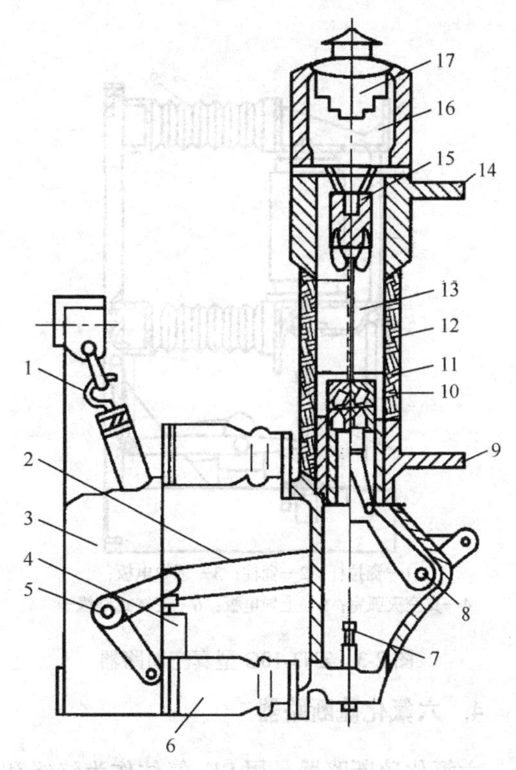

1—分闸弹簧；2—绝缘拉杆；3—底座；4—合闸弹簧；
5—主轴；6—支持绝缘子；7—分闸油缓冲器；8—转轴；
9—下出线板；10—滚动触点；11—绝缘筒；12—灭弧室；
13—动触杆；14—上出线板；15—静触点；
16—缓冲空间；17—油气分离器

图 2-2 SN10-10 I 型少油断路器的结构

3. 真空断路器

真空断路器靠真空作为灭弧和绝缘介质。这里的真空是指真空度在 10^{-5}mm 汞柱以上的空间。由于空气稀薄，因而具有较高的绝缘强度（E=10～45kV/mm），电弧易于熄灭。真空断路器动作迅速、体积小、重量轻、寿命长、维护方便，还具有防火防爆等优点，对要求迅速动作及操作频繁的场所尤为适用。ZN3-10G 型真空断路器如图 2-3 所示，图 2-4 所示为真空灭弧室结构。

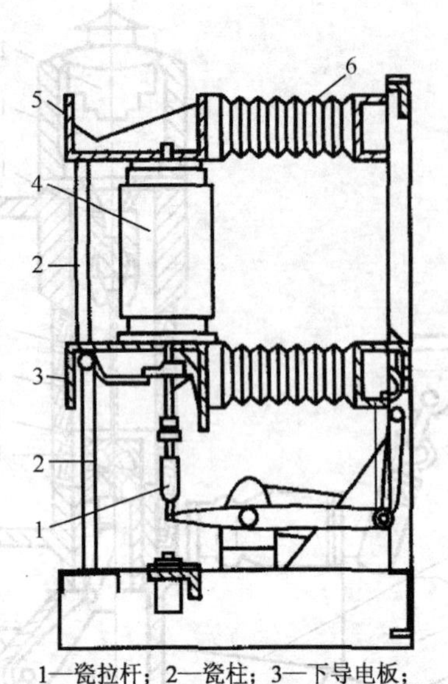

1—瓷拉杆；2—瓷柱；3—下导电板；
4—真空灭弧室；5—上导电板；6—支持式绝缘子

图 2-3　ZN3-10G 型真空断路器

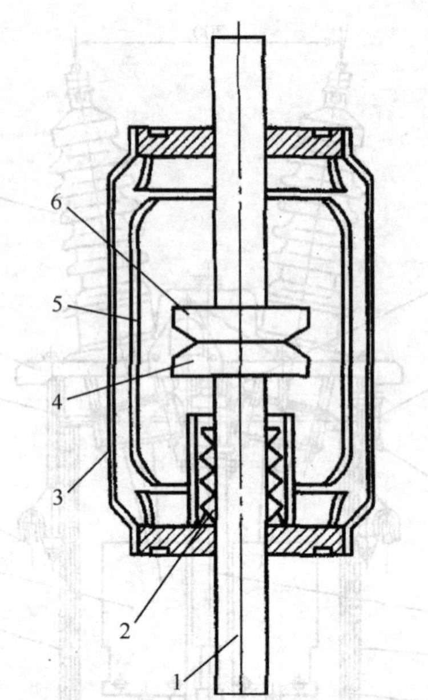

1—活动导电杆；2—金属波纹管；3—玻璃罩；
4—动触点；5—屏蔽罩；6—静触点

图 2-4　真空灭弧室结构

4. 六氟化硫断路器

六氟化硫断路器是用 SF_6 气体作为绝缘和灭弧介质的断路器。LW-220 型 SF_6 断路器单相结构图如图 2-5 所示。

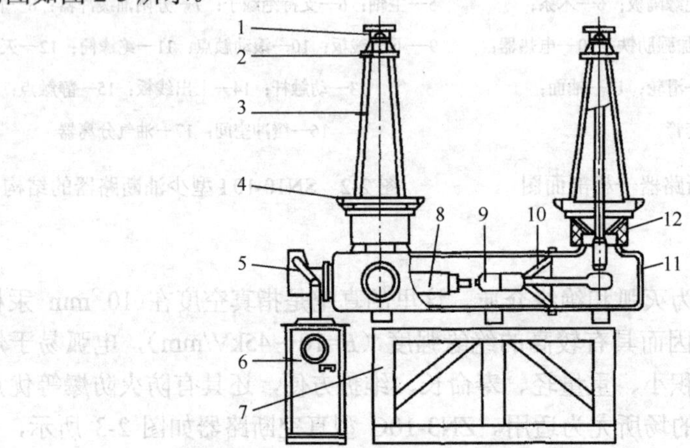

1—接线端子；2—上均压环；3—出线瓷套管；4—下均压环；5—拐臂箱；6—机构箱；7—座；
8—灭弧室；9—静触点；10—盆式绝缘子；11—壳体；12—电流互感器

图 2-5　LW-220 型 SF_6 断路器单相结构图

SF_6是一种化学性能非常稳定的惰性气体，在常态下无色、无臭、无毒、不燃、无老化现象、绝缘度高、灭弧性能好。

虽然纯净的SF_6气体是无毒的，但设备在运行过程中，在电弧作用下，SF_6气体会分解生成多种有毒物质。因此对从事SF_6电气设备运行、试验及检修人员须采取必要的安全防护措施。

5. 隔离开关

隔离开关的主要用途是保证检修工作的安全。在需要检修的部分和其他带电部分之间，用隔离开关构成足够大的明显可见的空气绝缘间隔（大于相与地间的绝缘距离）。此外，隔离开关也用来进行电路的切换操作，如在运行中，用隔离开关把电路从工作母线切换到备用的母线上。

因为隔离开关没有灭弧装置，所以不能用来切断负荷电流和短路电流，否则会在它的触点之间形成电弧。该电弧不仅会烧毁隔离开关，而且会引起相间短路，并对工作人员造成伤害。

因此，在运行中必须严格遵守“倒闸操作”的规定，确保在电路断开的情况下再闭合或断开隔离开关。

隔离开关允许用来开合较小电流的电路，如电压互感器、避雷器、母线和直接连接在母线上设备的电容电流、励磁电流不超过2A的无负荷变压器，以及电容电流不超过5A的空载线路等。

6. 负荷开关

负荷开关具有简单的灭弧装置，可以熄灭切断负载电流时所产生的电弧，但不能熄灭切断短路电流时所产生的电弧。为保证在使用负荷开关的线路上对短路故障也能起保护作用，采用带熔断器的负荷开关，用负荷开关切断负载电流，用熔断器切断短路时的故障电流，以代替价格贵的高压断路器。

二、低压断路器

低压断路器又称自动空气开关或空气开关，是一种不仅可以接通和分断正常负荷电流与过负荷电流，还可以接通和分断短路电流的开关电器。它相当于刀开关、熔断器、热继电器、过电流继电器和欠电压继电器的组合，是一种既有手动开关作用又能自动进行欠电压、失电压、过载和短路保护的电器。

低压断路器一般使用在非频繁的接通和断开电源的场合。开关全部封装在盒内，手柄或操作按钮露出盒外。扳动手柄或按下按钮即可实现“分”与“合”操作。

低压断路器是实验系统中常用的保护电器，不仅可分断额定电流、一般故障电流，还能分断短路电流，但单位时间内允许的操作次数较少。

1. 基本结构

低压断路器主要由触点系统、灭弧系统、操动机构和保护装置等组成，如图 2-6 所示。

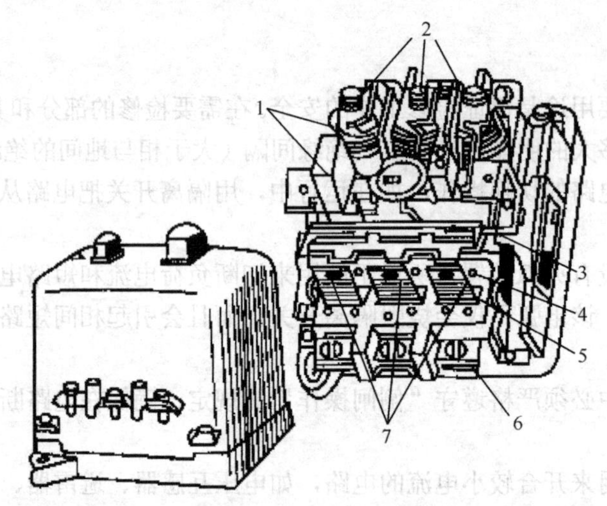

1—按钮；2—电磁脱扣器；3—自由脱扣器；4—动触点；5—静触点；6—接线柱；7—热脱扣器

图 2-6　低压断路器

1）触点系统

触点（静触点和动触点）在断路器中用来实现电路的接通或分断。触点的基本要求为：能安全可靠地接通和分断极限短路电流及以下的电路电流；能通过长期工作制的工作电流；在规定的电寿命次数内，接通和分断后不会严重磨损。

常用断路器的触点形式有对接式触点、桥式触点和插入式触点。对接式和桥式触点多为面接触或线接触，在触点上都焊有银基合金镶块。大型断路器每相除主触点外，还有副触点和弧触点。

低压断路器触点的动作顺序是：断路器闭合时，弧触点先闭合，然后是副触点闭合，最后才是主触点闭合；断路器分断时却相反，主触点承载负荷电流，副触点的作用是保护主触点，弧触点用来承担切断电流时的电弧烧灼（即电弧只在弧触点上形成），从而保证了主触点不被电弧烧蚀，能长期稳定地工作。

2）灭弧系统

灭弧系统用来熄灭触点间在断开电路时产生的电弧。灭弧系统包括两个部分：一是强力弹簧机构，可使断路器触点快速分开；二是在触点上方设置的灭弧室。

3）操动机构

低压断路器操动机构包括传动机构和自由脱扣机构两大部分。

传动机构：按断路器操作方式的不同可分为手动传动、杠杆传动、电磁铁传动、电动机传动，按闭合方式的不同可分为储能闭合和非储能闭合。

自由脱扣机构：其功能是实现传动机构和触点系统之间的联系。

4）保护装置

低压断路器的保护装置由各种脱扣器组成。低压断路器的脱扣器形式有欠压脱扣器、分励脱扣器、过电流脱扣器等。

欠压脱扣器：用于监视工作电压的波动。当电网电压降低至额定电压的 70%～35%或电网发生故障时，低压断路器可立即分断；当电网电压低于额定电压的 35%时，能防止断路器闭合。

分励脱扣器：用于远距离遥控或热继电器动作分断断路器。

过电流脱扣器：用于防止过载和负载侧短路。

一般断路器还具有短路锁定功能，用来防止断路器因短路故障分断后，故障未排除再合闸。在短路条件下，断路器分断，锁定机构动作，使断路器机构保持在分断位置，锁定机构复位前，断路器合闸机构不能动作，无法接通电路。

5）其他部分

断路器除上述 4 类装置外，还具有辅助接点，一般有常开接点和常闭接点。辅助接点供信号装置和智能式控制装置使用。

2. 工作原理

低压断路器的工作原理如图 2-7 所示。

低压断路器的主触点依靠操作机构手动或电动合闸，主触点闭合后，自由脱扣机构将主触点锁在合闸位置。过电流脱扣器的线圈及热脱扣器的热元件串接在主电路中，欠压脱扣器的线圈并联在电路中。当电路发生短路或严重过载时，过电流脱扣器的衔铁被吸合，使自由脱扣机构动作。当电路过载时，热脱扣器的热元件产生很大的热量使双金属片向上弯曲，推动自由脱扣机构动作。当电路发生欠电压或失电压故障时，欠压脱扣器电压线圈中的磁通下降，使电磁吸力下降或消失，欠压脱扣器的衔铁在弹簧作用下释放，使自由脱扣机构动作。自由脱扣机构动作时自动脱扣，使断路器自动跳闸，主触点断开而分断电路。安装分励脱扣器后，可通过按钮来远距离分断电路。

3. 分类

低压断路器的分类方式很多，按使用类别可分为选择型（保护装置参数可调）和非选择型（保护装置参数不可调）；按结构形式可分为框架式（又称万能式）和塑壳式；按灭弧介质可分为空气式和真空式（目前国产多为空气式）；按操作方式可分为手动操作、电动操作和弹簧储能机械操作；按极数可分为单极、双极、三极和四极式；按安装方式可分为固定式、插入式、抽屉式和嵌入式等。低压断路器的容量范围很大，最小为4A，而最大可达5000A。

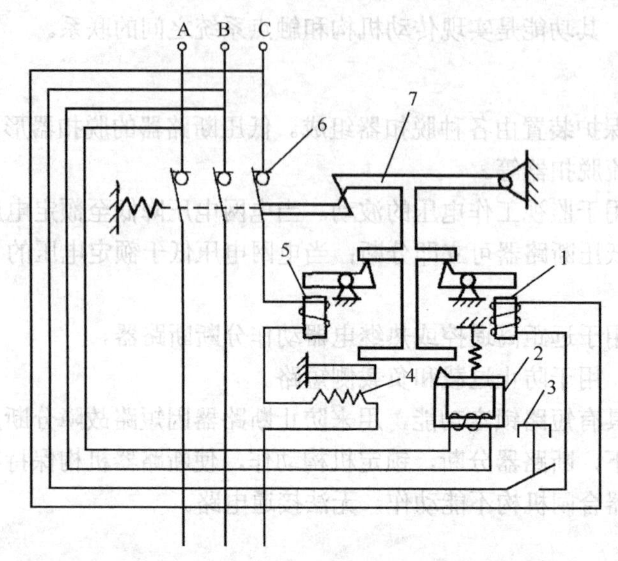

1—分励脱扣器；2—欠压脱扣器；3—按钮；4—热脱扣器；5—过电流脱扣器；6—主触点；7—自由脱扣机构

图 2-7　低压断路器的工作原理

低压断路器广泛应用于低压配电系统各级馈出线、各种机械设备的电源控制和用电终端的控制与保护电路中。

1）框架式断路器

框架式断路器（标准形式为 DW）又称为万能式断路器。其特点是具有一个钢制框架，所有部件都装于框架内，导电部分需加绝缘，部件设计成可拆装式的，便于安装和制造。由于其保护方案和操作方式较多，装设地点也很灵活，因此有“万能式”之称。

框架式断路器容量较大，可装设多种脱扣器，辅助接点的数量也较多，不同的脱扣器组合可形成不同的保护特性，故可作为选择性或非选择性或具有反时限动作特性的电动机保护。它通过辅助接点可实现远方遥控和智能化控制。其额定电流为630～5000A。它一般用于变压器400V侧出线总开关、母线联络开关或大容量馈线开关和大型电动机控制开关。我国自行开发的框架式断路器有DW15、DW16、CW系列。

2）塑料外壳式断路器

塑料外壳式断路器（标准形式为 DZ）简称塑壳式断路器，其特征是所有部件都安装在

一个塑料外壳中，没有裸露的带电部分，提高了使用的安全性。新型的塑壳式断路器也可制成选择型。小容量的断路器（50A 以下）的操作机构采用非储能式闭合，手动操作；大容量的断路器的操作机构采用储能式闭合，可以手动操作，也可由电动机操作。电动机操作可实现远方遥控操作，其额定电流一般为 6～630A，目前已有额定电流为 800～3000A 的大型塑壳式断路器。

塑壳式断路器主要用于配电馈线控制和保护，小型配电变压器的低压侧出线总开关、动力配电终端控制和保护及住宅配电终端控制和保护，也可用于各种生产机械的电源开关。我国自行开发的塑壳式断路器有 DZ5、DZ15、DZ20、DZ25 系列。其派生产品有 DZX 系列限流断路器，带剩余电流保护功能（漏电保护功能）的剩余电流动作保护断路器及缺相保护断路器等。

3）漏电保护断路器

漏电保护断路器可分为电磁式电流动作型、电磁式电压动作型和晶体管（集成电路）电流动作型等。电磁式电流动作型剩余电流保护断路器是常用的漏电保护断路器，其原理如图 2-8 所示。

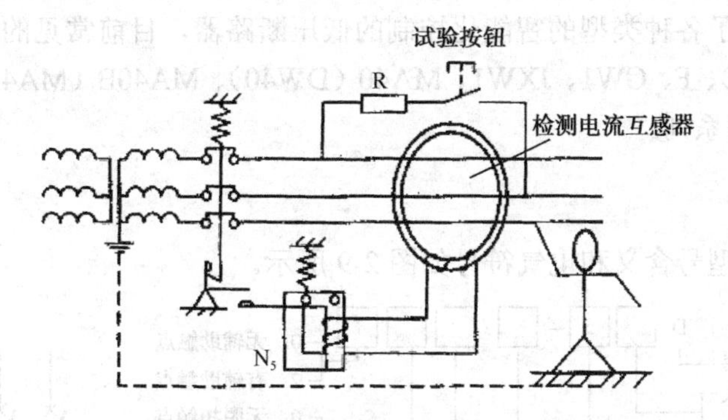

图 2-8　电磁式电流动作型剩余电流保护断路器工作原理图

漏电保护断路器的结构是在一般的塑料外壳式断路器中增加了一个能检测剩余电流的感受元件（检测电流互感器）和剩余电流脱扣器。断路器正常运行时，各相电流的相量和为零，检测电流互感器二次侧无输出。当出现漏电（剩余电流）或人身触电时，在检测电流互感器二次侧线圈上会感应出剩余电流。剩余电流激励脱扣器，使断路器脱扣而断开电路。电磁式剩余电流保护断路器是直接动作型的，动作较可靠，但是其体积较大，制造工艺要求也高。晶体管或集成电路式剩余电流保护断路器是间接动作型的，因而可使检测电流互感器的体积大大缩小，从而也缩小了断路器的体积。随着电子技术的发展，人们现在越来越多地采用了集成电路剩余电流保护断路器。

4）智能型万能式低压断路器

将微处理机和计算机技术引入低压电器，一方面使低压电器具有了智能化功能，另一方面使低压开关电器通过中央控制系统进入了计算机网络系统。

带微处理器的智能化脱扣器的保护特性可方便地进行调节，还可设置预警特性。智能化断路器可反映负载电流的有效值，消除输入信号中的高次谐波，避免高次谐波造成的误动作。

采用微处理器还能提高断路器的自身诊断和监视功能，可监视检测电压、电流和保护特性，并用液晶显示。当断路器内部温升超过允许值，或触点磨损量超过限定值时能发出警报。

智能化断路器能保护各种启动条件的电动机，具有很高的动作准确性，并且整定调节范围宽，可以保护电动机不受过载/缺相、三相不平衡、接地等故障的影响。智能化断路器通过与控制计算机组成网络来自动记录断路器运行情况，并可实现遥测、遥控和遥信功能。

智能化断路器是传统低压断路器改造、提高、发展的方向。近年来，我国的断路器生产厂也已开发生产了各种类型的智能化控制的低压断路器，目前常见的智能型万能式断路器有 CB11（DW48）、F、CW1、JXW1、MA40（DW40）、MA40B（MA45）、NA1、SHTW1（DW45）、YSA1 等系列。

4. 型号含义

低压断路器的型号含义和电气符号如图 2-9 所示。

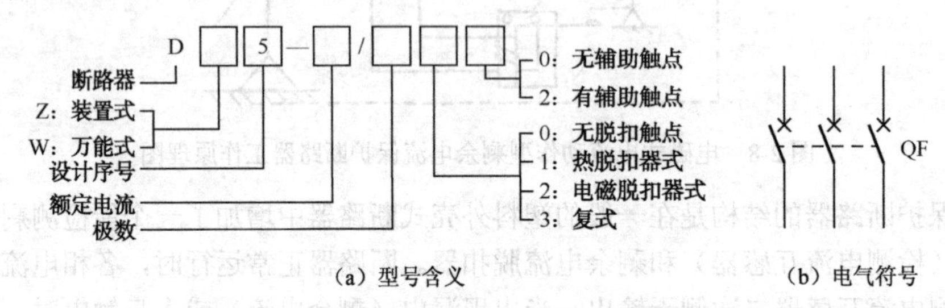

图 2-9　低压断路器的型号含义和电气符号

5. 技术参数

我国低压电器标准规定低压断路器应有下列特性参数。

1）形式

断路器形式包括相数、极数、额定频率、灭弧介质、闭合方式和分断方式。

2）主电路额定值

（1）额定电流。断路器的额定电流就是通过电流脱扣器的额定电流，一般是指断路器的额定持续电流。

（2）额定电压。额定电压分额定工作电压、额定绝缘电压和额定脉冲耐压。

- 额定工作电压：在数值上取决于电网的额定电压等级，国家电网标准规定为AC 220V、380V、660V、1140V及DC 220V、400V等。应该注意，同一断路器可以在几种额定工作电压下使用，但相应的通断能力并不相同。
- 额定绝缘电压：是设计断路器的电压值。一般情况下，额定绝缘电压就是断路器的最大额定工作电压。
- 额定脉冲耐压：开关电器在工作时，要承受系统中所发生的过电压，因此断路器的额定电压参数中给定了额定脉冲耐压值，其数值应大于或等于系统中出现的最大过电压峰值。

额定绝缘电压和额定脉冲耐压共同决定了开关电器的绝缘水平。

（3）额定工作制。断路器的额定工作制可分为8h工作制和长期工作制两种。

（4）通断能力。通断能力指在一定的试验条件下，自动开关能够接通和分断的预期电流值。常以最大通断电流表示其极限通断能力。

（5）分断时间。分断时间指从开关电器的断开时间开始到燃弧时间结束为止的时间间隔。

DZ5系列低压断路器的主要技术参数如表2-1所示。

表2-1 DZ5系列低压断路器的主要技术参数

<table>
<tr><td colspan="2">型　　号</td><td colspan="3">DZ5-20</td><td>DZ5-50</td></tr>
<tr><td colspan="2">额定电压（V）</td><td colspan="3">AC 400</td><td>AC 400</td></tr>
<tr><td colspan="2">框架等级额定电流（A）</td><td colspan="3">20</td><td>50</td></tr>
<tr><td colspan="2">额定电流 I_N（A）</td><td colspan="3">0.15、0.2、0.3、0.45、0.65、1、1.5、2.3、4.5、6.5、10、15、20</td><td>$10I_N$</td></tr>
<tr><td rowspan="2">断路保护电路整定值（A）</td><td>配电用</td><td colspan="3">$10I_N$</td><td>$10I_N$</td></tr>
<tr><td>保护电动机用</td><td colspan="3">$12I_N$</td><td>$12I_N$</td></tr>
<tr><td rowspan="2">额定短路分断能力（A）</td><td>额定电流（A）</td><td>复式脱扣器</td><td>电磁式脱扣器</td><td>热脱扣器</td><td>液压</td></tr>
<tr><td>0.15～6.5
10～20</td><td>1200～1500</td><td>1200～1500</td><td>$14I_N$</td><td>2500</td></tr>
<tr><td rowspan="3">寿命（次）</td><td>有载</td><td colspan="3">1500</td><td>1500</td></tr>
<tr><td>无载</td><td colspan="3">8500</td><td>8500</td></tr>
<tr><td>总计</td><td colspan="3">10 000</td><td>10 000</td></tr>
<tr><td colspan="2">每小时操作次数</td><td colspan="3">120</td><td>120</td></tr>
</table>

续表

极数		2或3				3		
保护特性		热式和电磁脱扣器				液压脱扣器阻尼（电动机用）		
配电用	I/整定值	1.05	1.3	2.0	3.0	1.0	1.2	1.5
	动作时间	≥1h不动作	<1h动作	<4min动作	可返回时间>1s	>2h不动作	<1h动作	<3min动作
保护电动机用	I/整定值	1.05	1.2	1.5	7.2	7.2		12
	动作时间	≥1h不动作	<1h动作	<3min动作	2s>可返回时间>1s	可返回时间>1s		<0.2s动作

6. 选择

根据工作条件选择适当的型号，额定电流在600A以下，且短路电流不大时，可选用塑壳式断路器；额定电流较大，短路电流也较大时，应选用万能式断路器。一般选用原则为：

- 断路器的额定电压应大于或等于线路或设备的额定电压。对于配电电路应注意区别是电源端保护还是负载保护，电源端电压应比负载端电压高出约5%。
- 断路器额定电流大于等于负载工作电流。
- 断路器极限通断能力大于等于电路最大短路电流。
- 热脱扣器的整定电流应与所控制的电动机的额定电流或负载额定电流一致。
- 断路器欠压脱扣器额定电压等于线路额定电压。
- 线路末端单相对地短路电流与断路器瞬时（或短路时）脱扣器整定电流的比值大于等于1.25。

第2节　熔断器

熔断器是一种传统的过电流保护器，又称为保险丝，是用来防止电气设备长期通过过载电流和短路电流的保护元件。熔断器一般由金属熔件（又称熔体、熔丝）、支持熔件的接触结构和外壳组成。熔断器的熔体由铅、锡、锌或铅锡合金组成，当电流过载时，能在较短的时间内熔断；当电路短路时，能在瞬间熔断。它具有结构简单、使用方便、可靠性高、价格低廉等优点，主要用于短路保护。熔断器分为高压熔断器与低压熔断器两种。

熔断器在低压配电系统的照明电路中起过载保护和短路保护作用，而在电动机控制电路中只起短路保护作用。在使用中，熔断器串联在被保护的电路中，当该电路发生过载或短路故障时，如果通过熔体的电流达到或超过了某一定值，自身产生的热量便会使其温度升高到熔体的熔点，熔体自行熔断，从而使其所保护的电路断开，达到保护的目的，阻止事故蔓延。无论在强电系统还是弱电系统中，熔断器都得到了广泛的应用。

一、熔断器的分类与结构

熔断器的类型很多，按结构形式可分为瓷插（插入）式、螺旋式和封闭管式熔断器，以及快速熔断器和自复式熔断器。机床电气线路中常用的是 RC1A（瓷插式）系列熔断器和 RL1（螺旋式）系列熔断器。

1. 瓷插式熔断器（RC1A 系列）

瓷插式熔断器由瓷盖、瓷底座、动触点、静触点及熔体组成，其结构如图 2-10（a）所示。主要用于交流 50Hz、额定电压 380V 及以下的电路末端作为供配电系统导线及电气设备（如电动机、负荷开关）的短路保护，也可作为照明等电路的保护。熔断器的电源线和负载线分别接在瓷底座两端静触点的接线桩上，熔体接在瓷盖两端的动触点上，中间经过凸起的部分。使用时熔体的额定电流不能超过瓷件上标明的额定电流，否则熔体熔断，烧坏熔断器，产生的电弧被凸出部分隔开，使其迅速熄灭。较大容量熔断器的灭弧室中还垫有熄灭电弧用的石棉织物。

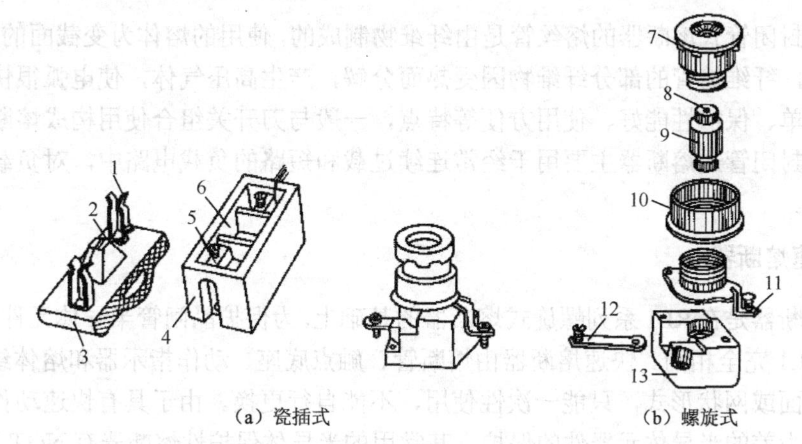

（a）瓷插式　　（b）螺旋式

1—动触点；2—熔体；3—瓷盖；4—瓷底；5—静触点；6—灭弧室；7—瓷帽；8—色点标记；9—熔断管；10—瓷套；11—上接线端；12—下接线端；13—瓷底座

图 2-10　熔断器的结构

2. 螺旋式熔断器（RL1 系列）

螺旋式熔断器主要由瓷帽、熔断管、瓷套、上下接线端及瓷底座等组成，其结构如图 2-10（b）所示。熔断管内装有灭弧用的石英砂，将熔体置于其中，当熔体熔断时，电弧喷向石英砂及其缝隙，可迅速降温而熄灭电弧。为了便于监视，熔断管的上端装有色点标记（指示器），装接时，电源线应当接在瓷底座的下接线端，负载线接到金属螺纹壳的上接线端。指示器不同的颜色表示不同的熔体电流，当熔丝熔断后，色点就跳出来，指示熔体已熔断。指示器的色别如表 2-2 所示。螺旋式熔断器的额定电流为 5～200A，主要用于短路电流大的分支电路或有易燃气体的场所。

表 2-2 指示器的色别

熔丝额定电流（A）	2	4	6	10	16	20	25	35	50	80	100	125	200
熔断指示器色别	玫瑰	棕	绿	红	灰	蓝	黄	黑	白	银	红	黄	蓝

3. 有填料封闭管式熔断器

有填料封闭管式熔断器是一种有限流作用的熔断器，由填有石英砂的瓷熔管、触点和镀银铜栅状熔体组成。有填料封闭管式熔断器均装在特制的底座（带隔离刀闸的底座或以熔断器为隔离刀的底座）上，通过手动机构操作。有填料封闭管式熔断器的额定电流为 50～1000A，主要用于短路电流大的电路或有易燃气体的场所。

4. 无填料封闭管式熔断器

无填料封闭管式熔断器的熔丝管是由纤维物制成的，使用的熔体为变截面的锌合金片。熔体熔断时，纤维熔管的部分纤维物因受热而分解，产生高压气体，使电弧很快熄灭。它具有结构简单、保护性能好、使用方便等特点，一般与刀开关组合使用构成熔断器式刀开关。无填料封闭管式熔断器主要用于经常连续过载和短路的负载电路中，对负载实现过载和短路保护。

5. 快速熔断器

快速熔断器是在 RL1 系列螺旋式熔断器的基础上，为保护晶闸管半导体元件而设计的，其结构与 RL1 完全相同。快速熔断器由熔断管、触点底座、动作指示器和熔体组成。熔体为银质窄截面或网状形式，只能一次性使用，不能自行更换。由于具有快速动作性，故常用于过载能力差的半导体元器件的保护，其常用的半导体保护性熔断器有 NGT 型和 RS0、RS3 系列快速熔断器，以及 RLS21、RLS22 型螺旋式快速熔断器。

6. 自复式熔断器

RZ1 型自复式熔断器的结构如图 2-11 所示，它采用金属钠作为熔体。在常温下钠的电阻很小，允许通过正常的工作电流。当电路发生短路时，短路电流产生的高温使钠迅速汽化，气态钠电阻变得很高，从而限制了短路电流。当故障消除时温度下降，气态钠又变为固态钠，恢复其良好的导电性。自复式熔断器的优点是动作快且能重复使用，无须备用熔体；缺点是它不能真正分断电路，只能利用高阻闭塞电路，故常与自动开关串联使用，以提高组合分断性能。

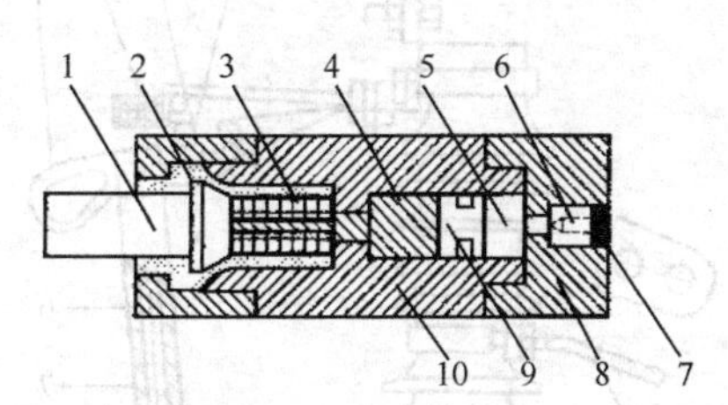

1—进线端子；2—特殊玻璃；3—瓷芯；4—熔体；5—氩气；6—螺钉；7—软铅；8—出线端子；9—活塞；10—套管

图 2-11 自复式熔断器的结构

7. 高压熔断器

高压熔断器主要由熔管与熔件两部分组成。当线路电流超过熔件熔断电流时，熔件熔断，达到切除故障、保护设备的目的。

电流越大，熔件熔断的时间越短。电流与熔断时间的关系曲线称为熔件的安秒特性曲线。在选择熔件时，其安秒特性应符合保护选择性的要求。

高压熔断器采用两种方式进行灭弧。一种是熔管内壁为产气材料，在电弧高温下，产生大量气体，在熔管内产生很高的气压，使电弧过零后熄灭。也可利用此气体进行吹弧，达到灭弧的目的。这种熔断器的开断电流有一个上、下限值，如果电流太大，管内气压过高，会造成熔管爆炸；电流过小，会使产气量过小，管内压力过低，而达不到灭弧的目的。使用时应使短路电流的最大值与最小值在开断电流的上、下两个限值范围内。

另一种是利用石英砂作为灭弧介质，填充在熔管内，当熔件熔断后，电弧受到石英砂强烈的冷却作用而迅速熄灭。这种熔件当通过很大电流时，燃弧时间很短，使电流在达到最大值前即熄灭，具有限制短路电流的作用，称为限流式熔断器。受限流式熔断器保护的电器可不进行动、热稳定的校验。

户外跌落式熔断器用于 10kV 及以下的配电网络中，作为配电变压器和配电线路的保护。直接用分、合熔丝管的方法来分、合配电线路或变压器，切断变压器的空载电流或小负荷电流，如图 2-12 所示。

户外跌落式熔断器按动作方式分为单次和单次重合式。

单次重合式的熔断器在第一根熔丝管跌落后，间隔一定时间（一般不低于 0.3s），借助于重合机构可以自动重合闸，以减少停电事故。

高压熔断器按额定电压及额定电流选择，并按短路电流来校验熔断器的开断电流或断流容量。

熔件在正常冲击电流作用下不应发生熔断。在故障时，应与熔断器上、下级保护装置的动作相配合，不应发生越级熔断或上一级保护越级跳闸事故。

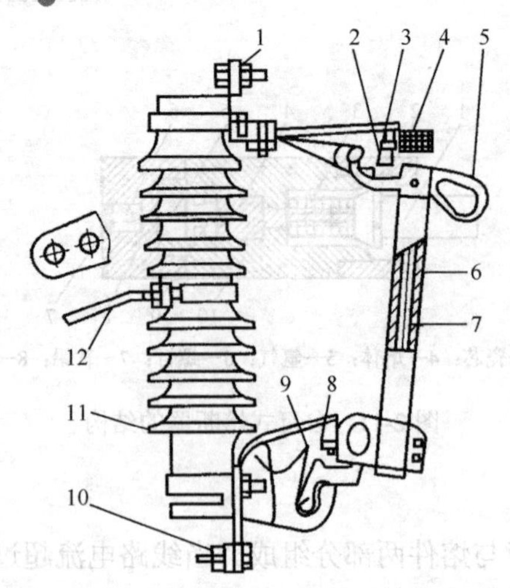

1—上接线端；2—上静触点；3—上动触点；4—管帽；5—操作环；6—熔丝管；7—熔丝；
8—下动触点；9—下静触点；10—下接线端；11—瓷绝缘子；12—安装板

图 2-12　跌落式熔断器的结构

二、熔断器的工作原理

熔断器的熔体与被保护的电路串联，当电路正常工作时，熔体允许通过一定大小的电流而不熔断；当电路发生短路或严重过载时，熔体中流过很大的故障电流，一旦电流产生的热量达到熔体的熔点，熔体熔断切断电路，从而达到保护电路的目的。电流流过熔体时产生的热量与电流的平方和电流通过的时间成正比，即

$$Q=I^2Rt$$

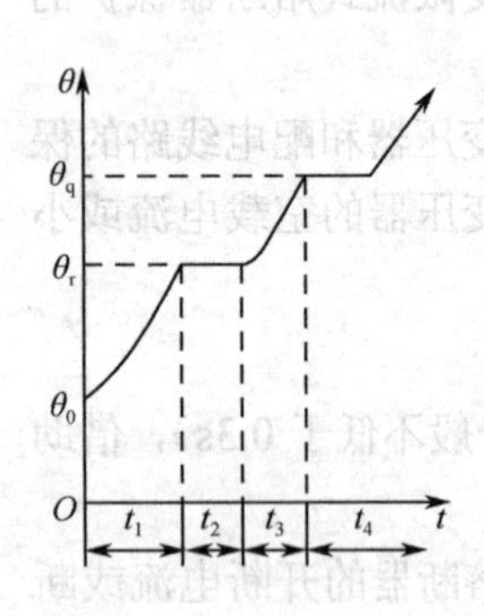

图 2-13　熔断器工作的物理过程

所以，熔断器的熔断时间和电流有关，电流越大熔体熔断的时间越短，我们称其为熔断器的安秒特性。熔断器工作的物理过程大致可分为 4 个阶段，如图 2-13 所示。

（1）熔断器的熔体因有过载电流或短路电流通过，其温度升高到熔化温度（熔点）θ_r，但熔体仍处于固体状态，并没有开始熔化，如图 2-13 中的 t_1 段曲线。

（2）熔体中的部分金属开始从固体状态转变为液体状态。由于熔体熔化需要吸收一部分热量，在 t_2 阶段内，熔体温度始终保持θ_r。

（3）熔化了的金属继续被加热，一直加热到汽化温度θ_q为止，形成第二次加热阶段 t_3。

（4）熔体断裂，出现间隙，在间隙中产生电弧，直至该电弧被熄灭为止。这段时间用

t_4表示。

上述 4 个阶段可以看成两个连续的过程：产生电弧之前的弧前过程和产生电弧之后的弧后过程。

弧前过程的主要特征是熔体的发热与熔化，熔断器在此过程中表现出对故障做出反应，并且过载电流越大，产生的热量就越多，温度上升也就越快，弧前过程就越短暂。当过载电流不大时，熔体的熔化和蒸发情况与短路时的情况有所不同。过载电流不大时，熔化和蒸发只发生在熔体中很窄的局部段，如在靠近熔体中间位置的地方；短路时，熔化和蒸发几乎同时沿着整个熔体长度窄截面处发生，而且过程带有爆炸性质。由于熔断器对过载反应不灵敏，因此主要用于短路保护。表 2-3 示出了某熔体的电流/时间特性数值关系。

表 2-3 熔体的电流/时间特性数值关系

熔断电流	（1.25～1.3）I_N	$1.6I_N$	$2I_N$	$2.5I_N$	$3I_N$	$4I_N$
熔断时间	∞	1h	40s	8s	4.5s	2.5s

三、熔断器型号的含义和电气符号

熔断器型号的含义如图 2-14 所示。

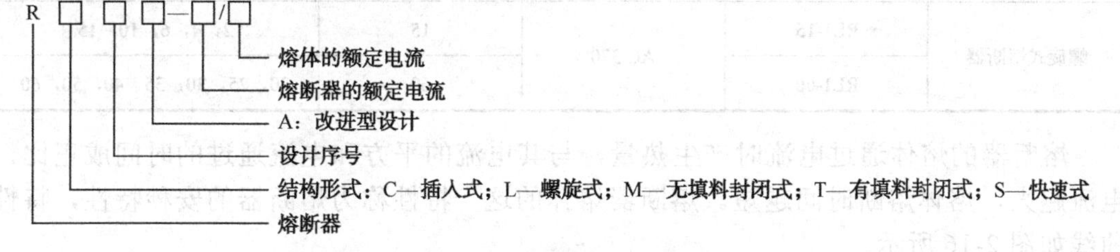

图 2-14 熔断器型号的含义

熔断器的文字符号为 FU，熔断器的电气符号如图 2-15 所示。

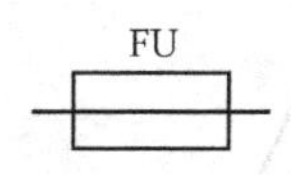

图 2-15 熔断器的电气符号

四、熔断器的技术参数

1）额定电压

熔断器的额定电压是指熔断器长期工作时和分断后能够承受的电压，它取决于线路的额定电压，其值一般应等于或大于电气设备的额定电压。

2）额定电流

熔断器的额定电流是指熔断器长期工作时，各部件温升不超过规定值时所能承受的电流。熔断器的额定电流等级比较少，而熔体的额定电流等级比较多，即在一个额定电流等级的熔断管内可以分装不同额定电流等级的熔体，但熔体的额定电流最大不超过熔断管的额定电流。

3）极限分断能力

熔断器的极限分断能力是指熔断器在规定的额定电压和功率因数（或时间常数）的条件下，能分断的最大短路电流值。在电路中出现的最大电流值一般是指短路电流值。所以，极限分断能力也反映了熔断器分断短路电流的能力。

常用熔断器技术参数如表 2-4 所示。

表 2-4　常用熔断器技术参数

名　称	型　号	额定电压（V）	额定电流（A）	熔体的额定电流等级（A）
插入式熔断器	RC1-10	AC 380	10	2，4，6，10
	RC1-30		30	20，25，30
	RC1-60		60	40，50，60
螺旋式熔断器	RL1-15	AC 380	15	2，4，6，10，15
	RL1-60		60	20，25，30，35，40，50，60

熔断器的熔体通过电流时产生热量，与其电流的平方和电流通过的时间成正比，电流越大，熔体熔断时间越短。熔断器熔体的这一特性称为熔断器的安秒特性，特性曲线如图 2-16 所示。

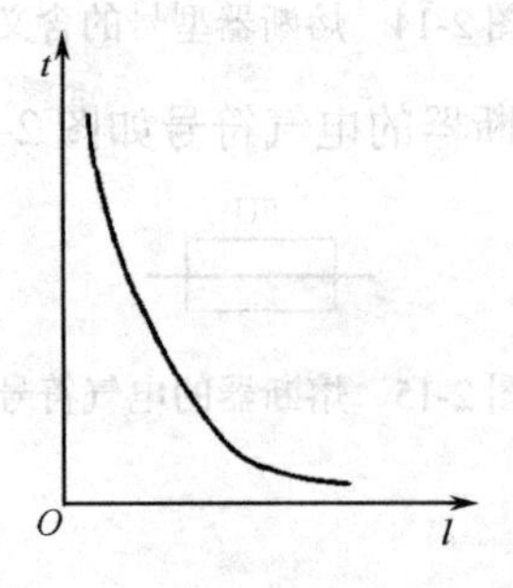

图 2-16　熔断器的安秒特性曲线

五、熔断器的选择与安装

1. 熔断器的选择

熔断器的选择主要根据熔断器的类型、熔体额定电流、熔断器额定电流和额定电压等来进行。

1）熔断器类型的选择

主要根据负载的过载特性和短路电流的大小来选择熔断器的类型。电网配电一般用管式熔断器；电动机保护一般用螺旋式熔断器；照明电路一般用 RC1 系列瓷插式熔断器；半导体元件保护一般采用快速熔断器。

2）熔断器熔体额定电流的选择

熔断器熔体的额定电流是熔断器最主要的参数。只有准确地选择熔体的额定电流，熔断器才能起到应有的保护作用；否则不但不能起到保护作用，反而会影响用电设备的正常工作。

（1）对于照明、电阻炉、变压器等负载，熔体的额定电流 I_{fN} 应略大于或等于负载电流 I，即

$$I_{fN} \geqslant I \tag{2-1}$$

（2）对于一台电动机负载的短路保护，因为启动电流的影响，可按下式选择熔体的额定电流：

$$I_{fN} \geqslant (1.5 \sim 2.5) I_N \tag{2-2}$$

式中　I_N——电动机额定电流（单位是 A）。

（3）保护多台电动机时，可按下式计算熔体的额定电流：

$$I_{fN} \geqslant (1.5 \sim 2.5) I_{Nmax} + \Sigma I_N \tag{2-3}$$

式中　I_{Nmax}——容量最大的一台电动机的额定电流；

ΣI_N——其余电动机的额定电流之和。

3）熔断器额定电流的选择

熔断器的额定电流必须大于或等于所装熔体的额定电流。

4）熔断器额定电压的选择

熔断器的额定电压大于或等于线路的工作电压。

2. 熔断器的安装规则

（1）安装前要检查熔断器的型号、额定电压、额定电流、极限分断能力等参数是否符

合规定要求。

（2）安装时应使熔断器与底座触点接触良好，避免因接触不良而造成温升过高，以致引起熔断器的误动作。

（3）安装螺旋式熔断器时，必须注意将电源接到瓷底座的下线端，以保证安全；对于有填料的熔断器，在熔体熔断后，应更换原型号的熔体；对于封闭式熔断器，更换熔体时，应检查熔片的规格，装新片之前应先清理管壁上的烟尘，再拧紧两头端盖；对于 RC1A 熔断器，熔体拧紧方向应正确，拧力适中。

（4）熔断器安装位置及相互间距离应便于更换熔体，有熔断指示的熔芯，其指示器的方向应装在便于观察的一侧。应经常注意检查熔断器的指示器，以便及时发现电路单相运行情况。若运行中发现瓷底座有沥青类物质流出，说明熔断器存在接触不良、温升过高等现象，应及时处理。

第 3 节　漏电保护器

漏电保护器是检测漏电电流而动作的保护装置。在规定的条件下，当漏电电流达到或超过整定值时，能自动切断电路。它在反映触电和漏电方面具有高灵敏度和快速性。因此，漏电保护器不但能有效地保护人身和设备安全，而且还能监督电气线路、设备的绝缘情况。

漏电保护器按检测信号可分为电压型漏电保护器和电流型漏电保护器；按脱扣形式可分为电磁式漏电保护器和电子式漏电保护器。按其保护功能和结构特征，又分为漏电开关、漏电断路器、漏电继电器、漏电保护插座等。

漏电保护器的主要技术参数是动作电流和动作时间。按漏电动作电流可分为：30mA 及以下为高灵敏型；30～100mA 为中灵敏型；100mA 以上为低灵敏型。漏电保护器动作时间取决于保护要求，一般有以下几类：快速型，动作时间不超过 0.1s；延时型，动作时间不超过 0.1～1s；反时限型，漏电电流为动作电流时，动作时间不超过 1s，2 倍动作电流时动作时间不超过 0.2s，5 倍动作电流时动作时间不超过 0.03s。

一、漏电保护器的结构及工作原理

1. 电压型漏电保护器

电压型漏电保护器的内部结构如图 2-17 所示。发生触电事故时，人体电流通过灵敏电流继电器线圈使继电器动作，并接通脱扣电磁铁线圈，使线圈激励产生磁场将衔铁吸下，由杠杆的作用抬起钩扣，闸刀开关脱扣并切断电源。

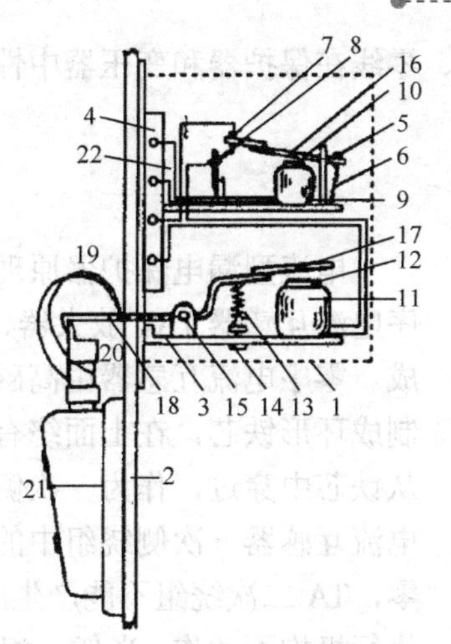

1—薄铁皮外罩；2—配电盘；3—支撑铁架；4—接线板；5、14—调整螺钉；6—拉簧；7—动触点；8—静触点；9—灵敏电流继电器线圈；10—灵敏电流继电器线圈铁芯；11—脱扣电磁铁线圈；12—脱扣电磁铁铁芯；13—撑簧；15—转轴；16—灵敏电流继电器线圈衔铁；17—脱扣电磁铁衔铁；18—钩扣；19—推簧；20—闸刀柄箍扣；21—闸刀；22—内部连线

图 2-17　电压型漏电保护器的内部结构

图 2-18 所示是低压触电保护器原理图。供电电源是三相四线制中性点不接地的系统。如当 A 相发生触电事故，漏电流从 A 相经人体、大地、继电器线圈 LJ、零线而形成回路。LJ 通电，常开触点闭合，接通电磁铁线圈 TQ 电路，电流从 B 相经继电器常闭触点与 C 相形成回路，导致脱扣电磁铁动作，使开关跳闸，从而避免触电事故的发生。按钮 QA 可检查保护器动作是否正常。

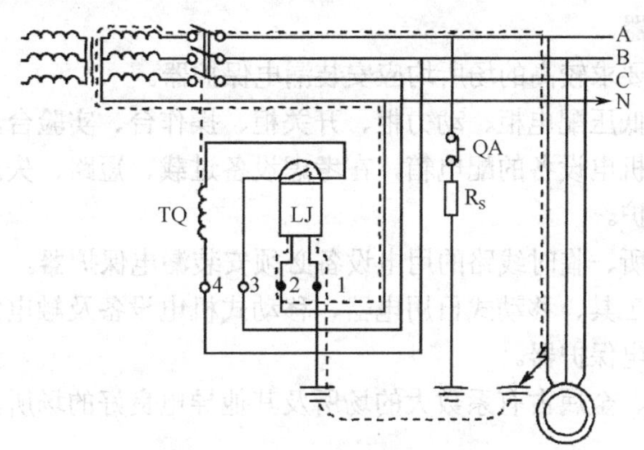

图 2-18　低压触电保护器原理图

电压型漏电保护器一般用在供电范围较小、线路质量较好的场合。当发生相线间短路、

零线接地、零线绝缘电阻过低、零线在保护器和变压器中性点之间断开等情况时，电压型漏电保护器会失灵。

2. 电流型漏电保护器

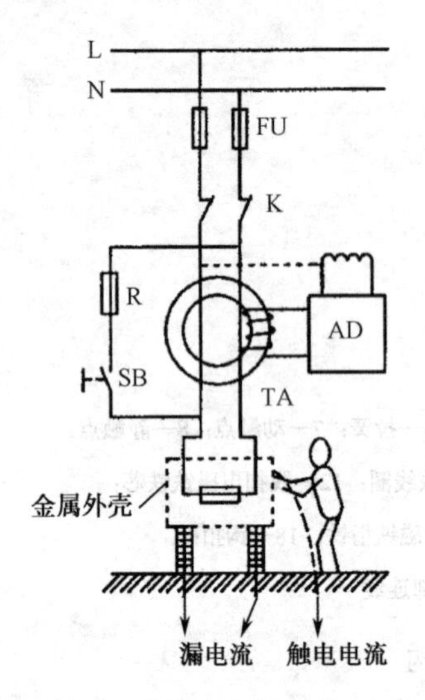

图 2-19　电流型漏电保护器原理图

电流型漏电保护器原理图如图 2-19 所示。保护器由零序电流互感器 TA、放大器、脱扣机构和自检电路 4 部分组成。零序电流互感器由高磁导率的坡莫合金或非晶态合金制成环形铁芯，在上面绕有二次侧绕组，电源相线及零线从铁芯中穿过，作为一次侧绕组。设备正常运行时，零序电流互感器一次侧绕组中的相电流与中线电流的相量和为零，TA 二次绕组不能产生感生电动势，即没有电流输出，执行机构不动作。当任一相发生触电、漏电或接地故障时，漏电电流经人体和大地流回到变压器的中性点，形成闭合回路，使中线电流小于相线电流。这时的一次侧绕组形成励磁电流，使二次侧绕组产生感应电压，该电压经放大器放大后输出，加在脱扣机构的线圈上并形成电流，当电流足够大时，推动脱扣机构动作，切断电源。电路中的按钮和电阻组成自检回路，以便检验保护器是否能正常工作。

二、漏电保护器的使用范围

为保证人身安全和线路、设备的正常运行，防止事故的发生，在以下用电场所，按规定安装使用漏电保护器。

（1）触电、防火要求较高的场所均应安装漏电保护器。

（2）对新制造的低压配电柜、动力柜、开关柜、操作台、实验台，以及机床、起重机械、各种传动机械等机电设备的配电箱，在考虑设备过载、短路、失压、断相等保护的同时，必须考虑漏电保护。

（3）建筑施工场所、临时线路的用电设备必须安装漏电保护器。

（4）手持式电动工具、移动式日用电器、移动式机电设备及触电危险性较大的用电设备，必须安装使用漏电保护器。

（5）潮湿、高温、金属占有系数大的场所及其他导电良好的场所，必须安装使用漏电保护器。

三、动作电流和动作时间的选定

（1）配电母线总保护或总干线保护的漏电保护器动作电流应选择在100～300mA之间。

（2）中小型车间、居民区等场所线路保护的漏电保护器，常用动作电流与动作时间的乘积来确定其值，一般规定为30mA·s。

（3）实验室、化验室、办公室等以及单台用电设备线路保护，应根据不同的场所来选定漏电保护器的动作电流：

特别潮湿、有腐蚀性蒸汽或气体、医疗电气设备等，应选6mA；高处作业、河边使用的电气设备，应选6～10mA；移动及便携式机电设备，一般使用15mA以下的保护器；水泵、风机、压缩机等固定设备，单机一般选30mA；办公室、民宅以防触电为主时，选6～30mA。

四、漏电保护器安装要求

（1）漏电保护器安装时，应检查产品合格证和生产资格认证标志。经试验发现异常，必须停止安装。

（2）漏电保护器的保护范围应是独立的回路，不能与其他回路有电气上的联系。

（3）安装漏电保护器后，不能拆除或降低对线路、设备的接地或接零的保护措施和要求。

（4）安装漏电保护器时应注意区分工作零线和保护零线，二者不能混用。工作零线应接入漏电保护器并穿过零序电流互感器的一次侧绕组，经过漏电保护器的工作零线不能作为保护零线用，也不能做重复接地或接设备外壳。保护零线不能接入漏电保护器。

（5）漏电保护器的接线柱要有防护罩，导电部分不得外露，进出线端不得接反。

安装漏电保护器的正确接线方法和常见接线错误如表2-5所示。

表2-5 漏电保护器的接线方法

<table>
<tr><th rowspan="2">接线方式</th><th colspan="2">接线示意图</th><th rowspan="2">说明</th></tr>
<tr><th>正确接法</th><th>错误接法</th></tr>
<tr><td>保护零线接线法</td><td>L1
L2
L3
N
保护器</td><td>L1
L2
L3
N
保护器</td><td>将用电设备外露可导电部分的保护零线绕过漏电保护器，直接接到零干线上</td></tr>
</table>

续表

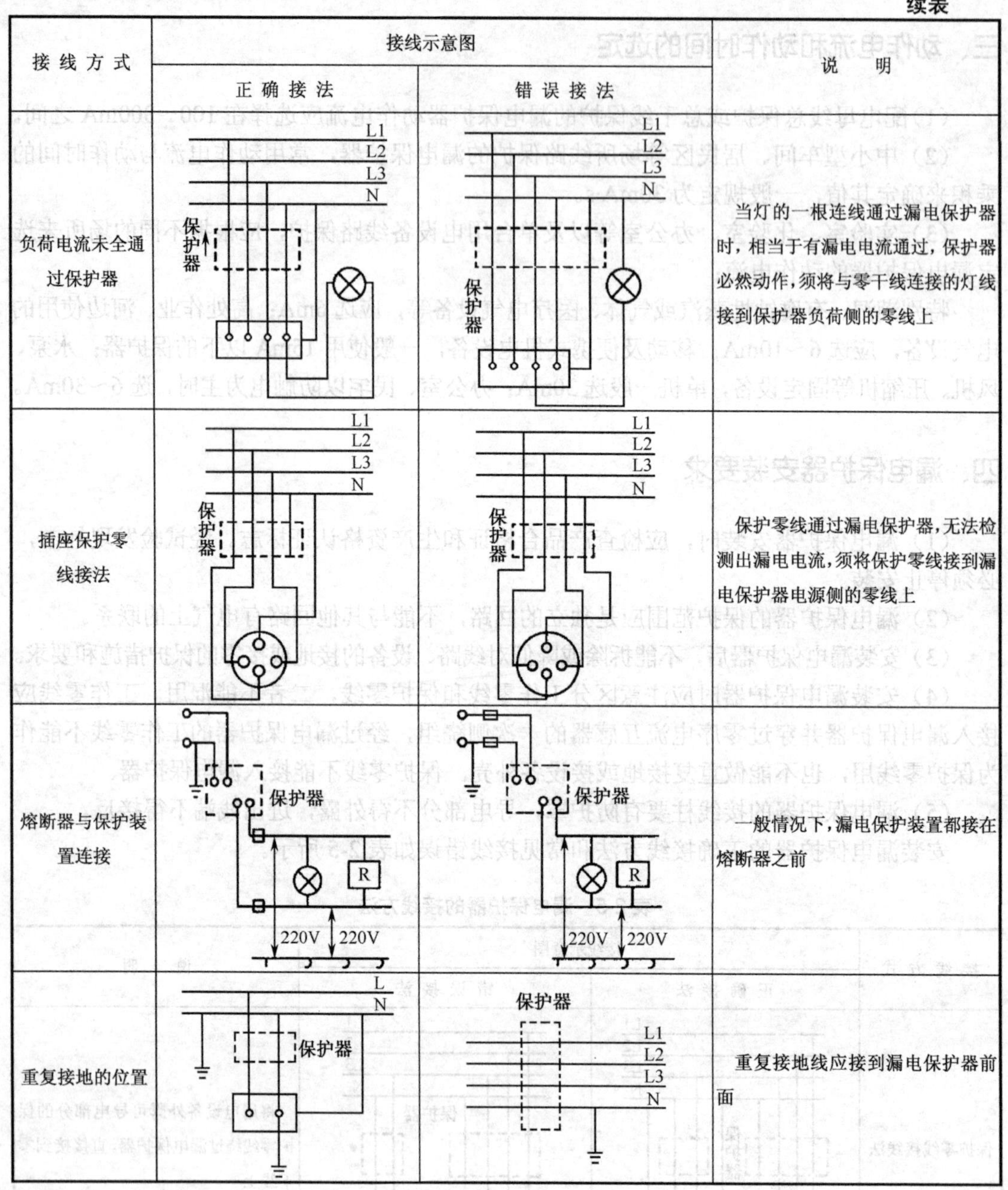

接线方式	接线示意图：正确接法	接线示意图：错误接法	说明
负荷电流未全通过保护器			当灯的一根连线通过漏电保护器时，相当于有漏电电流通过，保护器必然动作，须将与零干线连接的灯线接到保护器负荷侧的零线上
插座保护零线接法			保护零线通过漏电保护器，无法检测出漏电电流，须将保护零线接到漏电保护器电源侧的零线上
熔断器与保护装置连接			一般情况下，漏电保护装置都接在熔断器之前
重复接地的位置			重复接地线应接到漏电保护器前面

五、常用国产漏电保护器技术数据

常用国产漏电保护器技术数据如表2-6所示。

表2-6 常用国产漏电保护器技术数据

型号	极数	额定电流（A）	过电流脱扣器额定电流（A）	额定漏电动作电流（mA）	动作时间（s）	形式	备注
JC	2		6，10，15，25	30	<0.1	电磁	漏电保护开关
	3		40	50，100，300	<0.1	电磁	
	4		63	500	<0.1	电磁	
JLB1	2	10	6，10，16，20，32，40	10～100	<0.1	电磁	
DXL18-20	2	20	10，16，20	10，30	<0.1	电磁	
FIN-25	2	25		30	<0.1	电磁	
JD-3	3	100 200		50，100，200，300，500	<0.1	电磁	漏电保护继电器
JD-100		100		100，200，300	<0.1	电磁	
JD-200		200		200，300，500	<0.1	电磁	
DZ15L-9	3、4	63	63	50	<0.2	电磁	漏电保护断路器
DZ15L-63	4	63	32，40，50，63	50，100	<0.1	电磁	
DZL16-40	2	40	6，10，16，25，32，40	30	<0.1	电磁	
DZL1-20	2	20	20	30	<0.1	电子	
DZL1-40	2	40	40	75	<0.1	电子	
DZL10-100	4	100	100	30，50，75，100	≤0.1	电子	
DZL10-250	4	250	250	30，50，75，100	0.1（0.3）	电子	
DZL15-40	3、4	40	40	30，50，75	<0.1	电子	
DZL15-63	3、4	63	63	30，50，75	<0.1	电子	
DZL18-20	2	10～20	10，16，20	10，15，30	<0.1	电子	
DZL25-32	3、4	10～32	10，16，32	15，30，50	<0.1	电子	
DZL25-63	3、4	25～63	25，32，40，50，63	30，50，100	<0.1	电子	
DZL25-100	3、4	40～100	40，50，63，（80），100	100，500 50，100，200	<0.1 <0.2，0.4	电子	
DZL21B-100	3	63～100	63，80，100	30，50，100，50，100，200	<0.2	电子	
DZL29	2	32	6，10，16，20，25，32	10，15，30，50，100	<0.1	电子	

续表

型 号	极 数	额定电流（A）	过电流脱扣器额定电流（A）	额定漏电动作电流（mA）	动作时间（s）	形式	备注
HG-BA5A/D	2	5	8		<0.08	电子	用于家庭或办公室等
HG-BA15A/D	2	15	10		<0.08	电子	用于实验室或医院等
HG-BA5A/S	3	15	10		<0.08	电子	用于厂矿、农村

六、漏电保护器的常见故障及其排除方法

漏电保护器的常见故障及其排除方法如表 2-7 所示。

表 2-7　漏电保护器的常见故障及其排除方法

故 障 现 象	可 能 原 因	排 除 方 法
漏电保护器不能闭合	① 储能弹簧变形导致闭合力减小 ② 操作机构卡住 ③ 机构不能复位再扣 ④ 漏电脱扣器未复位	① 更换储能弹簧 ② 重新调整操作机构 ③ 调整脱扣面至规定值 ④ 调整漏电脱扣器
漏电保护器不能带电投入	① 过电流脱扣器未复位 ② 漏电脱扣器未复位 ③ 漏电脱扣器不能复位 ④ 漏电脱扣器吸合无法保持	① 等待过电流脱扣器自动复位 ② 按复位按钮，使脱扣器手动复位 ③ 查明原因，排除线路上的漏电故障点 ④ 更换漏电脱扣器
漏电开关打不开	① 触点发生熔焊 ② 操作机构卡住	① 排除熔焊故障，修理或更换触点 ② 排除卡住现象，修理受损零件
一相触点不能闭合	① 触点支架断裂 ② 金属颗粒将触点与灭弧室卡住	① 更换触点支架 ② 清除金属颗粒，或更换灭弧室
启动电动机时漏电开关立即断开	① 过电流脱扣器瞬时整定值太小 ② 过电流脱扣器动作太快 ③ 过电流脱扣器额定整定值选择不正确	① 调整过电流脱扣器瞬时整定弹簧力 ② 适当调大整定电流值 ③ 重新选用
漏电保护器工作一段时间后自动断开	① 过电流脱扣器长延时整定值不正确 ② 热元件或油阻尼脱扣器元件变质 ③ 整定电流值选择不当	① 重新调整 ② 更换已变质元件 ③ 重新调整整定电流值或重新选用

续表

故障现象	可能原因	排除方法
漏电开关温升过高	① 触点压力过小 ② 触点表面磨损严重或损坏 ③ 两导电零件连接处螺钉松动 ④ 触点超程太小	① 调整触点压力或更换触点弹簧 ② 清理接触面或更换触点 ③ 将螺钉拧紧 ④ 调整触点超程
操作试验按钮后漏电保护器不动作	① 试验电路不通 ② 试验电阻已烧坏 ③ 试验按钮接触不良 ④ 操作机构卡住 ⑤ 漏电脱扣器不能使断路器（自动开关）自由脱扣 ⑥ 漏电脱扣器不能正常工作	① 检查该电路，接好连接导线 ② 更换试验电阻 ③ 调整试验按钮 ④ 调整操作机构 ⑤ 调整漏电脱扣器 ⑥ 更换漏电脱扣器
触点过度磨损	① 三相触点动作不同步 ② 负载侧短路	① 调整到同步 ② 排除短路故障，并更换触点
相间短路	① 尘埃堆积或粘有水汽、油垢，使绝缘劣化 ② 外接线未接好 ③ 灭弧室损坏	① 经常清理，保持清洁 ② 拧紧螺钉，保证外接线相间距离 ③ 更换灭弧室
过电流脱扣器烧坏	① 短路时机构卡住，开关无法及时断开 ② 过电流脱扣器不能正确动作	① 定期检查操作机构，使之动作灵活 ② 更换过电流脱扣器

第3章　电工常用工具和安全用具

第1节　电工常用工具

1. 电工刀

电工刀是用来剖削电线绝缘层、切割绳索等的常用工具。使用时，刀口应朝外剖削，但不能在带电体或器材上剖削，以防触电。电工刀按刀刃形状分为A型和B型，按用途又分为一用和多用，如图3-1所示。

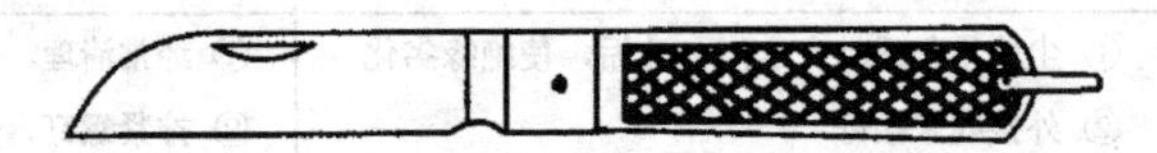

图3-1　电工刀

电工刀的规格尺寸及偏差应符合表3-1的规定。

表3-1　电工刀的规格尺寸及偏差

名　称	大　号		中　号		小　号	
	尺寸（mm）	允差（mm）	尺寸（mm）	允差（mm）	尺寸（mm）	允差（mm）
刀柄长度	115	±1	105	±1	95	±1
刃部厚度	0.7	±0.1	0.7	±0.1	0.6	±0.1
锯片齿距	2	±0.1	2	±0.1	2	±0.1

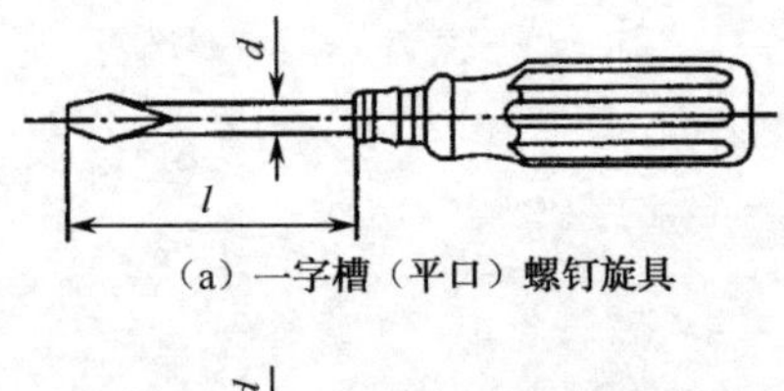

（a）一字槽（平口）螺钉旋具

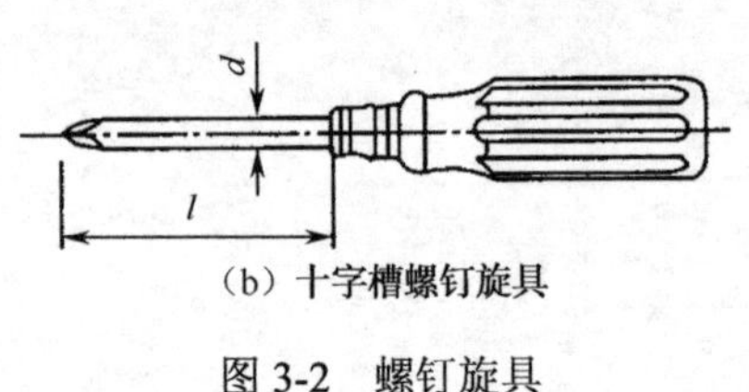

（b）十字槽螺钉旋具

图3-2　螺钉旋具

2. 螺钉旋具

螺钉旋具俗称螺丝刀、起子、改锥等，是主要用来旋紧或拧松头部带一字槽（平口）和十字槽的螺钉及木螺钉的一种手用工具，如图3-2所示。电工应使用木柄或塑料柄的螺钉旋具，不可使用金属杆直通柄顶的螺钉旋具，以防触电。为了避免金属杆触及人体或触及邻近带电体，宜在金属杆上穿套绝缘管。

螺钉旋具木质旋柄的材料一般为硬杂木，其含水率不大于16%。塑料旋柄的材料应有足够的强度。旋杆的

端面应与旋杆的轴线垂直。旋柄与旋杆应装配牢固。木质旋柄不应有虫蛀、腐朽、裂纹等；塑料旋柄不应有裂纹、缩孔、气泡等。

一字槽螺钉旋具基本尺寸应符合表 3-2 的规定。

表 3-2　一字槽螺钉旋具的规格

公称尺寸（mm）（杆身长度×杆身直径）	全长（mm）		工作部分：宽度×长度（mm）
	塑　柄	木　柄	
50×3	100	—	3×0.4
75×3	125	—	
75×4	140	—	4×0.55
100×4	165	—	
50×5	120	135	5×0.65
75×5	145	160	
100×6	190	210	6×0.8 7×1.0
100×7	200	220	
150×7	250	270	
150×8	260	285	8×1.1
200×8	310	335	
250×8	360	385	
250×9	370	400	9×1.4
300×9	420	450	
350×9	470	500	

十字槽螺钉旋具基本尺寸应符合表 3-3 的规定。

表 3-3　十字槽螺钉旋具的规格

槽　号	公称尺寸（mm）（杆身长度×杆身直径）	全长（mm）		用途及说明
		塑　柄	木　柄	
1#	50×4	115	135	用于直径为 2～2.5mm 的螺钉
	75×4	140	160	
	100×4	165	185	
	150×4	215	235	
	200×4	265	285	

续表

槽 号	公称尺寸（mm）（杆身长度×杆身直径）	全长（mm）		用途及说明
		塑 柄	木 柄	
2#	75×5	145	160	用于直径为 3～5mm 的螺钉
	100×5	170	180	
	250×5	320	335	
	125×6	215	235	
	150×6	240	260	
	200×6	290	310	
3#	100×8	210	235	用于直径为 6～8mm 的螺钉
	150×8	260	285	
	200×8	310	335	
	250×8	360	385	
4#	250×9	370	400	用于直径为 10～12mm 的螺钉
	300×9	420	450	
	350×9	470	500	
	400×9	520	550	

3. 钢丝钳

钢丝钳是一种夹持或折断金属薄片、切断金属丝的工具。电工用钢丝钳的柄部套有绝缘套管（耐压 500V），其规格用钢丝钳全长的毫米数表示，其构造如图 3-3 所示。钢丝钳的不同部位有不同的用途：钳口用来弯绞或钳夹导线线头；齿口用来紧固或松动螺母；刃口用来剪切导线或剖削导线绝缘层，还可用来拔出铁钉；铡口用来铡切导线线芯、钢丝、铅丝等软硬金属。

常用的钢丝钳规格以全长为单位表示，有 160mm、180mm、200mm 三种。

使用电工钢丝钳以前，必须检查绝缘柄是否完好。如果损坏，则在进行带电作业时会发生触电事故。

当用电工钢丝钳剪切带电导线时，不得用刀口同时剪切相线和零线，以免发生短路故障。

钢丝钳的基本尺寸应符合表 3-4 的规定。

表 3-4 钢丝钳的基本尺寸

全长（mm）	钳口长（mm）	钳头宽（mm）	嘴顶宽（mm）	嘴顶厚（mm）
160±8	28±4	25	6.3	12
180±9	32±4	28	7.1	13
200±10	36±4	32	8.0	14

4. 尖嘴钳

尖嘴钳的头部尖细而长，适用于在狭小的工作空间操作，可以用来弯扭和钳断直径在1mm以内的导线，将其弯制成所要求的形状，并可夹持、安装较小的螺钉、垫圈等。有铁柄和绝缘柄两种，电工多选用带绝缘柄的尖嘴钳，耐压500V，其外形如图3-4所示。

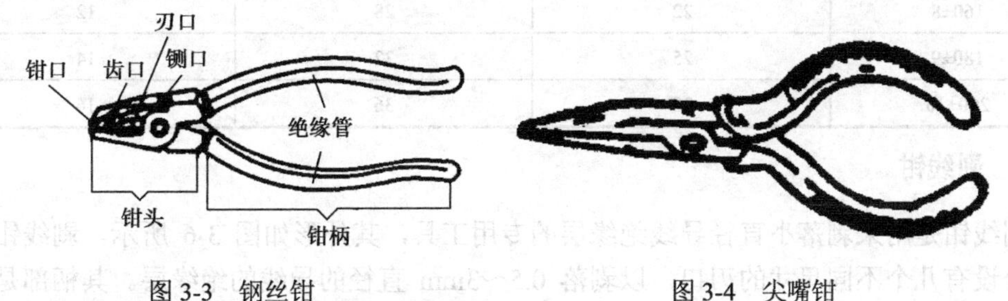

图3-3 钢丝钳 图3-4 尖嘴钳

尖嘴钳的基本尺寸应符合表3-5的规定。

表3-5 尖嘴钳的基本尺寸

全长（mm）	钳口长（mm）	钳头宽（最大值，mm）	嘴顶宽（最大值，mm）	腮厚（最大值，mm）	嘴顶厚（最大值，mm）
125±6	32±2.5	15	2.5	8.0	2.0
140±7	40±3.2	16	2.5	8.0	2.0
160±8	50±4.0	18	3.2	9.0	2.5
180±9	63±5.0	20	4.0	10.0	3.2
200±10	80±6.3	22	5.0	11.0	4.0

5. 斜口钳

斜口钳的头部“扁斜”，因此又称作扁嘴钳，其外形如图3-5所示。斜口钳专供剪断较粗的金属丝、线材、导线及电缆等，适用于工作地位狭窄和有斜度的空间操作。常用的为耐压500V的带绝缘柄的斜口钳。

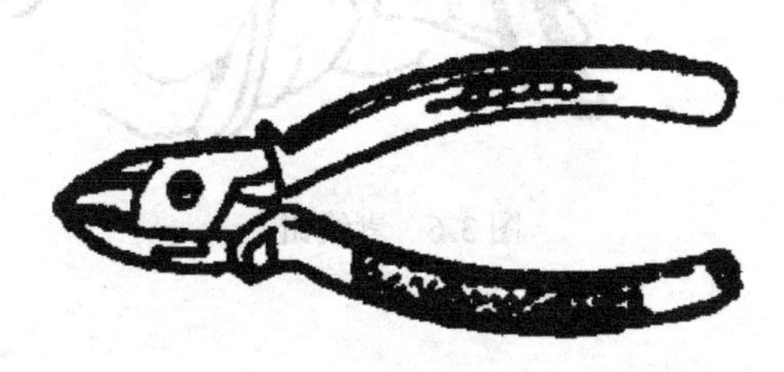

图3-5 斜口钳

斜口钳的基本尺寸应符合表3-6的规定。

表 3-6　斜口钳的基本尺寸

全长（mm）	钳口长（mm）	钳头宽（最大值，mm）	嘴顶厚（最大值，mm）
125±6	18	22	10
140±7	20	25	11
160±8	22	28	12
180±9	25	32	14
200±10	28	36	16

6. 剥线钳

剥线钳是用来剥落小直径导线绝缘层的专用工具，其外形如图 3-6 所示。剥线钳的钳口部分设有几个不同尺寸的刃口，以剥落 0.5～3mm 直径的导线的绝缘层。其柄部是绝缘的，耐压为 500V。

使用剥线钳时，将待剥导线的线端放入合适的刃口中，然后用力握紧钳柄，导线的绝缘层即被剥落并自动弹出（如图 3-6 所示）。在使用剥线钳时，选择的刃口直径必须大于导线线芯直径，不允许用小刃口剥大直径的导线，以免切伤线芯；不允许当钢丝钳使用，以免损坏刃口。带电操作时，要先检查柄部绝缘是否良好，以防触电。

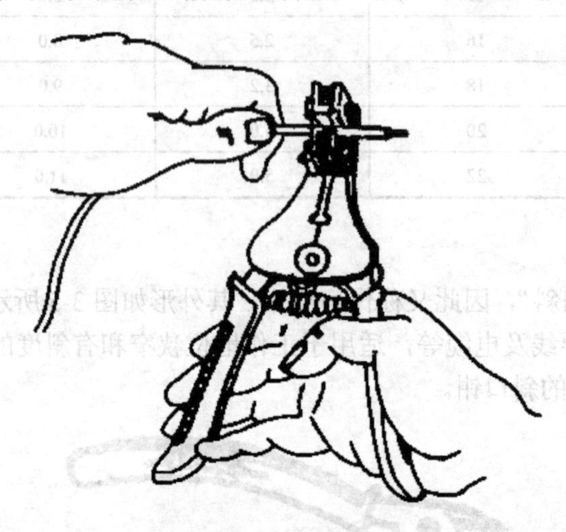

图 3-6　剥线钳

7. 活扳手

活扳手是用于紧固和松动六角或方头螺栓、螺钉、螺母的一种专用工具，其构造如图 3-7 所示。活扳手的特点是开口尺寸可以在一定的范围内任意调节，因此特别适宜螺栓规格多的场合使用。活扳手的规格以长度×最大开口宽度（mm）表示，常用的有 150×19

(6in)、200×24（8in)、250×30（10in)、300×36（12in）等几种。活扳手的基本尺寸应符合表 3-7 的规定。

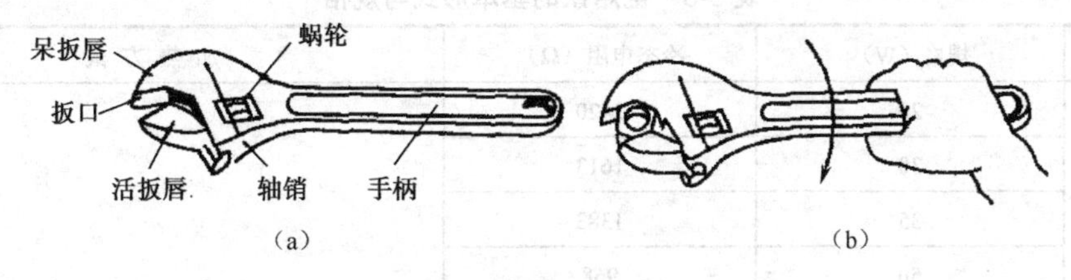

图 3-7　活扳手的构造及其应用

表 3-7　活扳手的基本尺寸

长度（mm）	100	150	200	250	300	375	450	600
最大开口宽度（mm）	14	19	24	30	36	46	55	65
相当普通螺栓规格	M8	M12	M16	M20	M24	M30	M36	M42
试验负荷（N）	410	690	1050	1500	1900	2830	3500	3900

使用时，将扳口放在螺母上，调节蜗轮，使扳口将螺母轻轻咬住，按图 3-7 所示的方向施力（不可反向施力，以免损坏扳唇)。扳动较大螺母，需较大力矩时，应握在手柄端部或选择较大规格的活扳手；扳动较小螺母，需较小力矩时，为防止螺母损坏而“打滑”，应握在手柄的根部或选择较小规格的活扳手。

8. 电烙铁

电烙铁是锡焊的主要工具。锡焊即通过电烙铁，利用受热熔化的焊锡，对铜、铜合金、钢和镀锌薄钢板等材料进行焊接。电烙铁主要由手柄、电热元件、烙铁头等组成。根据烙铁头的加热方式不同，可分为内热式和外热式两种。其中内热式电烙铁的热利用率高。电烙铁的规格是以消耗的电功率来表示的，通常在 20～300W 之间。电机修理中，一般选用 45W 以上的外热式电烙铁，其结构如图 3-8 所示。

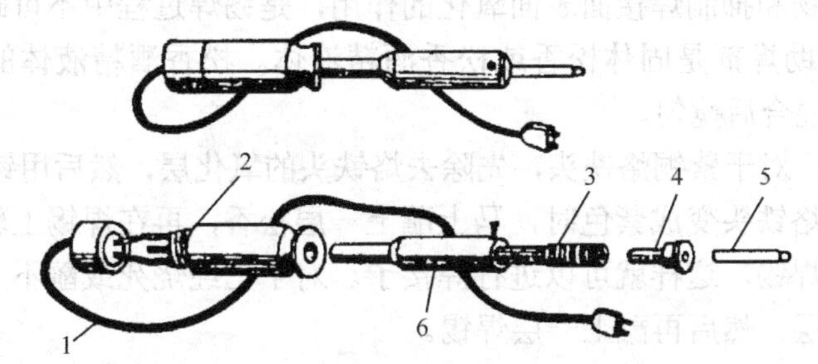

1—电源线；2—木柄；3—加热器；4—传热筒；5—烙铁头；6—外壳

图 3-8　电烙铁的结构

电烙铁的基本形式与规格应符合表 3-8 的规定。

表 3-8　电烙铁的基本形式与规格

形　　式	规格（W）	冷态电阻（Ω）	加 热 方 式
内热式	20	2420	电热元件插入铜头空腔内加热
	30	1613	
	35	1383	
	50	968	
	70	691	
	100	484	
	150	323	
	200	242	
	300	161	
外热式	30	1613	铜头插入电热元件内腔加热
	50	968	
	75	645	
	100	484	
	150	323	
	200	242	
	300	161	
	500	96.8	
快热式	60	806	由变压器感应出低电压、大电流进行加热
	100	484	

锡焊所用的材料是焊锡和助焊剂。焊锡是由锡、铅和锑等元素所组成的低熔点合金。助焊剂具有清除污物和抑制焊接面表面氧化的作用，是锡焊过程中不可缺少的辅助材料。电机修理中常用的助焊剂是固体松香或松香酒精液体。松香酒精液体的配方是：松香粉 25%、酒精 75%，混合后搅匀。

使用电烙铁前，对于紫铜烙铁头，先除去烙铁头的氧化层，然后用锉刀锉成 45° 的尖角。通电加热，当烙铁头变成紫色时，马上蘸上一层松香，再在焊锡上轻轻擦动，这时烙铁头就会蘸上一层焊锡，这样就可以进行焊接了。对于已经烧死或蘸不上焊锡的烙铁头，要细心地锉掉氧化层，然后再蘸上一层焊锡。

锡焊时应注意：烙铁头的温度过高，容易烧死烙铁头或加快氧化，如出现这种情况应断开电源进行冷却；烙铁头温度过低，会产生虚焊或者无法熔化焊锡，如出现这种情况应

待升温后再焊。

9. 千分尺

千分尺有多种类型，常用的是外径千分尺（简称千分尺，又叫百分尺或分厘卡）。在电器修理中，千分尺主要用于测量漆包线的线径，一般选用测量范围为0～25mm的千分尺，其结构如图3-9所示。

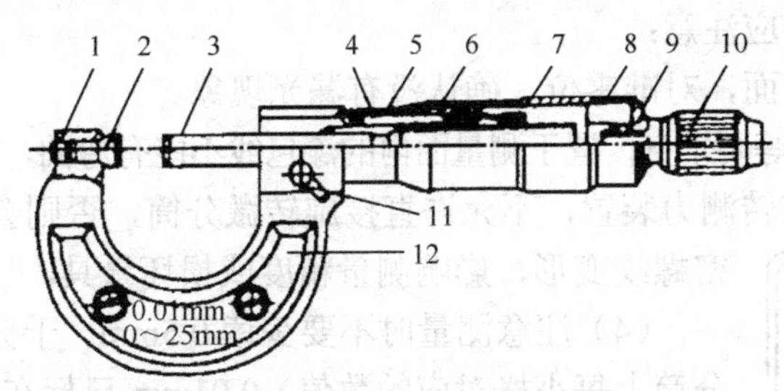

1—尺框；2—固定砧；3—测微螺杆；4—螺纹轴套；5—固定套筒；6—微分筒；

7—调节器；8—圆锥接头；9—垫片；10—测力装置；11—制动轴；12—绝热板

图3-9　0～25mm千分尺的结构

千分尺的测微装置主要是螺旋读数机构。它包括一对精密的螺纹副（测微螺杆和螺纹轴套）、一对读数套筒（固定套筒和微分筒）。当测量尺寸时，把被测零件（如漆包线）置于测量杆与固定砧之间，然后顺时针旋转测力装置。每旋转一周，测微螺杆就前进0.5mm，被测尺寸就缩小0.5mm；与此同时，微分筒也旋转一周，一周刻度为50格。所以，微分筒每前进一格，被测尺寸的缩小距离为0.5mm÷50=0.01mm，这就是千分尺所能读出的最小数值，故其测量精度为0.01mm。当旋转测力装置发出棘轮打滑声时，即可停止转动。在固定套筒上读出整数值，在微分套筒上读出小数值。

固定套筒上刻有轴向中线，作为微分筒的基准线。同时，在轴向中线上下还刻有两排刻线，间距为1mm，且上排与下排错开0.5mm。上排刻有0～25mm整数尺寸字码，下排不刻数字。

以图3-10（a）为例，千分尺的读数先在固定套筒上读出整数值为8mm（8个格），在微分筒上读出小数值为27格（27×0.01mm＝0.27mm），两者相加即为被测尺寸值(8+0.27=8.27mm)。

在图3-10（b）中，整数位仍为8mm（8格），固定套筒的中线（基准线）正好也对准微分筒上的第27格，但从固定套筒下排刻线就不难发现，被测尺寸值已经超过8.5mm，表明微分筒从8mm之后，又向前转了一周又27格，故小数部分为0.01×(50+27)mm=0.77mm，被测尺寸为8+0.77=8.77mm。

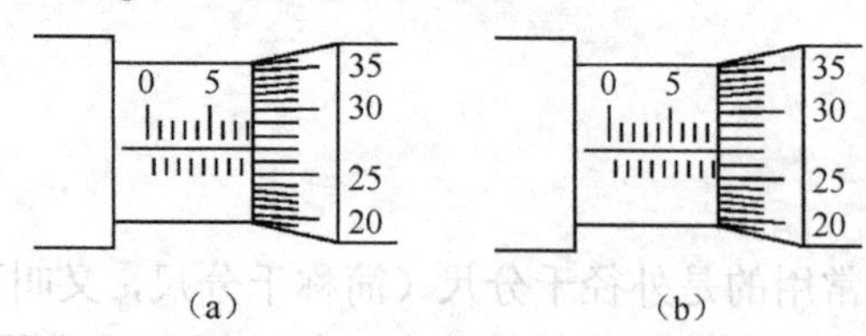

图 3-10　千分尺的读数

使用千分尺测量时应注意：

（1）擦净两个测量面，对准零位，确认没有漏光现象。

（2）被测的漆包线等要平直，置于测量面内的漆包线不能有弯曲，否则将影响测量结果。

（3）测量时只准旋转测力装置，不允许直接旋转微分筒，否则会增加测量压力，使精密螺纹变形，影响测量精度或损坏量具。

（4）注意测量时不要少读 0.5mm。千分尺的测量精度（即微分筒上每小格对应的数值）0.01mm 已标在千分尺上，注意观察。

10. 钢卷尺

钢卷尺按不同结构分为自卷式（小钢卷尺）、制动式（小钢卷尺）、摇卷盒式和摇卷架式（大型钢卷尺）等几种。钢卷尺的外形如图 3-11 所示。钢卷尺的尺寸规格应符合表 3-9 的规定。

尺钩　铆钉　尺带　尺盒

图 3-11　钢卷尺的外形

表 3-9　钢卷尺的尺寸规格/mm

<table>
<tr><th rowspan="2">形　式</th><th rowspan="2">规　格（mm）</th><th colspan="5">尺　带（mm）</th></tr>
<tr><th>宽度</th><th>宽度偏差</th><th>厚度</th><th>厚度偏差</th><th>形状</th></tr>
<tr><td>自卷式
制动式</td><td>0.5 和 0.5 的整倍数至 10</td><td>6～25</td><td rowspan="2">-0.3</td><td>0.14</td><td rowspan="2">-0.04</td><td>弧形或平形</td></tr>
<tr><td>摇卷盒式
摇卷架式</td><td>5 和 5 的整倍数</td><td>8～16</td><td>0.18～0.24</td><td>平形</td></tr>
</table>

注：表中的宽度和厚度是指金属材料的宽度和厚度。

11. 游标卡尺

游标卡尺是测量比较精密的量具，可直接读出工件的外径、内径、深度和厚度。它在主尺上的刻线都是每 1mm 为一等分，每一大格注有 1cm、2cm、3cm 等数。副尺上游标刻度有 10 等分，全长等于 9mm，所以游标的每格长度为 0.9mm。因此主尺的 1 格和副尺的 1 格相差 0.1mm。测量时应先看游标尺，“0”线前面的主尺刻度是多少，然后再看副尺“0”线后面的第几根线与主尺刻度线相对齐，每根线代表 0.1mm。最后两个所得的读数相加，就是测量工件的尺寸。游标卡尺的测量和读数如图 3-12 所示。

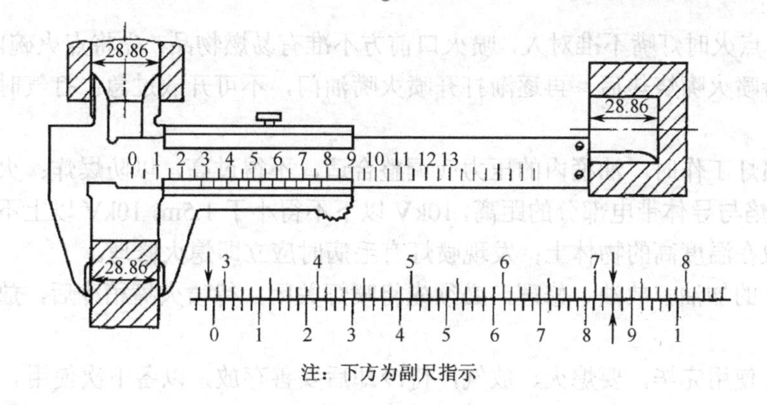

图 3-12　游标卡尺的测量和读数

12. 喷灯

喷灯又称冲灯，其结构如图 3-13 所示。

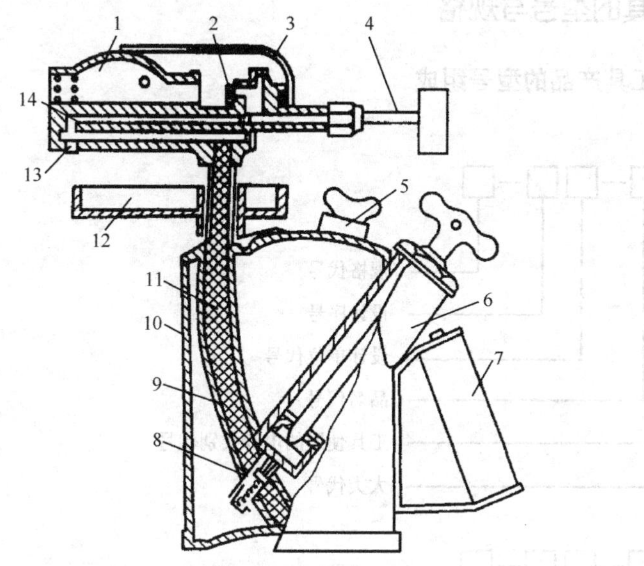

1—燃烧腔；2—喷气孔（针形）；3—挡火罩；4—调节阀；5—加油孔螺塞；6—打气筒；

7—手柄；8—出气口；9—吸油管；10—油桶；11—铜辫子；12—点火碗；13—疏通口螺钉；14—汽化管

图 3-13　喷灯的结构

喷灯的正确使用方法如下：

（1）使用前要检查所用的油是什么油，禁止在使用煤油或酒精的喷灯内注入汽油使用；检查油量是否合适，油量不应超过油桶容量的 3/4；检查油桶是否漏油，喷油嘴有无堵塞，丝扣是否漏气；检查加油孔的螺塞是否拧紧。

（2）喷灯点火时灯嘴不准对人，喷火口前方不准有易燃物品；先将点火碗内注入燃油，用火点燃，待喷火嘴烧热后，再逐渐打开喷火嘴油门，不可开放过急；打气时应先将油门关闭。

（3）用喷灯工作时，油桶内的压力应调整合适，不得过高，以防爆炸；火焰要调整适当，喷出的火焰与导体带电部分的距离，10kV 以下不得小于 1.5m，10kV 以上不得小于 3m；不准把喷灯放在温度高的物体上；发现喷灯有毛病时应立即熄火修理。

（4）喷灯的加油、放油、修理，必须先将喷灯关闭，待喷火嘴稍冷后，放尽油桶内压力后再进行。

（5）喷灯使用完毕，要熄火、放气，待冷却后妥善存放，以备下次使用。

第 2 节　常用电动工具

一、电动工具的型号与规格

1. 电动工具产品的型号组成

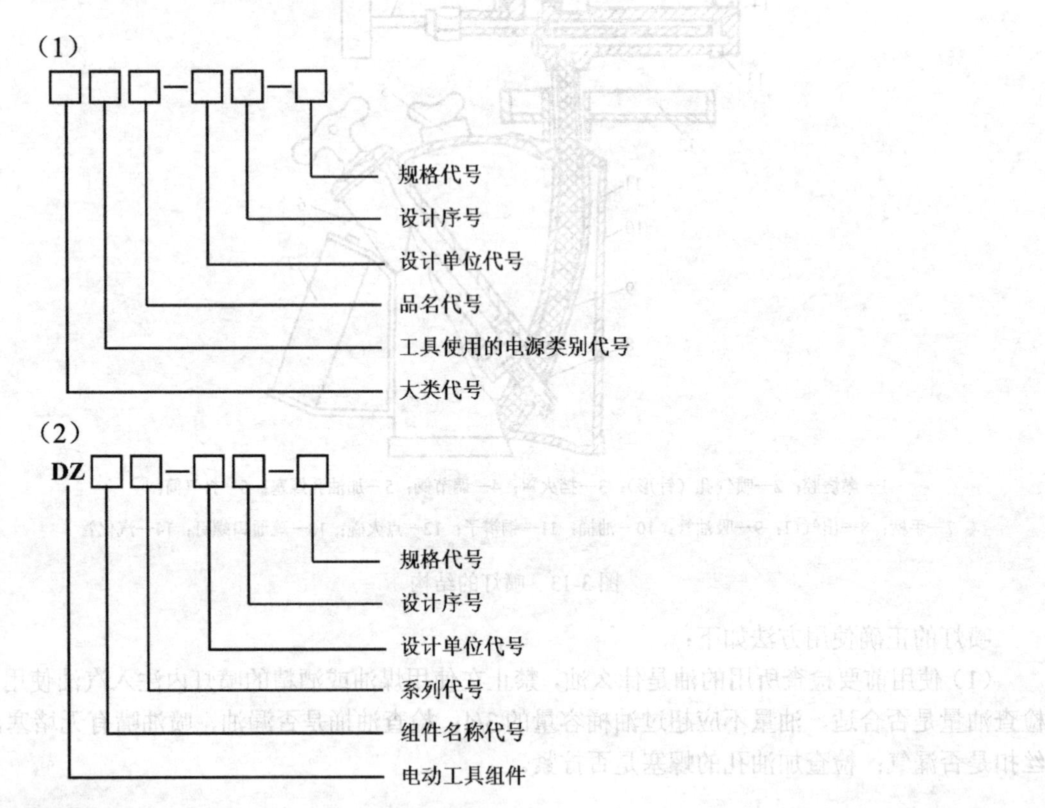

2. 电动工具的代号

（1）尽量采用大类及品名有代表性的汉语拼音的第一个字母。

（2）如果按上条选用时发生不同产品的大类代号和品名代号都相同的现象，则采用其他字母，如表 3-10 所示。

表 3-10　品名代号

大类		品名代号																						
名称	代号	A	B	C	D	E	F	G	H	J	K	L	M	N	P	Q	R	S	T	U	V	W	Y	Z
金属切削	J	电铰刀		磁座钻	多用工具		刀锯	型材切割机	电冲剪	电剪刀	电刮刀				焊缝坡口机			攻丝机		锯管机				电钻
砂磨	S	盘式砂光机	平板摆动式砂光机	车床电磨						模具电磨			角向磨光机		抛光机	气门座电磨		砂轮机	带式砂光机					
装配作业	P		电扳手		定扭矩电扳手							螺丝刀	拉铆枪							墙板螺丝刀				胀管机
林木	M	带锯	电刨	电插	木工多用工具	修枝机			截枝机		开槽机	电链锯				曲线锯	木铣	木工刃磨机					圆锯	木钻
农牧	N	采茶剪								剪毛机		粮食扦样机			喷洒机				修蹄机					

续表

大类		品名代号																						
名称	代号	A	B	C	D	E	F	G	H	J	K	L	M	N	P	Q	R	S	T	U	V	W	Y	Z
建筑道路	Z	锤钻	地板抛光机	电锤	混凝土振动器	大理石切割机		电镐	夯实机	冲击钻	铆胀螺栓扳手	湿式磨光机			钢筋切割机	砖墙铣沟机	地板砂光机	套丝机			弯管机	铲刮机	混凝土钻机	
铁道	T		铁道扳手					枕木电镐																枕木钻
矿山	K																						岩石电钻	凿岩机
其他	Q	塑料电焊枪		裁布机		电动气泵		管道清洗机	卷花机	石膏剪	雕刻机				电喷枪	除锈机		石膏电锯	地毯剪				牙钻	骨钻

（3）工具使用的电源类别与代号如表 3-11 所示。

表 3-11　工具使用的电源类别与代号

工具使用的电源类别	代　号
直流电	0
单相交流电　50Hz	1
三相交流电　200Hz	2
三相交流电　50Hz	3
三相交流电　400Hz	4
三相交流电　150Hz	5
三相交流电　300Hz	6

适用于多种电源的工具，电源类别中的各种电源代号均应列出。

（4）设计单位代号一般由设计单位名称的汉语拼音字头组成。设计单位代号由设计单位向电动工具型号归口管理单位申请，由归口管理单位统一颁发。统一设计产品的设计单

位代号为“TS”。由主管部门组织行业联合设计的产品，设计单位代号为“LS”。

（5）设计序号用数字表示。第一次设计的产品可省略此项。

同品种、同规格产品的再设计，在外形、性能、结构、技术指标等方面有显著改进和提高的产品可标以新的设计序号。

设计序号仅表示产品的设计先后，并不反映产品的结构和产品水平的高低。

设计序号的改变须与新产品型号一样经申请，颁发后方才有效。

（6）规格代号一般用来表示该产品的主参数，用数字表示。

① 主参数为一项数字，即以该项数字表示。例如，电钻按其能在钢上钻孔的最大公称直径 6、10……表示，圆锯按其所装用的锯片公称直径 200、300……表示。

② 主参数为多项数字时，各项数字间用乘号相连表示。例如，电刨以其刀片宽度和最大刨削深度表示，刀片宽度为 80mm，最大刨削深度为 2mm 时，应表示为 80×2。

③ 主参数为一项数字，但在不同条件下数值不相同又必须列出者，在规格代号中可同时列出，各数值之间用斜线分开。例如，双速电钻以其主轴在不同额定转速时最大钻孔直径表示，高速时为 10mm，低速时为 13mm，则与转速相应的表示为 10/13。

④ 具有多种功能的工具，以其主要功能的主要参数表示。例如，冲击电钻只以能在轻质混凝土或砖上钻孔的最大直径 10、12……表示。

型别代号为规格代号的一个组成部分，列于规格代号的最后，符号由各个产品的产品标准（国家标准、专业标准）规定。

（7）电动工具组件型号编制方法。

① 凡作为标准件或通用件组织专业化生产的电动工具组件必须申请型号。

② 组件名称及系列代号如表 3-12 所示。

表 3-12　组件名称及系列代号

组　件		系列代号						
名　称	代　号	A	B	C	D	E	F	G
电动机	J	单相串励	三相工频异步	三相中频异步（200Hz）	三相中频异步（300Hz）	三相中频异步（400Hz）	单相工频异步（电容分相）	直流永磁
开关	K	普通	耐振	组合正反转	分离正反转	电子调速		
换向器	Q	半塑（不带加强环）	半塑（带加强环）	钩型升高片（带加强环）	钩型升高片（带加强环）	全塑		
刷握总成	S	隐盒	管式	涡型弹簧加压式				

续表

组　件		系列代号						
名　称	代　号	A	B	C	D	E	F	G
导电缆组成一体的不可重接插头	L	二极	二极（带接地极）	三极（不带接地极）	四极			
辅助手柄	B	螺纹连接式（带护手）	螺纹连接式（不带护手）	卡箍夹持式				
钻夹头	T	锥面连接	螺纹连接					
接插件	C	片型插头	片型插孔	柱型插头	柱型插孔			

③ 规格代号由组件主参数的数字表示，主参数项目如表 3-13 所示。

表 3-13　组件名称与主参数项目

组 件 名 称	主参数项目
电动机	定子冲片外径×额定输出功率×转速
开关	额定电流
换向器	工作直径×换向片工作长度×内径×片数
刷握	电刷的长×宽×高
与软电缆或软线组成一体的不可重接插头	导电芯线的公称截面
钻夹头	能夹持的最大钻头公称直径
接插件	额定电流

④ 设计单位代号的规定与上文（4）相同。

⑤ 设计序号的编排方法与上文（5）相同。

⑥ 示例。电动工具用单相串励电动机额定输出功率 200W，额定负载转速 15 000r/min，定子冲片外径 56mm，第一行业联合设计。其型号为：

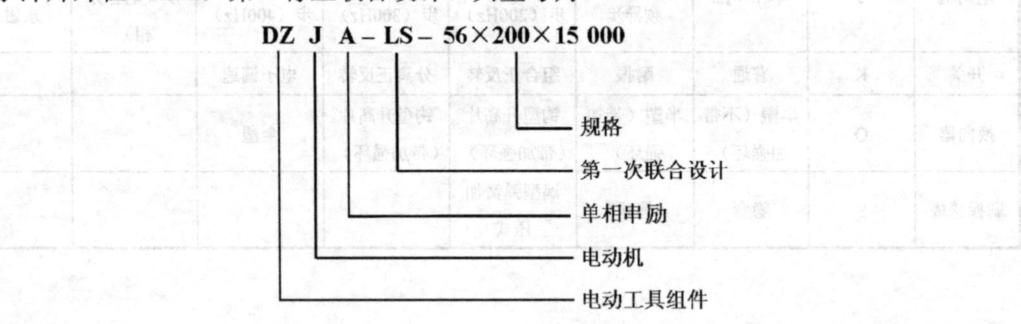

二、电动工具的名词术语

1. 通用名称

电动工具——以电动机或电磁铁为动力，通过传动机构驱动工作头的一种机械化工具。

手持式电动工具——用手握持或悬挂进行操作的电动工具。

携带式电动工具——工作时位置固定或放置在加工工件上及装在其他装置上使用的电动工具。

直接传动电动工具——电动机、传动机构、工作头组装成一体的电动工具。

软轴传动电动工具——在传动机构中配置有不为外壳所包容的软轴的电动工具。

多用电动工具——在基本传动机构上配置有可更换的传动机构和不同的工作头，具有多种用途的电动工具。

I 类电动工具——工具在防止触电的保护方面不仅依靠基本绝缘，而且还包含一个附加的安全预防措施，其方法是将可触及的可导电的零件与已安装的固定线路中的保护（接地）导线连接起来，以这样的方法使可触及的可导电的零件在基本绝缘损坏的事故中不成为带电体。

II 类电动工具——工具在防止触电的保护方面不仅依靠基本绝缘，而且还提供如双重绝缘或加强绝缘的附加安全预防措施，没有保护接地或依赖安装条件的措施。

绝缘外壳II类电动工具——具有一个经久、牢固、实质上是连续的绝缘外壳，除了一些如铭牌、铆钉、螺钉等小金属零件外，其他金属件均包容在绝缘外壳内，这些小金属零件均由至少相当于加强绝缘的绝缘物与带电零件隔开的电动工具。绝缘外壳可成为附加绝缘或加强绝缘的一部分或全部。

金属外壳II类电动工具——具有一个牢固的实质上是连续的金属外壳，壳体内除了那些显然不能实现双重绝缘而采用加强绝缘的零件外，全部具有双重绝缘的电动工具。

III类电动工具——工具在防止触电的保护方面依靠由安全特低电压供电和在工具内部不会产生比安全特低电压高的电压。

A 类电动工具——在运行中引起的对无线电或电视的干扰不超过规定值的电动工具。

B 类电动工具——对在运行中引起的对无线电或电视的干扰无要求的电动工具。

连续运行电动工具——在正常负载下无运行时间限制的电动工具。

短时运行电动工具——在正常负载下和规定的时间内从冷态开始运行，并且两段运行的时间间隔长得足以使工具冷却到接近室温的电动工具。

断续运行电动工具——按规定的相同的周期系列运行的电动工具。每一周期包括在正常负载下运行的时间和运行后工具空载或断电的停歇时间。

2. 金属切削工具

电钻——钻孔用的电动工具。可制成单速、双速、多速、电子调速等。

角向电钻——钻头与电动机轴线成固定角度（一般为90°）的电钻。

万向电钻——钻头与电动机轴线可成任意角度的电钻。

磁座钻——带有磁座架，可吸附在钢铁构件上钻孔的电钻。

电剪刀——剪切金属薄板的电动工具。

平板电剪——具有双边剪切刃，剪切金属板材的电动工具。

电冲剪——利用上下冲头的冲切来切割板材（包括波纹板）的电动工具。

电动往复锯——以往复运动的锯条进行锯切的电动工具。

电动曲线锯——在板材上可按曲线进行锯切的一种电动往复锯。

电动刀锯——对板、管及棒等型材进行锯切的电动往复锯。所用的锯条为马刀状，比曲线锯条宽。

电动锯管机——切断大口径金属管材用的一种电动往复锯。

电动攻丝机——传动机构中设有快速反转装置，用于加工管子内螺纹的电动工具。

电动套丝机——设有正反转装置，用于加工管子外螺纹的电动工具。

电动刮刀——对已加工的金属表面进行刮削的电动工具。

3. 砂磨工具

电磨、电动砂轮机——用砂轮或磨盘进行砂磨的电动工具。

电动砂光机——用砂布对各种材料的工件表面进行砂磨、光整加工用的电动工具。有带式、盘式、平板摆动式等各类砂光机。

电动抛光机——用布、毡等抛轮对各种材料的工件表面进行抛光的电动工具。

4. 装配作业工具

电扳手——拧紧和旋松螺栓及螺母用的电动工具。

冲击电扳手——具有旋转带切向冲击机构的电扳手。工作时对操作者的反作用扭矩小。

定扭矩电扳手——用于拧紧需要以恒定张力连接的螺纹件的电扳手。

电动螺丝刀——装有调节和限制扭矩的机构，用于拧紧和旋松螺钉的电动工具。

电动胀管机——在金属管与板的连接中用于胀管的电动工具。

电动拉铆枪——采用拉伸的方法用特殊铆钉连接构件的电动工具。

本节我们仅介绍几种常用的电动工具。

三、常用电动工具的结构与使用

1. 手电钻

1）结构

手电钻又称手枪钻，是一种手提式电动钻孔工具，适用于在金属、塑料、木材等材料或构件上钻孔。常用的手电钻都是单相供电的。JIZ 系列单相电钻主要由交直流两用串励式电动机、减速器、快速切断自动复位手揿式开关和钻轧头等部分组成，机壳一般用铝合金铸成。其结构如图 3-14 所示。

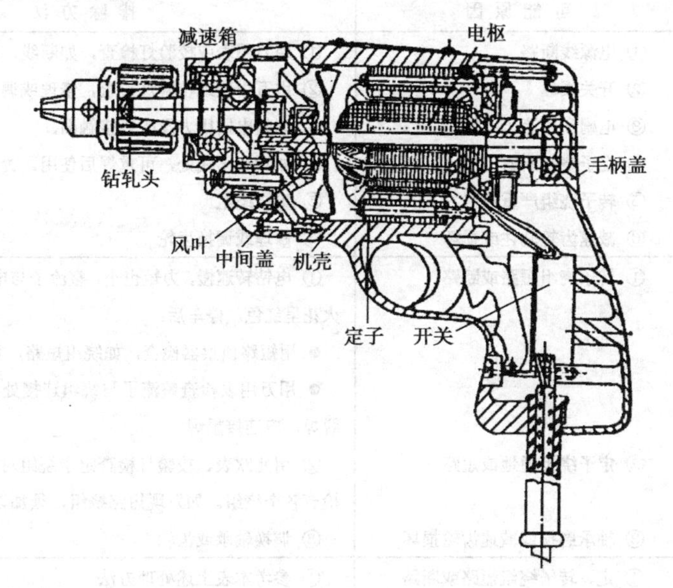

图 3-14　JIZ 系列单相电钻结构图

回 JIZ_2 系列电钻的电动机同样为交直流两用单相串励式电动机，其特点是电枢铁芯与转轴之间压注有绝缘材料，作为转子的保护绝缘。电动机的机壳为工程塑料，或者是铝合金，但是其内臂衬以与定子铁心壳隔绝的绝缘套，作为定子的保护绝缘。

2）使用与维护

（1）电钻应定期检查和保养。长期搁置不用的电钻，使用前应用 500V 兆欧表测量绝缘电阻，其值应不小于 0.5MΩ。

（2）通常凡电压超过安全值（36V）、非双重绝缘，且带有金属外壳的电钻，使用时必须要有防触电措施。

（3）电源电压不应超过电钻额定电压的±10%，以免损坏电钻。

（4）要保持钻头锋利，钻孔时不宜用力过猛，以防过载。电钻因故突然堵转时，必须立即切断电源。

（5）移动电钻时，应握其手柄，不能利用其电缆提拉，以免电缆破损。

（6）交、直流两用电钻的换向器应特别注意保养，电刷弹簧的压力应适当，电刷磨损到不能使用时（约 5mm），应及时更换，若发生严重火花，必须立即检查修理。

3）故障排除

单相电钻常见故障及排除方法如表 3-14 所示。

表 3-14　单相电钻常见故障及排除方法

故障现象	可能原因	排除方法
电钻不能启动	① 电源线断路 ② 开关损坏 ③ 电刷和整流子不接触 ④ 定子绕组断路 ⑤ 转子绕组严重断路 ⑥ 减速齿轮轧住或损坏	① 用万用表或校验灯检查，如断线，则调换电源线 ② 用万用表或校验灯检查，修理或调换开关 ③ 调整电刷压力及改善接触面 ④ 如断在出线处，可重焊后使用。否则要重绕 ⑤ 重绕绕组 ⑥ 修理或调换齿轮
电钻转速慢	① 转子绕组短路或断路 ② 定子绕组通地或短路 ③ 轴承磨损或减速齿轮损坏	① 电钻转速慢，力矩也小，整流子与电刷间产生很大火花，火花呈红色。停车后： ● 用短路侦察器检查，如绕组短路，重绕绕组 ● 用万用表检查整流子与绕组连接处，如发现少量断路或脱焊，应连接重焊 ② 用兆欧表、校验灯检查定子绕组对地绝缘或用电压降法检查各个绕组。如发现短路绕组，须加以修复或重绕 ③ 调换轴承或齿轮
整流子与电刷间火花较大	① 定、转子绕组短路或断路 ② 电刷和整流子接触不良 ③ 电刷规格不符	① 参考本表上述处理方法 ② 增加电刷压力；若电刷太短，应更换电刷或改善接触面 ③ 调换电刷
转子在某一位置上能启动，在另一位置上不能启动	整流子与转子绕组连接处有两处以上断头	重焊
整流子发热	① 电刷压力过大 ② 电刷规格不符	① 调整到适当压力 ② 更换电刷

4）技术数据

常用的 220V 电钻技术数据如表 3-15 所示，单相串励电动机技术数据如表 3-16 所示。

表 3-15　220V（单相串励电动机）电钻技术数据

规格（mm）	输出功率（W）	额定电流（A）	额定转速电动机/轧头（r/min）	负载持续率（%）	定子											
					外径（mm）	内径（mm）	铁芯长度（mm）	气隙（mm）	线径（mm）	每极匝数	绕组尺寸图					
											A	B	a	b	c	R
6	80.3	0.9	12000/870	40	61.4 60.4	35.4	34	0.3	Q 油基性漆包线 0.38	244	45.5	52	35.5	42	6	3
	80.3	0.9	12000/870	40	60.8	35.3	34	0.35	Q 油基性漆包线 0.31	256	46	55	31	41	6	—
	80.3	0.9	13000/940	40	61.7 60.6	35.4	34	0.4	Q 油基性漆包线 0.31	262	48	54	36	42	6	—
10	130	1.2	10800/540	40	73	41	40	0.35	Q 油基性漆包线 0.38	198	58	61	43	46	7	—
	140	1.4	11500/570	40	75	42.7	37	0.35	Q 油基性漆包线 0.44	170	48.5	55	36.5	43	6	—
13	180	1.9	9750/390	40	84.5	46.3	45	0.4	Q 油基性漆包线 0.51	180	63	74	43	54	8	4
	185	1.8	10000/400	40	85	46.3	45	0.35	Q 油基性漆包线 0.51	150	60	70	44	52	8	4
	185	1.8	10000/400	40	85	46.3	45	0.35	Q 油基性漆包线 0.51	150	60	70	44	53	8	—
	185	1.95	10000/400	40	84.7	46.3	45	0.42	Q 油基性漆包线 0.51/0.56	164	63	74	43	54	8	4
19	330	3.0	9000/268	40	95	54	48	0.45	Q 油基性漆包线 0.72	120	70	74	58	58	8	6
	440	3.6	9000/330	60	102	58.7	46	0.5	Q 油基性漆包线 0.77/0.83	100	76	72	59	55	8.5	—
13	204	2.2	8500/442	60	95	50.9	41	0.3	Q 油基性漆包线 0.51	140	51	56	—	—	9	—
16	240	2.5	8500/333	60	95	50.9	46	0.3	Q 油基性漆包线 0.62	140	51	62	—	—	9	—

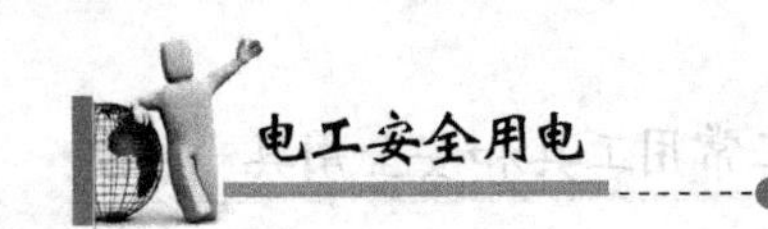

表 3-16 单相串励电动机技术数据

转子						整流子片数	电刷	
槽数	线径（mm）	每槽导线根数	每绕组匝数	绕组形式	绕组节距		型号	尺寸（mm）
9	QZ 高强度漆包线 0.23	252	42	双层叠绕	1～5	27	DS-74B	6.5×4.3
9	QZ 高强度漆包线 0.23	252	42	双层叠绕	1～5	27	DS-8	6×4.3
9	QZ 高强度漆包线 0.23	252	42	双层叠绕	1～5	27	DS-83	6.5×4.3
12	QZ 高强度漆包线 0.27	156	26	双层叠绕	1～6	36	DS-8	12×5
13	QZ 高强度漆包线 0.29	144	24	双层叠绕	1～7	39	DS-8	4×8
12	QZ 高强度漆包线 0.38	132	22	双层叠绕	1～6	36	DS-8	12×5
12	QZ 高强度漆包线 0.35	138	23	双层叠绕	1～6	36	DS-8	12×5
12	QZ 高强度漆包线 0.35	138	23	双层叠绕	1～6	36	DS-14	12×5
15	QZ 高强度漆包线 0.51	84	14	双层叠绕	1～7	45	DS-74B	15.5×5
15	QZ 高强度漆包线 0.47	72	12	双层叠绕	1～7	45	DS-8	16×5
13	QZ 高强度漆包线 0.35	120	20	双层叠绕	1～7	39	DS-8 或 DS-14	12×5
13	QZ 高强度漆包线 0.41	102	17	双层叠绕	1～7	39	DS-8 或 DS-14	12×5

2. 冲击电钻

冲击电钻又叫冲击钻，其结构与普通电钻基本相同，仅多一个冲击头，是一种能够产生旋转带冲击运动的钻孔工具。当调节旋钮调到“锤击”位置时，既旋转又冲击，装上镶有硬质合金的钻头，就可以在混凝土、砖墙及瓷砖等材料上钻孔。当调节旋钮调到“旋转”位置时，与普通电钻一样，装上普通麻花钻头，就可以在金属材料上钻孔。

冲击电钻的型号及技术数据如表 3-17 所示。

表 3-17 冲击电钻的型号及技术数据

型号	最大钻孔直径（mm）		额定电压（V）	额定电流（A）	输入功率（W）	额定转矩（N·m）	额定转速（r/min）	冲击次数（次/分）	质量（kg）
	钢铁	混凝土							
回 Z1J-10	6	10	220	1.4	290	0.9	1200	18000	1.8
Z1J-12	8	12		1.6	350		750	11000	2.8
回 Z1JS-16	6/10	12/16		1.86	390	2.7/0.98	700/1932	10 500/28 950	2.3
回 Z1J-20	13	20		2.7	600		800	8000	4

3. 电锤

电锤是一种具有旋转和冲击复合运动机构的电动工具，可用来在混凝土、砖石等硬质建筑材料或构件上进行钻孔、开槽和打毛等作业。电锤的型号及技术数据如表 3-18 所示。

表 3-18　电锤的型号及技术数据

<table>
<tr><th>型　号</th><th>钻孔直径（mm）</th><th>额定电压（V）</th><th>额定电流（A）</th><th>输入功率（W）</th><th>额定频率（Hz）</th><th>额定转速（r/min）</th><th>冲击次数（次/分）</th><th>质量（kg）</th></tr>
<tr><td>回 Z1C-16</td><td>16</td><td rowspan="3">220</td><td>2.3</td><td>480</td><td rowspan="3">50</td><td>560</td><td>2950</td><td>4</td></tr>
<tr><td>回 Z1C-22</td><td>22</td><td>2.5</td><td>520</td><td>370</td><td>3000</td><td>5.4</td></tr>
<tr><td>回 Z1C-26</td><td>26</td><td>2.5</td><td>520</td><td>300</td><td>2650</td><td>6.5</td></tr>
</table>

电锤每运转 4h 向油杯注油一次，切忌无油运转。电动机轴承、变速机构的齿轮和轴承，每运转 30h 需清洗及换油一次。

4. 电剪刀

电剪刀适用于剪切薄钢板、有色金属板、塑料薄板等材料。其优点是变形小，加工质量高。

电剪刀的电动机为双重绝缘交、直流两用单相串励式。电动机转动，经减速箱传至偏心轴及连杆机构，使主轴带动上刀片往复运动而剪切板材，下刀片则固定在刀架上不动。开关为拨动式。

电剪刀的型号及技术数据如表 3-19 所示。

表 3-19　电剪刀的型号及技术数据

<table>
<tr><th>型　号</th><th>剪切钢板最大厚度（mm）</th><th>额定电压（V）</th><th>额定电流（A）</th><th>电源频率（Hz）</th><th>输入功率（W）</th><th>负载往复次数（次/分）</th><th>上刀片往复行程（mm）</th><th>质量（kg）</th></tr>
<tr><td>回 J1JZ-1.5</td><td>1.5</td><td rowspan="2">220</td><td rowspan="2">1.2</td><td rowspan="2">50/60</td><td rowspan="2">250</td><td>1600</td><td rowspan="2">2.5</td><td rowspan="2">2.3</td></tr>
<tr><td>回 J1JZ-2</td><td>2</td><td>1200</td></tr>
</table>

5. 电扳手

电扳手具有旋转带切向冲击的机构，它的扭矩大、反力矩小，适用于装卸螺栓和螺母。电扳手的电动机为双重绝缘交、直流两用单相串励式。其冲击离合器回 P1B-24 型为牙嵌式，其他均为滚珠螺旋槽式。在使用中应注意以下事项：

（1）变换旋转方向时，应使开关复位，断开电源，然后将正、反转变换装置的旋钮顺箭头方向拧半圈，待听到“啪”的声响即表示已经换向。

（2）由于振动较大，电扳手各部位的连接螺钉可能松动，应经常检查，及时紧固。

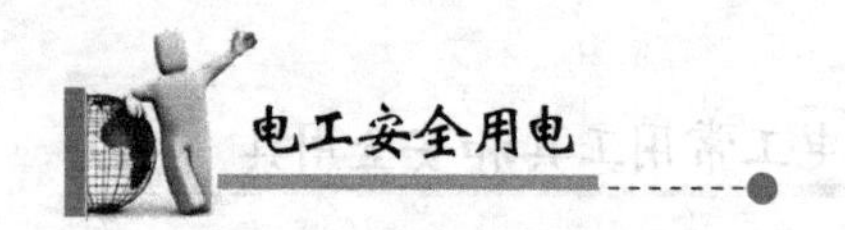

电扳手的型号及技术数据如表 3-20 所示。

表 3-20　电扳手的型号及技术数据

型　号	适用螺钉	额定电压（V）	额定电流（A）	输入功率（W）	额定转矩（N·m）	冲击次数（次/分）	边心距（mm）	质量（kg）
P1B-8	M6～M8		0.91	180	3.92～14.7	1600～1800	22	1.56
回 P1B-12	M10～M12		0.79	174	58.8	1500	36	1.75
回 P1B-16	M14～M16	220	1.51	304	147	1600～1800	43	4.3
回 P1B-20	M18～M20		2.4	479	215.6	1600～1800	49	4.9
回 P1B-24	M22～M24		3.2	620	392	1500	47	6.5

第 3 节　电工安全用具

电工安全用具是为了预防发生电气工作人员触电、灼伤以及从高处坠落等伤害事故，保障人身安全的各种工具和用具。

一、电工安全用具的分类和用途

电工安全用具依据用途分普通安全用具、绝缘安全用具、检修安全用具及安全测量仪表等。在某个场合是基本安全用具，而在另一种场合则可能变成辅助安全用具。因此，各种电工安全用具应依其作业现场的需要配合使用。安全第一，在电气作业中是以安全用具为保证的。

电工常用安全用具的分类及用途如表 3-21 所示。

表 3-21　电工常用安全用具的分类及用途

类　别		名　称	用　途
普通安全用具		安全帽、安全照明灯等	电气工作人员作业时用于自身安全保护和方便使用
绝缘安全用具	基本安全用具	绝缘杆、绝缘钳、绝缘挡板等	直接与带电体相接触，绝缘强度大，能长时间承受电气设备或线路的工作电压，具有绝缘作用和操作功能
绝缘安全用具	辅助安全用具	绝缘手套、绝缘靴（鞋）、绝缘垫、绝缘台等	不直接与带电体接触，不能承受电气设备或线路的工作电压，只是用来加强基本安全用具的保护作用，能增强和辅助基本安全用具的保护及绝缘作用，防止跨步电压、电弧灼伤及增强使用人员的操作安全性

续表

类　别		名　称	用　途
检修安全用具	安全防护用具	临时接地线、绝缘遮板、绝缘隔板、围栏绳、标志牌等	为电气工作人员制造一个方便、安全、适宜的检修作业空间，防止人体与带电体接触
	防灼伤用具	护目镜、帆布手套、帆布鞋盖等	保护检修操作人员眼睛、手等部位不受电弧灼伤
	登高安全用具	梯子、高凳、升降车、脚扣、安全带、安全绳等	用于登高作业和保护检修操作人员高空作业安全
安全测量仪表	电压指示器	高压验电器、低压验电器	直接与带电体相接触，具有测量功能
	电流指示器	钳形电流表	直接与带电体相接触，具有测量功能

二、电工安全用具的结构与使用

（一）基本安全用具

绝缘安全用具用于防止工作人员发生直接触电。根据绝缘强度的不同，绝缘安全用具包括基本安全用具和辅助安全用具。基本安全用具的绝缘强度能长时间可靠承受电气设备运行电压，包括绝缘杆、绝缘钳等；辅助安全用具的绝缘强度不能够承受电气设备运行电压，只能配合基本安全用具使用，加强其保护作用，包括绝缘靴（鞋）、绝缘手套、绝缘垫和绝缘台等。

1. 绝缘杆

1）绝缘杆的结构

绝缘杆是选用浸过漆的优质木材、电木、胶木、塑料、环氧玻璃管或环氧玻璃布棒等绝缘材料制成的。绝缘杆由工作部分、绝缘部分、握手部分及隔离环构成，如图3-15所示。

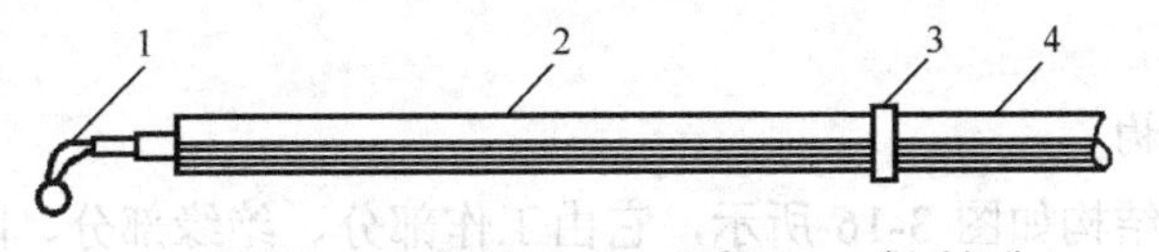

1—工作部分；2—绝缘部分；3—隔离环；4—握手部分

图3-15　绝缘杆

工作部分为金属钩，长度在50～80mm，形状呈“上”字形或“T”字形，其长度与形状应便于操作，并能保证作业时不致造成相间或对地短路。

绝缘杆的绝缘部分应光滑无裂纹、无机械损伤，强度足够。为了便于携带、保管，绝缘杆一般制作成分段式，各段之间用螺纹连接；有的则制作成套筒式，使用时将其接上或拉出。

绝缘杆握手部分的结构与绝缘部分相同，连接部分有明显的界限，有的则装有隔离环。

绝缘杆的最小长度如表 3-22 所示。

表 3-22　绝缘杆的最小长度

电压等级	检修户内设备用		检修户外设备及架空线用	
	绝缘部分	握手部分	绝缘部分	握手部分
10kV 及以下	0.70m	0.30m	1.10m	0.40m
35kV 及以下	1.10m	0.40m	1.40m	0.60m

2）绝缘杆的使用

绝缘杆是用来操作高压隔离开关及跌落式熔断器的分合，安装和拆除临时接地线，放电操作，清除带电体上的异物以及进行高压测量、试验或直接与带电体接触等各项作业与操作的工具。绝缘杆的使用方法如下：

（1）绝缘杆表面应清洁干燥，使用之前，应检查表面有无裂纹、毛刺、划痕、孔洞、断裂及机械损伤，且要直接从保管室取出。

（2）使用者必须戴上相应电压等级的绝缘手套，穿上相应电压等级的绝缘靴（鞋），而且要站在绝缘垫上进行操作，有时还应戴上护目镜。雨雪天气在室外对高压电器进行操作时，其绝缘杆上须装有防雨雪的伞形罩。

（3）使用绝缘杆操作时，应准确、迅速、有力，尽量减少与高压接触的时间，但用力不能过猛，以防损坏相关电器。

（4）使用绝缘杆操作时，应有专人监护。

（5）应特别注意的是：电压等级低的绝缘杆不能操作电压等级高的电气设备及线路，但可操作电压等级低一级的电气设备及线路。

2. 绝缘钳

1）绝缘钳的结构

10kV 绝缘钳的结构如图 3-16 所示，它由工作部分、绝缘部分、隔离环和握手部分组成。绝缘钳由电木、胶木或亚麻仁油浸煮过的优质木材等绝缘材料制作而成。

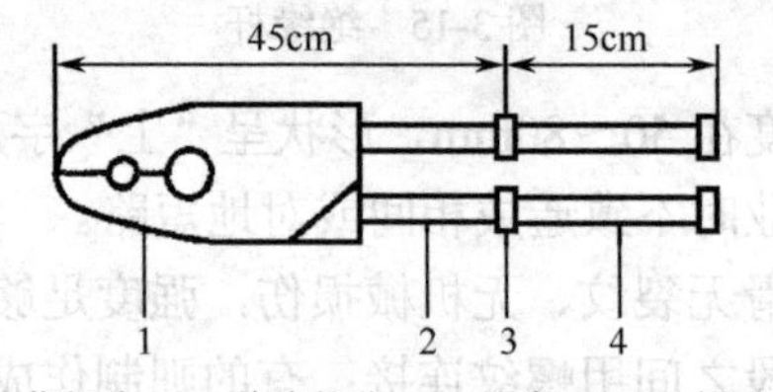

1—工作部分；2—绝缘部分；3—隔离环；4—握手部分

图 3-16　10kV 绝缘钳的结构

绝缘钳工作部分是一个强力的夹钳并有两个直径不等的圆形钳口，用来夹持高压熔断器以便安装或取下；其绝缘部分和握手部分与绝缘杆相同。

绝缘钳重量很轻，适于一人操作使用。绝缘钳的最小长度如表3-23所示。

表3-23　绝缘钳的最小长度

电压等级	检修户内设备用		检修户外设备及架空线用	
	绝缘部分	握手部分	绝缘部分	握手部分
10kV及以下	0.45m	0.15m	0.75m	0.20m
35kV及以下	0.75m	0.20m	1.20m	0.20m

2）绝缘钳的使用

在电气系统进行安装或检修作业时，绝缘钳用来夹持高压熔断器或高压导线进行安装或拆卸，其使用方法如下：

（1）使用绝缘钳之前，要对其外观进行详细检查，看钳体有无损伤、异常和是否清洁，应直接从保管专用盒子取出。

（2）绝缘钳使用者应戴上与操作的高压电气设备及线路电压等级相符的绝缘手套，穿上相应电压等级的绝缘靴（鞋），必要时还应站在绝缘垫上和戴上护目镜进行操作。

（3）使用绝缘钳时应全神贯注，握紧钳把，防止被夹持物脱落，并保持身体平衡。夹持操作要准确、迅速、有力，尽量减少与带电体的接触时间，但应避免用力过猛损伤夹持物。

（4）使用绝缘钳时应有专人监护，绝缘钳上不允许装地线，以防碰击带电体而造成事故。

（5）电压等级高的绝缘钳可以操作电压等级低的电器或导线，但不得操作电压等级高的电器或导线。

（6）在潮湿或雨雪天气于户外操作高压电器或导线时，要使用专用的防雨绝缘钳。

（二）辅助安全用具

1. 绝缘手套

绝缘手套是电气操作人员在进行高压操作时，用来加强作业人员操作安全性的辅助安全用具。它用质地柔软、耐曲挠的橡胶制品或乳胶制品制成，其长度至少超过手腕100mm。

绝缘手套按其绝缘等级划分有12kV绝缘手套和5kV绝缘手套两种。其中12kV绝缘手套在1kV以上使用时，只能做辅助安全用具，不能触及带电体；在1kV以下使用时，为基本安全用具。5kV绝缘手套只适于低压作业戴用，也是辅助安全用具，不能触及带电体，禁止在1kV以上使用，在250V以下使用为基本安全用具。

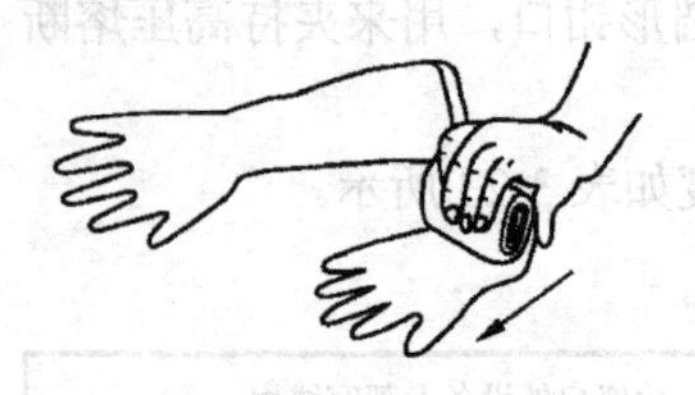
图 3-17　检查绝缘手套的方法

绝缘手套使用时的注意事项：

（1）使用绝缘手套前，将手套朝手指方向卷曲，以检查有无裂口或漏气，是否破损，如图 3-17 所示。

（2）使用时应穿束口衣袖，将袖口伸进手套延长部分内。

（3）使用过程中应保持手套清洁、干燥，避免手套与锋利尖刃物及污物接触，以防损伤其绝缘能力。

（4）绝缘手套使用后要擦干净，单独存放，妥善保管。

2. 绝缘靴（鞋）

绝缘靴（鞋）是电气人员进行高压作业时，为防止跨步电压，用来与地保持绝缘的辅助安全用具。

绝缘靴（鞋）按其绝缘等级划分为：绝缘短靴 20kV、矿用长筒绝缘靴 6kV、电工绝缘鞋 5kV。

绝缘短靴 20kV：为胶面胶靴，黑色，在 1～220kV 高压范围内作业时，为辅助安全用具，不能触及高压带电体；1kV 以下则为基本安全用具，穿靴后人体各部位不能触及带电体。

矿用长筒绝缘靴 6kV：为胶面胶靴，黑色，适用于在矿山井下操作 660V 及以下的电气设备，并可防止矿工脚下触电，为辅助安全用具。

电工绝缘鞋 5kV：布面胶鞋，草绿色，适用于低压作业时电工穿用，是 1kV 以下作业辅助安全用具。在室外能防跨步电压，1kV 以上时严禁穿用。

绝缘靴（鞋）如图 3-18 所示。

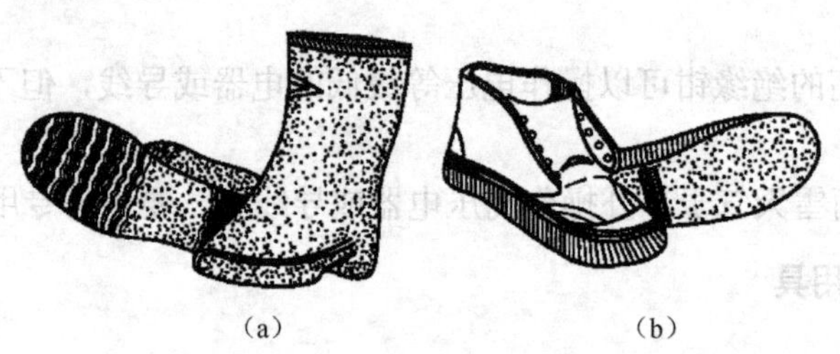
（a）　　（b）

图 3-18　绝缘靴（鞋）

绝缘靴（鞋）使用时的注意事项：

（1）使用绝缘靴时应穿束口裤，将裤口伸进靴腰里，并保证脚及袜子清洁、干燥。

（2）使用中防止与锋利尖刃物、化学酸碱物品及石油类油脂接触而导致绝缘性能降低。

（3）绝缘靴（鞋）底磨损 1/3 厚度时（即大底磨光露出绝缘层——黄色胶面），则不能再当绝缘靴（鞋）使用。

3. 绝缘垫

绝缘垫又称绝缘胶板、绝缘板，是在任何电气设备上带电作业时，铺在设备周围，加强操作人员对地的绝缘，用来防止接触电压及跨步电压而采用的辅助安全用具。

绝缘垫用绝缘性很高的特种橡胶制成，表面有防滑波纹，如图 3-19 所示。

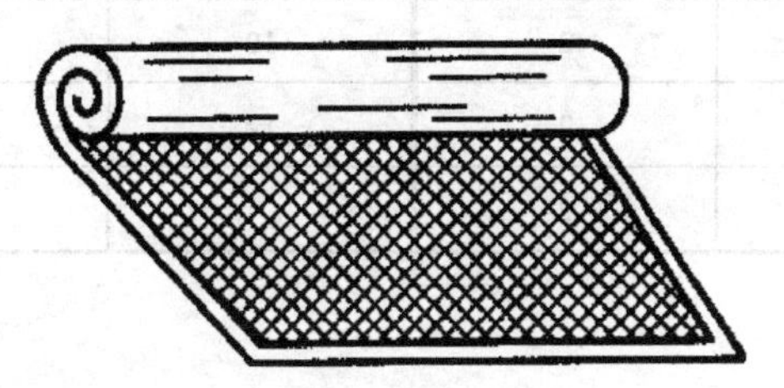

图 3-19　绝缘垫

绝缘垫的厚度分 4mm、6mm、8mm、10mm 及 12mm 五种，前两种用于 1kV 及以下，后三种用于 1kV 以上。在 1～220kV 之间进行电气作业时，绝缘垫为辅助安全用具，不能触及带电体；在 1kV 以下作业时为基本安全用具，可接触带电设备。

绝缘垫使用时的注意事项：

（1）使用绝缘垫前，要检查有无划痕、裂纹或破损，保证品质优良。

（2）使用过程中，保持绝缘垫清洁、干燥，不能与酸、碱及油类接触，避免阳光直射或尖刃物划刺，远离热源，以防老化、龟裂或变质、变黏，使绝缘性能降低。

（3）用后放在清洁、干燥环境保管，避免与热源直接接触，以防急剧老化变质，破坏其绝缘性能。

绝缘垫的耐压试验如图 3-20 所示。

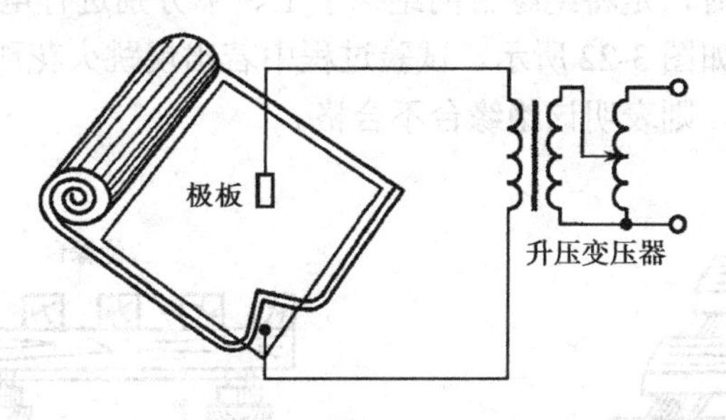

图 3-20　绝缘垫的耐压试验

进行绝缘垫耐压试验时，可将一块绝缘垫划分成若干等份，试验完一块再接着试验相邻的一块，直至全部试验完为止。试验前先在被试验的绝缘垫上、下铺上湿布，布的面积大小与极板面积相等，在湿布上、下面铺好极板，极板的宽度要比绝缘垫的宽度小 100～150mm。两块平板电极均与被试验的绝缘垫上、下面湿布紧密接触。不同厚度绝缘垫的试验标准如表 3-24 所示。

表 3-24 绝缘垫的试验标准

绝缘垫厚度（mm）	试验电压（kV）	时间（min）	绝缘垫厚度（mm）	试验电压（kV）	时间（min）
4	15	2	10	30	2
6	20	2	12	35	2
8	25	2			

4. 绝缘台

绝缘台是在任何电压等级的电气设备中，进行带电作业时用于作业人员与地绝缘的辅助安全用具。

绝缘台由木纹直、无节疤的干燥的优质木板、木条或优质绝缘尼龙制成。台面相邻木条间隔小于 25mm，台面面积应不小于 800mm×800mm，以便于携带。

台面高度不小于 100mm，台面四角用绝缘子支持，如图 3-21 所示。

绝缘台使用时的注意事项：

（1）使用时绝缘台应放在坚硬、平整的地面上，以防支持绝缘子陷入地面或台面斜翻。

（2）绝缘台台面不能与地面上的泥土、草、石块等杂物接触，以防降低台面的绝缘性能。

（3）绝缘台不能随意堆放或挪作他用，不要受雨淋，要放置在干燥的室内，保持台面清洁、干燥。

做绝缘台耐压试验时，是将绝缘台的绝缘子上、下分别进行电气连通，之后在上、下部之间加上电压试验，如图 3-22 所示。试验过程中若出现跳火花现象或试验后除去电压，手摸绝缘子有发热情况，则表明该绝缘台不合格。

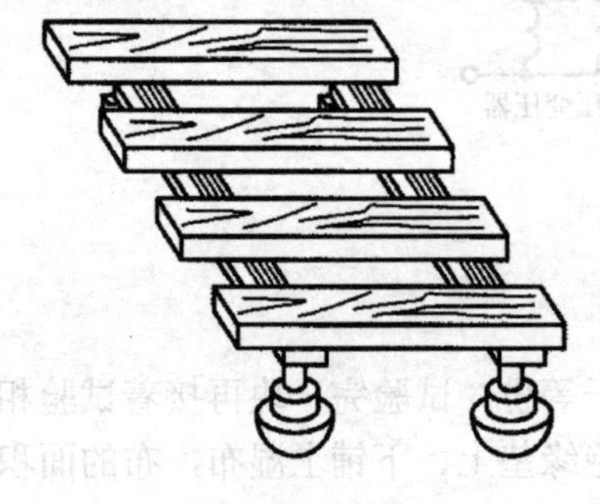

图 3-21 绝缘台

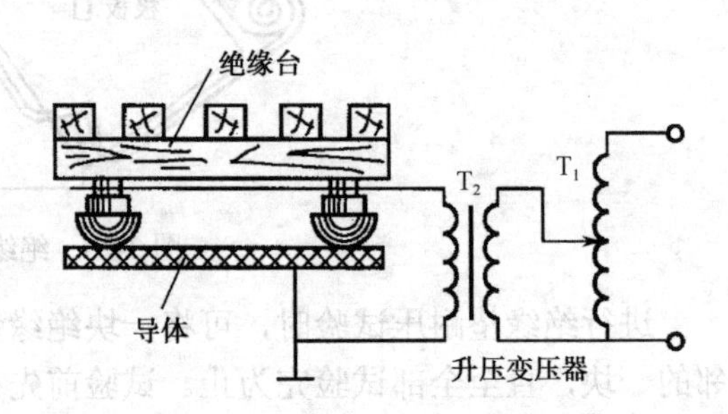

图 3-22 绝缘台的绝缘试验方法

（三）安全防护用具

1. 临时接地线

当高压设备或线路停电检修时，为防止突然送电造成事故，将电源侧的三相架空线或母线用接地线临时接地。在停电后的设备上作业时，可用临时接地线把设备上的剩余电荷对地放掉，以防电击伤人。停电设备或线路用接地线临时接地，可防止相邻高压线路或设备对停电线路或设备产生感应电压。

临时接地线由截面积不小于 $25mm^2$ 的多股软铜线和专用接线卡组成。

单相的接地线，上端接线卡与架空导线或配电装置的母线连接，下端接线卡则与接地装置连接；三相的接地线，上端接线卡与三相架空导线连接，下端接线卡则与地极棒可靠连接或三相连接后再与地极连接。接线卡要有足够的夹持力，能与架空导线或配电装置的母线接触良好可靠，都按电气设备的导电体形状设计制造，具有良好的适用性。多股软铜线与卡子用螺栓连接，或采用铜焊或银焊，具有良好的接触性和导电性。

使用临时接地线时，要检查地线的完好性和卡子接触的可靠性，并准备绝缘杆。尤其要注意检查确认多股软铜线与卡子连接的牢固性。

在架空线或设备上挂临时接地线时，应先用移动电话、对讲机等方式联系，并用验电器确认是否已停电，只有确实停电后，才能挂接临时接地线。挂接时先将临时接地线的接地端连好，再用绝缘杆将另一端挂接在高压线或设备上。

临时接地线的使用方法如图 3-23、图 3-24 所示。

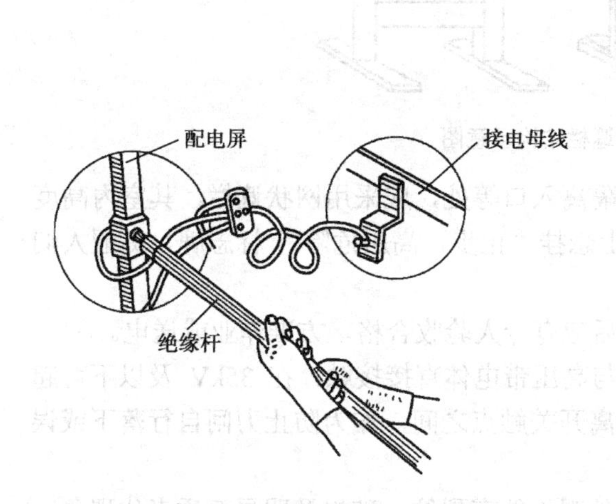

图 3-23　在配电屏上使用临时接地线

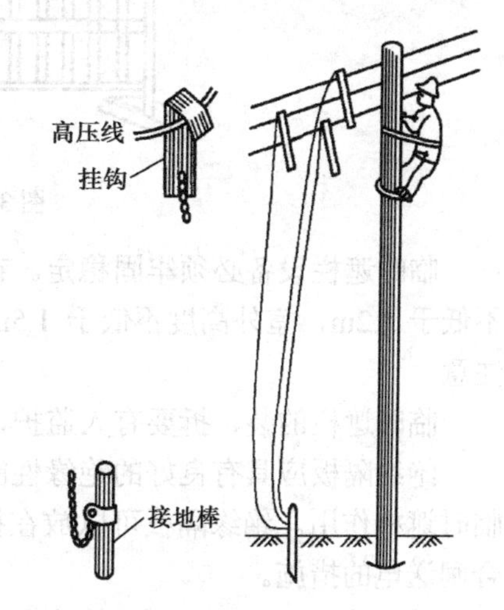

图 3-24　在架空线上使用临时接地线

临时接地线用毕后应及时拆除，其拆除顺序与装设的顺序相反。经非操作人员验证后，方能送电运行。

便携型接地线由夹头、短路软铜线和接地极夹头 3 部分组成，如图 3-25 所示。

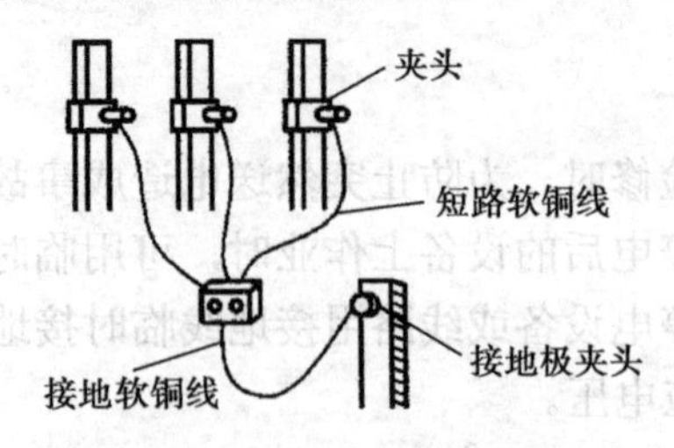

图 3-25　便携型接地线

装设接地线时应戴绝缘手套并使用绝缘杆，人体不能直接接触地线，由两人进行。

2. 临时遮栏、绝缘隔板及围栏绳

临时遮栏、绝缘隔板及围栏绳是用来防止电气工作人员不慎碰到带电设备从而发生危险的用具，也是根据作业地点与带电设备之间最小安全距离使用的安全用具。

临时遮栏和绝缘隔板用干燥的优质木材或其他绝缘材料制成。临时遮栏高度不低于 1.7m，下边缘离地面不应大于 100mm，如图 3-26 所示。

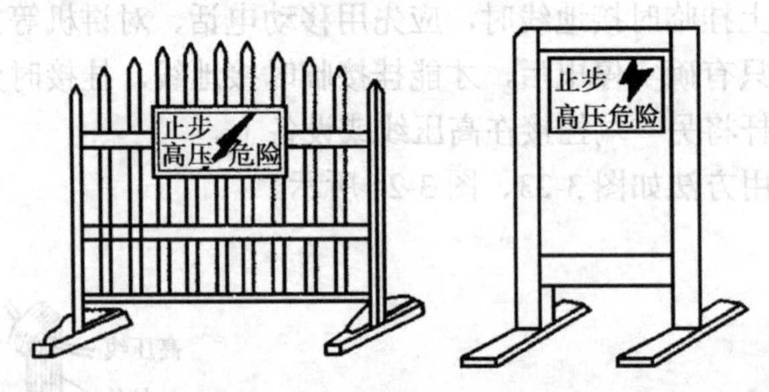

图 3-26　临时遮栏结构示意图

临时遮栏设备必须牢固稳定。在过道或隔离入口等处，应采用网状遮栏，其室内高度不低于 1.2m，室外高度不低于 1.5m，遮栏上悬挂“止步，高压危险!”标志牌，提醒人们注意。

临时遮栏的装、拆要有人监护，装、拆后应有专人验收合格，方准作业或送电。

绝缘隔板应具有良好的绝缘性能，可以与高压带电体直接接触，在 35kV 及以下可起临时遮栏作用。绝缘隔板可以放在拉开的隔离开关触点之间，作为防止刀闸自行落下或误合闸送电的措施。

使用绝缘隔板时，要先检查其完好性，外观不能有裂纹、破损及明显变质老化现象。装、拆绝缘隔板时，人体应与带电部分保持规定的安全距离或用绝缘工具操作。用后应妥善保管，并永久保证清洁完好。

围栏绳为绝缘性能和机械性能良好的尼龙绳或植物纤维绳，设置在检修作业点的周围，上面挂有若干三角小红旗和“止步，高压危险!”标志牌。

临时遮栏和围栏绳一般是同时设置的，拆除时应先拆除遮栏，送电无误后，再拆除围栏绳。使用围栏绳前，应仔细检查绳子质量，以防设置后绳子折断而导致不安全的事故发生。

（四）防烧伤用具

电气作业中的防止烧伤器具主要有：护目镜、帆布手套、帆布鞋盖及工作服、工作帽等。在进行熔断器更换、电缆接头焊接、浇灌电缆头、调制或补充蓄电池电解液等电气操作中，都可能受到电弧、高温的绝缘胶液以及有腐蚀性的酸液的侵害，致使操作人员的眼睛、手脚或其他部位受到伤害。故进行电气操作时，应采取必要的防护措施。

护目镜是封闭型的，用耐热、耐机械力且透明无瑕疵的光学玻璃制成，遇热不熔，受力不破，防护性能好。操作可能危及眼睛的作业时应戴护目镜，其具有弹性的带子与眼部裹紧。

帆布手套和鞋盖用亚麻帆布制作，不易燃，手套很长，一直延伸到肘部，穿戴时要将袖口伸至手套内部。当操作者进行可熔金属的熔炼、焊接、浇灌作业时，应戴帆布手套和鞋盖，必要时还应穿帆布工作服、戴工作帽，以防作业时被熔化的金属或溅落的绝缘胶烫伤、烧伤。

（五）登高安全用具

1. 梯子、高凳

梯子、高凳为常用登高用具，一般用木材、竹材、铝型材或钢管制作而成，具有坚固、耐用及可靠等特点。其中，木制、竹制的梯子用于电气检修作业，而铝制、钢制的梯子只能用于没有送电的电气设备安装作业。

梯子分一字梯和人字梯两种。一字梯又称靠梯，梯子高度分为3m和5m两种。当作业中高度不够时，应采用脚手架或升降车，不允许将两个梯子拼接起来使用，以防发生坠落造成事故。

高凳及人字梯的开脚一般是高度的1/6～1/5，并在两侧之间距地面1m处用铰链或绳索相互拉住，以防开脚过大导致人字梯垮下。

一字梯使用时为防止滑落，在光滑坚硬水泥地面上梯脚应装设橡胶套。在土地上使用时，金属梯脚应做成尖状，木梯则应装设铁尖。金属梯的上部通常做成钩形，以便与管、线和架钩挂。在梯子上作业时，为保持平衡稳定，梯顶不应低于作业人员的腰部。不能站在梯、高凳顶上作业，必须在顶部作业时，应骑坐在高凳或人字梯顶部。两人同时作业时，应分别站在人字梯或高凳的两侧。

2. 升降车

升降车一般为金属结构，检修作业人员应穿戴绝缘用品。大风和雨天禁止在车上作业，必须作业时，车子的作业面上应铺设绝缘垫。升降车可分为手动升降车和机动升降车两种。

机动升降车使用前，要在司机配合下检查传动系统、液压系统和制动系统是否灵活、完好及可靠；手动升降车在使用前，要检查钢丝绳和制动装置是否完好、可靠。

升降车应置于坚硬、坡度小于5°的平地，并且四脚支平支稳。

升降车升降时，要观察上下有无带电体或障碍物，其载荷不能超过车的最大允许值。升降车应选购取得制造资质厂家的产品，产品应符合有关标准要求，而自制的升降车则必须通过安全监督部门的安全性和可靠性试验，以确保作业安全。

3. 脚扣和安全带

脚扣和安全带是登杆作业必备的安全用具，脚扣和安全带的质量一定要符合标准的规定，其安全性及可靠性必须良好。

脚扣分木杆脚扣与水泥杆脚扣两种，都是用优质钢材或铝合金钢材制成，如图3-27所示。为适应于电杆直径大小，脚扣分大、中、小号，使用时要依杆径的大小选择。脚扣是与安全带配合使用的。

安全带用皮革或尼龙材料配以金属钩做成，通常分两部分：一部分为腰带，扎在腰间以下臀部处；另一部分是与腰带连接的保险带。作业时安全带与电杆套好后，另一端再与腰带连接，脚扣和安全带的正确使用如图3-28所示。

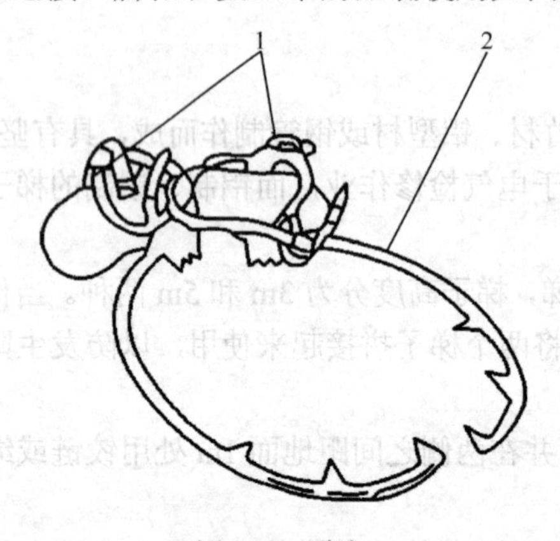

图3-27 脚扣

图3-28 脚扣和安全带的正确使用

使用脚扣、安全带之前，应检查有无裂纹、破损、腐蚀、断裂及变形等现象，平时至少每月检查1次。为检查脚扣是否牢靠，可在登杆0.5m处用全身重量猛力向下蹬踩，做人体冲击试验，观察脚扣是否变形或开裂。

登杆时将安全带的腰带扎在腰下臀部以上，保险带自由垂下。登至杆上的作业位置时，

左手抱杆，双脚蹬紧脚扣，臀部向后，右手握住保险带端部的挂钩绕到杆后交于左手，再换右手抱杆，左手将挂钩挂在腰带的另一侧，并锁住保险装置，此时把杆后的保险绳移到比腰带稍高的位置，臀部向后用力将保险带撑紧，双脚蹬紧脚扣，双手松开电杆即可开始作业。

登杆应穿系带胶鞋，脚插入脚扣的登板后其小皮带松紧要系适宜。登杆起步时是左脚扣套入电杆后，右手抱杆左腿用力向上即登高一步，此时可做人体冲击试验。随后右脚扣套入电杆，换左手抱杆，右腿用力向上又登高一步。上升步幅大小适中，臀部要向后用力，便可用脚扣把电杆卡死不致滑下。如此轮换左、右脚扣即可登至电杆上的作业点，之后用腰中的安全带把电杆套住。切记，只有系好安全带，方能松手作业。

在脚手架、铁塔或其他高空处作业时，保险带必须与高空中牢固可靠的物体系紧系牢。登高作业时，杆下不得有人，辅助作业人员要戴安全帽。脚扣、安全带用后要妥善存放保管。

（六）安全测量仪表

1. 高压验电器

高压验电器是用来检验高压电气设备及线路是否带电的工具。它是一个用绝缘材料制作成的空心管，内装金属制成的工作触点，触点内装有氖管和一组电容器，末端是一金属接头，以便与支持装置连接。支持装置用绝缘材料制成，并分绝缘部分和手握部分，中间有隔离环。高压验电器的结构如图 3-29 所示。

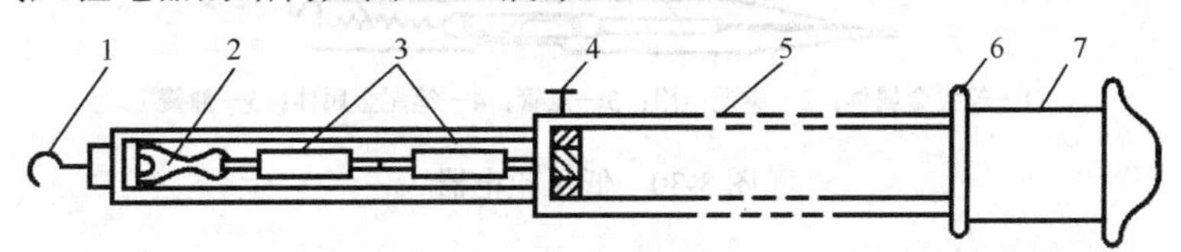

1—工作触点；2—氖管；3—电容器；4—接地螺钉；5—支持器；6—隔离环；7—绝缘手柄

图 3-29　高压验电器的结构

新型的高压验电器是由传感器、屏蔽导线、数字显示装置组成的。使用时是用绝缘杆将传感器挂好去接近高压带电体，若有电，数字显示装置即显示高压的数值，否则无电。

使用高压验电器时的注意事项：

（1）在使用高压验电器前，要在配电间的高压母线上进行试验，证明验电器性能良好可靠后方能使用。

（2）使用高压验电器时，应使触点逐渐靠近被验带电体，若氖管发亮或发出声响信号，说明被验体带电，否则无电。无论何时何地，均不得使工作触点与带电体直接接触，以防触电。

（3）验电时，要逐相进行，不能只验一相，因开关故障跳闸时，其中某一相可能仍然有电。

（4）验电器的额定电压必须与被验带电体电压等级相符或高于被验体电压等级。

（5）验电器的接地螺钉使用时可接地，若必须接地，应防止因接地而引起的短路故障。

（6）验电时，操作人员要戴绝缘手套，人体与带电体应保持足够的安全距离，且有专人监护。

（7）在雨、雪、浓雾及其他湿度较大的天气，为确保人身安全，禁止在室外使用验电器。

（8）为确保验电万无一失，防止发生严重事故，当被验设备验明无电时，应将验电器在带电设备上复核一次工作性能是否良好，以防止其突然失灵，误将带电设备判为无电。

（9）在无高压验电器而又必须验电的情况下，对于 35kV 及以上的设备或线路，可用合格的绝缘杆进行验电，即把绝缘杆缓慢地靠近带电导体，观察有无放电火花和“噼啪”声，若无说明被验体无电，有则带电。但切忌与被验体接触，以免形成间隙放电。

2. 低压验电器

低压验电器又称试电笔，它是用来检验低压电气设备及线路是否带电或漏电，以及判别相线（又称火线）与中性线（或零线）的一种常用工具。

其外形有螺丝旋具式和钢笔式两种，由氖管、碳质电阻、弹簧和笔身等部分组成，如图 3-30 所示。低压验电器的型号及主要规格如表 3-25 所示。

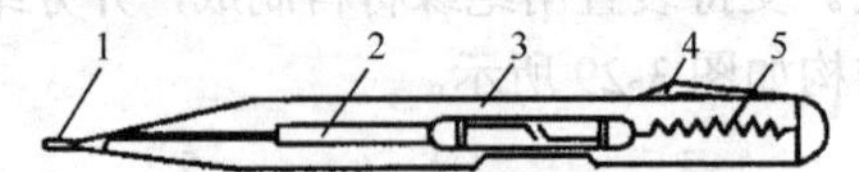

1—笔尖金属体；2—碳质电阻；3—氖管；4—笔尾金属体；5—弹簧

图 3-30　低压验电器

表 3-25　低压验电器的型号及主要规格

型号	品　名	测量电压范围（V）	总长（mm）	碳质电阻		
				长度（mm）	阻值（mΩ）	功率（W）
108	测电改锥	100～500	140±3	10±1	≥2	1
111	笔形测电改锥		125±3	15±1		0.5
505	测电笔		116±3	15±1		
301	测电器（矿用）	100～2000	170±1	10±1		1

当用试电笔检测用电设备是否带电时，将笔尖触及所检测的部位，用手指触及笔尾的金属体，若带电，氖管就会发出红光。

低压验电器的使用注意事项：

（1）使用低压验电器时，手握试电笔并用手指触及笔尾的金属体或中心螺钉，否则有电也无法测出。

（2）验电时，笔尖金属体必须与被测物金属部分接触良好可靠。

（3）被测物体带有大于氖管启辉电压（约 50V）的电压时，氖管明亮，此时人体若触及该物体会造成触电。

（4）被测物体漏电而不是真正带电，此时人体若触及该物体不会触电，故被测物体低于 50V 的漏电用低压验电器是测不出来的。

（5）被测物体有感应电，类似轻微漏电，氖管不发光。

3. 钳形电流表

钳形电流表是一种能在不切断电路情况下测量电流的携带式仪表，按其结构形式不同，分为互感器式钳形电流表和电磁式钳形电流表。

1）*互感器式钳形电流表*

互感器式钳形电流表由穿心式电流互感器和电流表组成，其结构如图 3-31 所示。使用时，通过扳手将被测电流流过的导线穿入钳形铁芯，此时流过电流的导线相当于电流互感器的一次绕组，于是二次绕组中就有电流通过。从指针的偏转位置便可直接读出被测电流的数值。

2）*电磁式钳形电流表*

电磁式钳形电流表是将电磁式测量机构的活动部分放在钳形铁芯的缺口中间，如图 3-32 所示。工作时缺口中的磁场作用于可动部分而产生转动力矩，其工作原理与电磁式仪表相似。由于电磁式仪表的可动部分的偏转方向与电流方向无关，因此这类钳形电流表可交直流两用。

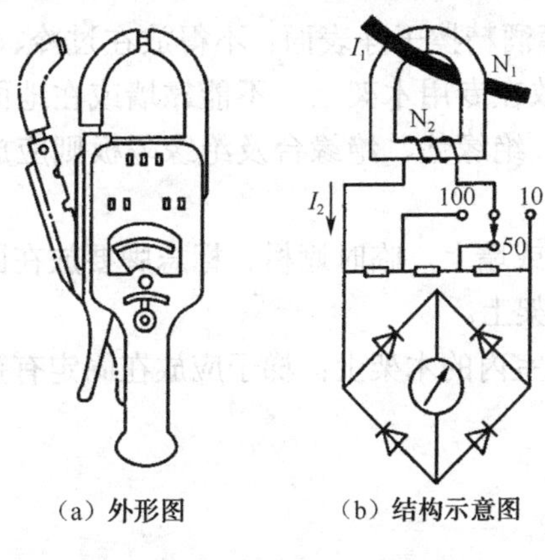

（a）外形图　　（b）结构示意图

图 3-31　互感器式钳形电流表

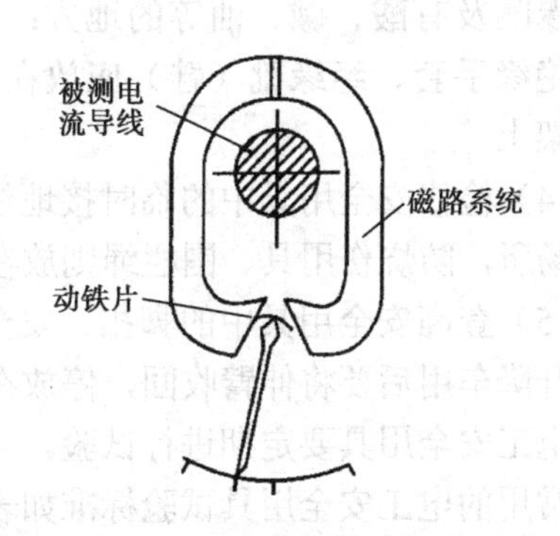

图 3-32　电磁式钳形电流表

用钳形电流表测量电流准确度较低，大多用于测量精度要求不高的场合。使用时应注意：

（1）钳形电流表在使用前，应检查绝缘有无破损，钳口端面有无污垢、锈蚀，以保障使用的安全与测量的准确。使用完毕，应将量限开关置于最大挡位处。

（2）测量前应根据被测电流值的大小，选择量限合适的钳形电流表。测量直流电流或频率较低的电流时，应选用电磁式钳形电流表。

（3）测量电流时，应将被测载流导体置于钳口内中央位置，不宜偏向四周，钳口闭合应紧密。

（4）用钳形电流表测量小电流（一般为最低量限上限值的20%以下）时，应将被测导线在钳口铁芯上绕几圈后再测量，然后将读数除以钳口内导线的根数。若导线在钳口上绕5圈，则钳口内导线数为6根。

（5）钳形电流表只能测低电压电流，不能用来测高电压电流，也不宜用其测裸导线电流，以防造成电击、短路等故障。

（6）测量中，电源频率和外界磁场对测定值的影响很大，应避开附近的大电流进行测量。

三、电工安全用具的保管

保管电工安全用具时应做到以下各项：

（1）电工安全用具应设专人保管，建立入库检查、维护保养、借用、定期试验及报废等制度，并严格执行且有详细记录。

（2）电工安全用具应放在通风良好、清洁、干燥的场所，分门别类地保管，不能随意乱扔乱放及移作他用。

（3）绝缘用具使用后要用不掉纤维的棉布蘸酒精擦干净表面；不得放在过冷、过热、阳光曝晒及有酸、碱、油等的地方：绝缘杆应放在专用木架上，不能靠墙或在地面上放置；绝缘手套、绝缘靴（鞋）应放在箱或柜内；绝缘垫、绝缘台及绝缘隔板则应放在专用支架上。

（4）检修安全用具中的临时接地线挂在木架或墙上，临时遮栏、标志牌要放在固定有篷的场所，防烧伤用具、围栏绳则放在立柜或货架上。

（5）登高安全用具中的脚扣、安全带要挂在室内的木架上；梯子应放在固定有篷的场所；升降车用后要将伸臂收回，停放在车库内。

电工安全用具要定期进行试验。

常用的电工安全用具试验标准如表3-26所示。

表 3-26　常用电工安全用具试验标准

序号	用具名称	电压等级（kV）	试验周期	试验电压（kV）	试验时间（min）	泄漏电流（mA）	备　注
1	绝缘杆	6～10	1 年	44	5		确定机械强度，检查有无裂纹和损坏，每 3 个月一次。检查时将表面擦拭干净
		35～110		3 倍线电压			
		220					
2	绝缘隔板	6～10	1 年	30			
		35		80			
3	绝缘钳	35 及以下	0.5 年	3 倍线电压			
		110		260			
		220		400			
4	验电笔	6～10	1 年	40	5		发光电压不高于额定电压的 25%
		35		105			
5	绝缘垫	1 以上	2 年	15	2	15	检查有无破洞、裂纹、损坏，有污垢应清洗，每 3 个月一次
		1 以下		5		5	
6	绝缘台	任何电压等级	3 年	40	2		检查台面和支持绝缘子有无破损，并进行清洗及擦拭，每 3 个月一次
7	绝缘柄工具	低压	0.5 年	3	1		每次使用前，均应检查绝缘部分是否完好，有无裂开或啮痕等
8	绝缘手套	1 以上	0.5 年	8	1	7	每次使用前应仔细检查，每 3 个月擦拭一次。新品按 12kV 试验
		1 以下		2.5		7.5	
9	绝缘绳	高压	0.5 年	105 / 0.5m	5		每次使用前检查有无断裂或破损
10	绝缘靴	任何电压	0.5 年	15	1	7.5	每次使用前应仔细检查是否完好，户外用后要除污；户内用后，每 3 个月清洁一次
11	绝缘鞋	1 以下		3.5		2	

登高和起重工具试验标准如表 3-27 所示。

表 3-27　登高和起重工具试验标准

<table>
<tr><th>分类</th><th colspan="2">名　称</th><th>试验静拉力（kgf）</th><th>试验静重（允许工作倍数）</th><th>试验周期</th><th>外表检查周期</th><th>试荷时间（min）</th><th>备　注</th></tr>
<tr><td rowspan="7">登高工具</td><td rowspan="2">安全带</td><td>大带</td><td>225</td><td></td><td rowspan="7"></td><td rowspan="7"></td><td rowspan="7"></td><td rowspan="5"></td></tr>
<tr><td>小带</td><td>150</td><td></td></tr>
<tr><td colspan="2">安全腰绳</td><td>225</td><td></td></tr>
<tr><td colspan="2">升降板</td><td>225</td><td></td></tr>
<tr><td colspan="2">脚扣</td><td>100</td><td></td></tr>
<tr><td colspan="2">竹（木）梯</td><td></td><td></td><td>试验载荷180kgf</td></tr>
<tr><td colspan="2">升降车</td><td></td><td></td><td>按机械要求</td></tr>
<tr><td rowspan="8">起重工具</td><td colspan="2">白棕绳</td><td></td><td rowspan="5">2</td><td rowspan="8">0.5年</td><td rowspan="8">1月</td><td rowspan="8">10</td><td></td></tr>
<tr><td colspan="2">铁链</td><td></td><td></td></tr>
<tr><td colspan="2">钢丝绳</td><td></td><td></td></tr>
<tr><td colspan="2">扒杆</td><td></td><td></td></tr>
<tr><td colspan="2">夹头及卡环</td><td></td><td></td></tr>
<tr><td colspan="2">吊钩</td><td></td><td rowspan="3">1.25</td><td></td></tr>
<tr><td colspan="2">绞磨</td><td></td><td></td></tr>
<tr><td colspan="2">葫芦及滑车</td><td></td><td></td></tr>
</table>

第4章 电气绝缘和防护技术

第1节 电气绝缘技术

我们把比较容易传导电流的物体称为导体，把不能传导电流的物体称为绝缘体，也称绝缘物。绝缘体的主要作用是用它将电位不等的导体分隔开，如将带电体与其他带电体、导电体或人分开，达到防止发生短路、触电事故的目的。所以绝缘体是电气设备的重要组成部分。

绝缘就是用绝缘物把带电体隔离起来。良好的绝缘是保证电气设备和线路正常运行的必要条件，也是防止触电事故的重要措施。

一、绝缘材料的分类

电工绝缘材料是指物体电阻率在 $10^7\Omega\cdot m$ 以上的材料，通常有气体绝缘材料，如空气、氮气、氢气、二氧化碳等；液体绝缘材料，如变压器油、电容器油等矿物油，聚丁二烯、硅油、三氯联苯等合成油及蓖麻油等；固体绝缘材料，如绝缘漆、绝缘云母制品、塑料、橡胶、瓷和玻璃等。

电气设备的绝缘材料应能长时间（一般指20年）耐受电气、机械、化学、热力，以及生物等有害因素的作用而不失效。在运行过程中，绝缘材料受到电气、机械、化学、热力，以及生物等有害因素的作用时，均可能遭到破坏，会慢慢老化，从而使绝缘性能降低，甚至完全失去绝缘能力。或者由于过电压、外力破坏等影响，造成设备绝缘击穿，发生事故。因此，要经常监视和检测电气设备绝缘性能，以保证电气设备安全运行。

二、绝缘材料的性能

绝缘性能包括电气性能、力学性能、热性能（耐热、耐寒等）、吸潮性能、化学稳定性能等。其中主要性能是电气性能和耐热性能。

1）电气性能

绝缘的电气性能常用绝缘电阻、耐压强度、泄漏电流、介质损耗等指标来衡量，可以通过电气试验来检测。

绝缘电阻是直流电压与流过绝缘体的泄漏电流之比，是最基本的绝缘性能指标。不同的电气设备和线路对绝缘电阻有不同要求的指标值。一般情况，高压的比低压的要求高，新设备比老设备要求高，移动的比固定的要求高，室外的比室内的要求高等。如新装和大修后的低压线路和设备，绝缘电阻不低于 0.5MΩ；运行中的线路和设备，要求可降为每伏工作电压 1000Ω。便携式电气设备的绝缘电阻不低于 2MΩ。配电盘二次线路的绝缘电阻不低于 1MΩ，在潮湿环境下允许降低为 0.5MΩ。运行中 6～10kV 电力电缆的绝缘电阻不低于 400～1000MΩ，干燥季节取较大的数值，潮湿季节取较小的数值。

电力变压器的绝缘电阻如表 4-1 所示。

表 4-1 电力变压器的绝缘电阻 （MΩ）

温度（℃） 额定电压（kV）	10	20	30	40	50	60	70	80
3～10	450	300	200	130	90	60	40	25
20～35	600	400	270	180	120	80	50	35
60～220	1200	800	540	360	240	160	100	70

常用电气设备的绝缘预防性试验项目、周期及标准如表 4-2 所示。

表 4-2 常用电气设备的绝缘预防性试验项目、周期及标准

设备名称	额定电压（kV）	绝缘电阻（MΩ）		泄漏电流（μA）		tanδ（%）值		直流耐压值（kV）		交流耐压值（kV）	
		周期	标准	周期	标准	周期	标准	周期	标准	周期	标准
电力变压器	6	交接时：	300	交接时：	33	交接时：	3.5（4.5）			交接时：	21（25）
	10	大修后：	300	大修后：	33	大修后：	3.5（4.5）			大修后：	30（35）
	35	1～2 年	400	1～2 年	50	1～2 年	3.4（4.5）			1～3 年	72（85）
	60	一次	800	一次	50	一次	2.5（3.5）			一次	120（140）
电压互感器	6	交接时：	400			交接时：	3.5（5.0）			交接时：	28（32）
	10	大修后：	450			大修后：	3.5（5.0）			大修后：	38（42）
	35	1～2 年	600			1～2 年	3.5（5.0）			1～3 年	85（95）
	60	一次	1000			一次	2.5（3.5）			一次	125（140）
电流互感器	6	交接时：	500			交接时：	3.0（6.0）			交接时：	28（32）
	10	大修后：	500			大修后：	3.0（6.0）			大修后：	38（42）
	35	1～2 年一	1000			1～2 年	3.0（6.0）			1～3 年	85（95）
	60	次	1000			一次	2.0（3.0）			一次	140（155）

续表

设备名称	额定电压（kV）	绝缘电阻（MΩ）		泄漏电流（μA）		tanδ（%）值		直流耐压值（kV）		交流耐压值（kV）	
		周期	标准	周期	标准	周期	标准	周期	标准	周期	标准
少（多）油断路器	6	交接时：大修后：1～2年一次	500	交接时：大修后：1～2年一次		交接时：大修后：1～2年一次	3.0（6.0）	交接时：大修后：1～3年一次			28（32）
	10		500				3.0（6.0）				38（42）
	35		1000		10		3.0（6.0）				85（95）
	60		1000		10		2.0（3.0）				140（155）
隔离开关	6	交接时：大修后：1～2年一次	500							交接时：大修后：1～3年一次	32
	10		500								42
	35		1000								95
	60		1000								155
套管	6	交接时：大修后：1～2年一次	500							交接时：大修后：1～3年一次	32
	10		500								42
	35		1000								100
	60		1000								165
支柱绝缘子	6	1～2年一次	500							交接时：2～3年一次	32
	10		500								42
	35		1000								100
	60		1000								165
电力电缆	2～10	交接时：1～2年一次	400～1000	交接时：1～3年一次	20～50			交接时：1～3年一次	6（5）U_N		
	35		600～1500		65				5（4）U_N		
	60		1000		85				3U_N		
电力电容器	<1	交接时：	自行规定			交接时：1～2年一次	1.0			交接时：1～3年一次	2.1（2.5）
	3										15（18）
	6										21（25）
	10										30（35）
交流电动机	0.4	交接时：大修时：小修时：	0.5	大修时：更换绕组后小修时：	自行规定（>500kW）	交接时：大修后：更换绕组后			1.0	交接时：大修后：更换绕组后	1
	3		140						7.5		5
	6		300						15		10
	10		450						25		16

注：① 绝缘电阻、泄漏电流、介质损失角正切值均指温度为20℃时的数值；

② 括号外的数字适用于交接、大修后，括号内的数字适用于运行中；

③ 括号外的数字适用于交接、大修后，括号内的数字适用于出厂试验；

④ U_N为设备额定电压，括号外数字适用于交接试验，括号内数字适用于运行中。

2）耐热性能

耐热性能是指绝缘材料及其制品承受高温而不损坏的能力。绝缘材料如果超过极限工作温度运行，会加速绝缘材料电气性能老化，使绝缘能力降低，最终导致绝缘击穿，造成事故。绝缘材料的耐热等级如表4-3所示。

表4-3 绝缘材料的耐热等级

耐热等级代号	极限工作温度（℃）	绝缘材料及其制品举例
Y	90	棉纱、布带、纸
A	105	黄（黑）蜡布（绸）
E	120	玻璃布、聚酯薄膜
B	130	黑玻璃漆布、聚酯漆包线
F	155	云母带、玻璃漆布
H	180	有机硅云母制品、硅有机玻璃漆布
C	180以上	纯云母、陶瓷聚四氟乙烯

第2节 防护技术

一、屏护

屏护就是用防护装置将带电部位、带电场所或带电设备与周围隔离开来，以防止人体触及或接近带电体而发生触电事故，也可防止设备之间、线路之间由于绝缘强度不够时发生短路事故，还可保护电气设备不受机械损伤。因此，屏护是安全工作的重要措施。

常用的屏护装置主要有遮栏、栅栏、围墙、保护网等。

（1）遮栏。遮栏常用于室内高压配电装置，做成网状形，以便于观察和检查。网孔尺寸在20mm×20mm～40mm×40mm之间，遮栏高度应不低于0.70m，遮栏底部距地面不应大于100mm。运行中的金属遮栏应接地并加锁。

按《电业安全工作规程（发电厂和变电所电气部分）》和《国家电网公司电力安全工作规程（变电站和发电厂电气部分）》中规定，设备不停电时的安全距离如表4-4所示。检修工作时，工作人员工作中正常活动范围与带电设备的安全距离如表4-5所示。

表4-4 设备不停电时的安全距离

电压等级（kV）	安全距离（m）	电压等级（kV）	安全距离（m）
10及以下（13.8）	0.70	220	3.00
20～35	1.00	330	4.00
60～110	1.50	500	5.00

表 4-5 工作人员工作中正常活动范围与带电设备的安全距离

电压等级（kV）	安全距离（m）	电压等级（kV）	安全距离（m）
10 及以下（13.8）	0.35	220	3.00
20～35	0.60	330	4.00
60～110	1.50	500	5.00

（2）栅栏。栅栏一般装在室外高压配电装置或室内场地比较开阔的配电设备周围。装设在室外时，栅栏高度不应低于 1.5m；装设在室内时，栅栏高度不应低于 1.2m，栅条间距离和最低栏杆至地面距离都不应大于 200mm。金属制作的栅栏应接地。

（3）围墙。室外落地式安装的变配电设备有时设置围墙，墙体高度应在 2.5m 以上。10kV 及以下落地式变压器四周设置遮栏，遮栏与变压器外壳距离不小于 0.8m。

（4）保护网。保护网有铁丝网和铁板网。其作用是防止人体触碰带电体，防止高处坠落物造成事故，还可防止小动物进入高压配电室等。高压配电室窗户要用钢板护网，网孔直径不能大于 10mm。

设置屏护装置应严格按安全间距要求并符合有关规定，还应根据需要和规定配有明显、醒目的安全标志。对要求较高的屏护装置，还应装设信号指示和连锁装置。当人跨越或移开屏护时，能报警或自动切断电源。屏护装置应符合防火要求，需有足够的机械强度，安装应牢固。

凡用金属材料制成的屏护装置，为了避免带电造成触电事故，必须将屏护装置接地或接零。

屏护装置不能与带电体接触，对屏护装置的设置要求如表 4-6 所示。

表 4-6 屏护装置的设置要求

项目 \ 类别		遮栏	栅栏
尺寸	高度	1700	1500
	下缘距地	100	100
与高压带电体间距	10kV	300	850
	15～20kV	400	1000
	35kV	500	1100
	60kV	700	1300
与低压带电体间距		150	800

注：表中数值的单位为 mm。

如果设备与检修工作人员在工作中正常活动范围的距离小于表 4-5 的规定，则检修工作中该设备必须停电。

如果设备与检修工作人员在工作中正常活动范围的距离虽大于表 4-5 的规定，但小于表 4-4 规定，则检修工作中应采用绝缘挡板、安全遮栏措施，否则该设备也必须停电。

临时遮栏可用干燥木材、橡胶或其他坚韧绝缘材料制成，装设应牢固。

使用屏护装置时，应根据被屏护对象挂上“高压，生命危险”、“止步，高压危险”、“禁止攀登，高压危险”等标志牌。

二、间距

间距又称安全距离，是为防止人体触及或接近带电体造成触电事故，防止设施、工具碰撞或接近带电体造成过电压放电、火灾和各种短路事故，为了操作方便，在带电体与地面之间、带电体与其他设施和设备之间、带电体与带电体之间必须保持的最小空间距离。间距的大小主要根据带电体电压高低、带电体设备状况及安装方式确定，在技术规程中做出了明确规定。凡从事电气设计、电气安装、电气运行维护及检修等的电气工作人员，都必须严格遵守。

1. 检修间距

在低压操作中，人体及其携带工具与带电体之间的最小间距不应小于 100mm。

在高压无遮栏条件下操作时，人体及其所携带工具与带电体之间的最小间距，10kV 及以下不应小于 700mm；20～35kV 不应小于 1000mm。用绝缘杆操作时，上述距离分别可减为 300mm 和 500mm。

在线路上工作时，人体及其所携带工具与邻近线路之间的最小间距，10kV 及以下不应小于 1000mm；35kV 不应小于 2500mm。不足上述距离时，邻近线路应当停电。

2. 设备间距

（1）变配电设备。室内安装的变压器，其外廓至变压器室四壁应留有适当的距离，变压器外廓至侧、后壁的距离：容量 1000kVA 及以下的不应小于 600mm，容量 1250kVA 及以上的不应小于 800mm；变压器外廓至门的距离，分别不应小于 800mm 和 1000mm。室外安装的变压器，其外廓之间的距离一般不应小于 1500mm，外廓与围栏或建筑物之间的距离不应小于 800mm。室外配电箱底部离地面高度一般为 1300mm。

配电装置的布置，除考虑操作、检修、试验的便利外，还要保持必要的安全通道。低压配电装置正面通道宽度：配电装置单列布置时，不应小于 1500mm；配电装置双列布置时，不应小于 2000mm。低压配电装置背面通道宽度应不小于 1000mm。通道侧面高度低于 2300mm 又无遮栏的裸导体部分与对面墙或设备的距离不应小于 1000mm，而与对面其他裸导体部分的距离不应小于1500mm。通道上方裸导体部分的高度低于2300mm时应加遮栏，遮栏后的通道高度不应低于1900mm。

（2）用电设备。室内吊灯高度一般应大于2500mm，受条件限制时，可减为2200mm。室外照明灯具高度一般不应低于3000mm，墙上灯具高度允许减为2500mm。

车间常用的电器具，如低压配电盘、开关、电镀表、插座等距地面高度宜取的数值，如表4-7所示。

表4-7 车间常用电器具距地面高度

安装方式 / 电器具名称	明 装	暗 装
低压配电盘低口距地面	1200	1400
电能表板低口距地面	1800	—
插座	1300～1500	200～300
一般开关	1300～1500	—
拉线开关	3000	—

注：表中数值的单位为mm。

3. 线路间距

（1）架空线路。架空线路导线与地面或水面的最小距离如表4-8所示。

表4-8 导线与地面或水面的最小距离

线路经过地区	线路电压		
	1kV以下	10kV	35kV
居民区	6	6.5	7
非居民区	5	5.5	6
能通航或浮运的河、湖	5	5	5.5
不能通航或浮运的河、湖	3	3	3
交通困难地区	4	4	5

注：表中数值的单位为m。

架空线路导线与建筑物的最小距离如表4-9所示。

表4-9 导线与建筑物的最小距离

线路电压	1kV以下	10kV	35kV
垂直距离	2.5	3	4
水平距离	1	1.5	3

注：表中数值的单位为m。

（2）接户线和进户线。接户线是指从配电网到用户进线处第一个支持物的一段导线，进户线是指从接户线引入室内的一段导线。10kV 接户线对地距离不应小于 4.5m，低压接户线对地距离不应小于 2.7m。

低压接户线与建筑物有关部位的距离：

- 与接户线下方窗户的垂直距离不应小于 300mm；
- 与接户线上方阳台或窗户的垂直距离不应小于 800mm；
- 与阳台或窗户的水平距离不应小于 750mm；
- 低压进户线进线管口对地距离不应小于 2.7m，高压进户线进线管口对地距离一般不应小于 4.5m。进户线进线管口与接户线端头之间的距离一般不应超过 500mm。

为了防止意外触电事故，对各种电气设备应采取保护接地、保护接零及安装漏电保护器等措施。

第 5 章　电气接地和接零技术

在正常情况下，一些电气设备如电动机、家用电器等的金属外壳是不带电的。当绝缘遭受破坏或老化失效导致外壳带电时，人体触及外壳就会触电。保护接地与保护接零技术是防止这类事故发生的有效措施。

接地的种类很多，有工作接地、保护接地、重复接地、屏蔽接地、信号接地、功率接地等。电网中主要用到的是保护接地和重复接地。电力系统中的接地可分为两类，即工作接地和保护接地。

第 1 节　工作接地

电力系统中，为了运行的需要，将中性点与大地连接称为工作接地，也称为中性点接地。我国对 110kV 及以上和 400V 及以下的电力系统均采用工作接地。其作用是：

电力网的中性点接地方式有不接地（绝缘）、经电阻接地、经电抗接地、经消弧线圈接地和直接接地（有效接地）等。电力网中性点工作方式是一个涉及供电可靠性、过电压与绝缘配合、继电保护和自动装置的正确动作、通信干扰、系统稳定及安全生产等多方面的综合性技术问题。

（1）保证电力设备绝缘所要求的工作条件。

在 110kV 及以上的电力系统中，因输电线对地电容较大，一旦发生一相接地故障，若中性点不接地，接地点将流过较大的电容电流，形成电弧而引起过电压，有可能击穿系统绝缘而造成设备损坏事故。中性点接地后，发生一相接地时，故障点将流过单相短路电流，使系统继电保护装置迅速动作切除故障。

（2）保证电力系统在正常及故障条件下具有适当的运行条件。

在 400V 及以下的电力系统中，中性点接地后，当三相负荷不平衡时，不会造成零序电压的偏移，从而使三相电压保持平衡。当某一相对地发生短路故障时，这一相电流很大，将其熔断器熔断，使该相电源切断，如图 5-1 所示；如果某局部线路上装有自动空气断路器，大电流将会使其迅速跳闸，切断电路，从而保证了人身安全和整个低压系统工作的可靠性。

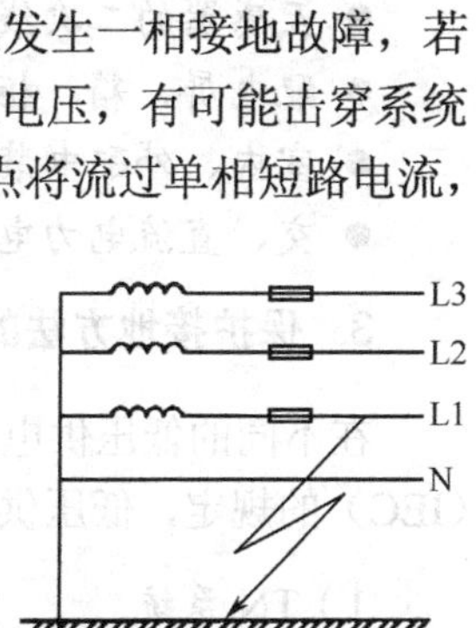

图 5-1　工作接地

（3）保证继电保护和自动装置，以及过电压保护装置的正常工作。

第2节　保护接地

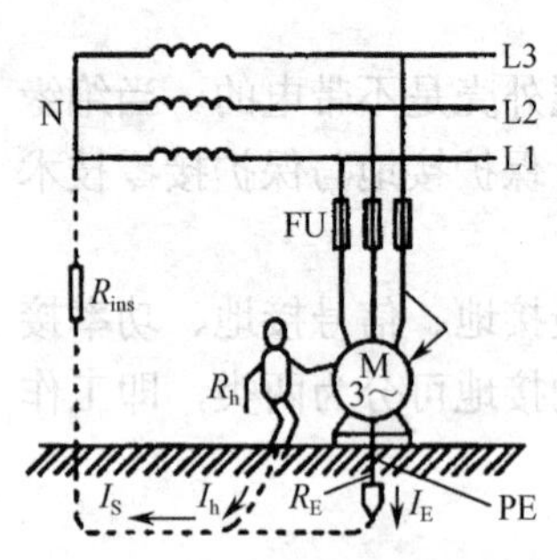

图 5-2　保护接地

在 1kV 以下中性线（零线）不接地的低压电网中，一切电气设备（正常情况下不带电）的金属外壳，以及和它相连的金属部分应与接地装置良好连接，称为保护接地，如图 5-2 所示。图中 PE 为保护接地线，R_{ins} 为中性点对地绝缘电阻，R_h 为人体（包括鞋）电阻，一般 $R_h>10^4\Omega$，R_E 为保护接地电阻，根据安全规程要求，$R_E\leqslant4\Omega$。

1. 保护接地的作用

在装有保护接地的情况下，电气设备发生绝缘损坏使金属外壳意外带电时，如果人体误触设备相当于人体电阻 R_h 和接地电阻 R_E 并联，此时接地短路电流将同时沿着接地体和人体两条通路流过。如图 5-2 所示，$I_S=I_h+I_E$。显然，$I_E/I_h = R_h/R_E$ =10 000/4=2500（倍）；即使人体电阻按 2000Ω 计算，I_E 也是 I_h 的 500 倍，所以，I_S 近似等于 I_E，流过人体的电流非常微小，人体得到保护。

2. 保护接地的应用范围

在中性点不直接接地的电网中，应采取保护接地的设备如下：

- 电机、变压器、照明灯具、便携式及移动式用电器具的金属外壳和底座。
- 电气设备的传动机构。
- 互感器的二次线圈。
- 配电屏、箱、柜，控制屏、箱、柜的金属框架。
- 室内、外配电装置的金属构架及靠近带电体的金属围栏和金属门。
- 交、直流电力电缆接线盒、终端盒的金属外壳和电缆的金属外皮。

3. 保护接地方法的选择

在不同的低压供电系统中，电气设备外壳接地的方法是不同的。根据国际电工委员会（IEC）的规定，低压供电系统的接地制式有 TN、TT、IT 三大系统。

1）TN 系统

字母 T 表示电源中性点直接接地，N 表示负荷侧设备的外露可导电部分与电源侧的接地直接进行电气连接，即接在系统中性线上。按照保护线（PE）与中性线（N）的组合情况，TN 系统又有 TN-S、TN-C、TN-C-S 三种形式。

（1）TN-S 系统。系统中保护线（PE）与中性线（N）是分开的，如图 5-3 所示。该系统是目前广泛采用的三相五线供电系统，对环境条件较差的场所、存在爆炸危险的电气装置、高层建筑、数据处理及精密检测装置的供电系统，以及民用建筑配电线路均应采用 TN-S 系统。

（2）TN-C 系统。系统中保护线（PE）与中性线（N）是合一的，如图 5-4 所示。该系统属于三相四线制系统，在三相负载基本平衡的一般工厂企业中应用。

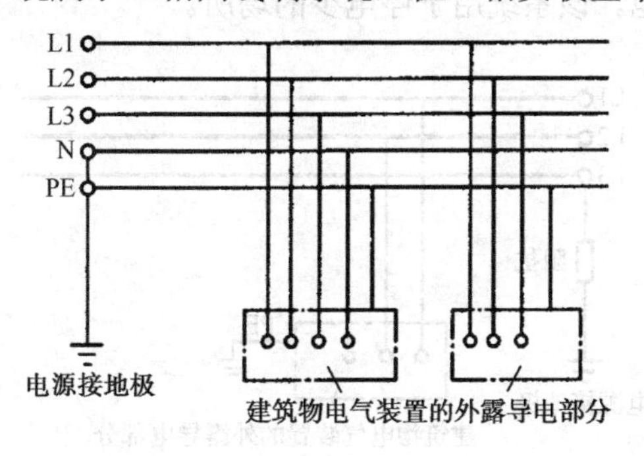

图 5-3 TN-S 系统

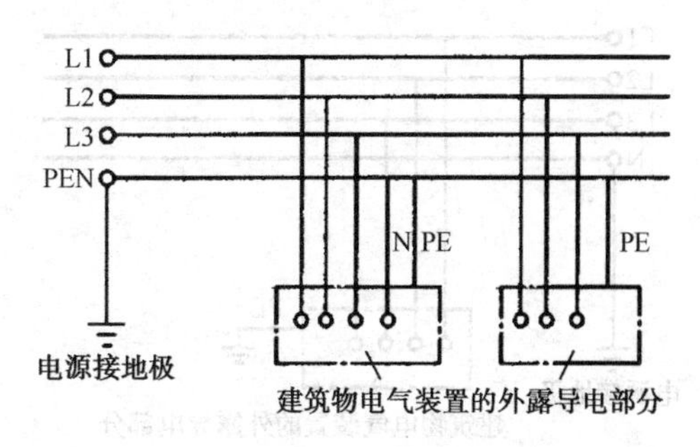

图 5-4 TN-C 系统

（3）TN-C-S 系统。系统中保护线和中性线开始是合在一起的，从某一位置则开始分开（分开后不允许再合起来），如图 5-5 所示。该系统实质上属于三相五线制供电系统，兼有 TN-S 和 TN-C 的某些优点。一般 TN-C 四线部分在厂房或建筑物外为外线，线路较长；TN-C-S 五线部分在内部，为内线。

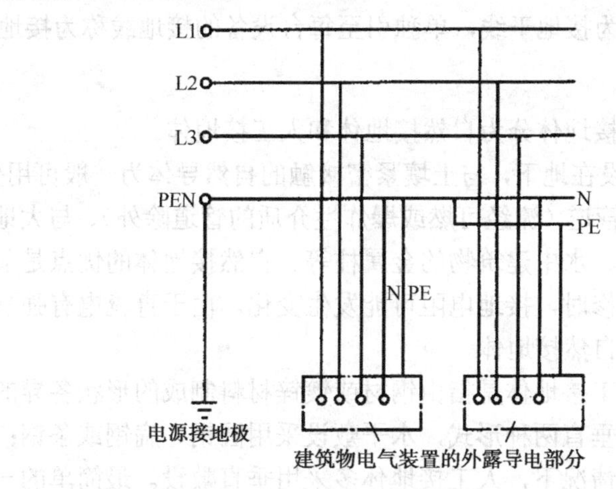

图 5-5 TN-C-S 系统

2）TT 系统

系统中，电源中性点直接接地，用电设备的外露可导电部分也接地，但两者之间没有导线连接，如图 5-6 所示。电气设备的接地体可能是几台共用，也可能是一台独用。该系统适用于功率不大的设备，或作为精密电子仪器设备的屏蔽接地。

3）IT 系统

系统中，电源的中性点不接地或经过一个足够高的阻抗再接地，这个足够高的阻抗一般是带有铁芯的电感线圈（通常称为消弧线圈），因此，系统与地是绝缘的，如图 5-7 所示。用电设备的金属外壳或外露可导电部分应直接接地。该系统用于停电少的场所。

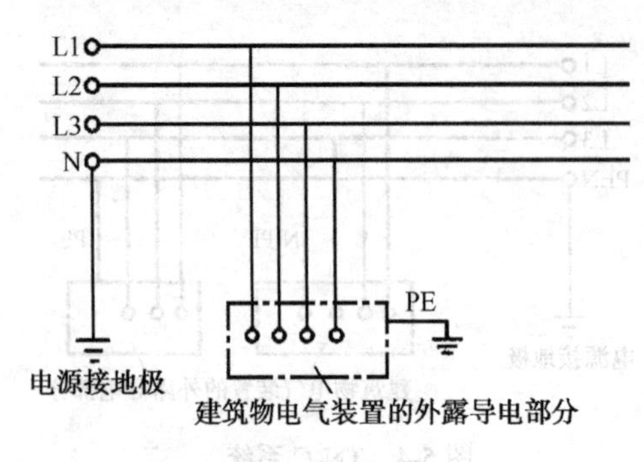

图 5-6　TT 系统

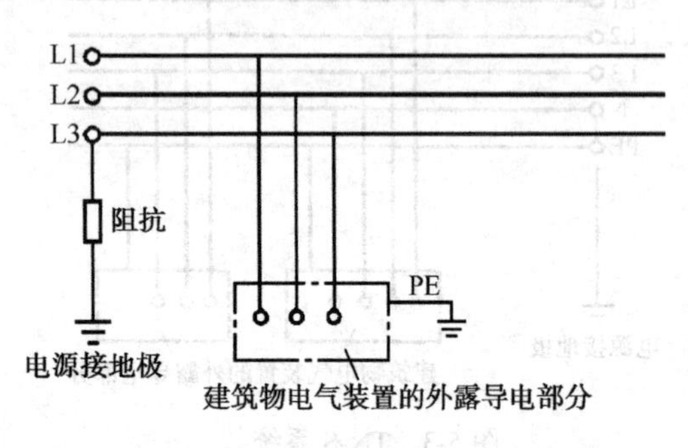

图 5-7　IT 系统

4. 接地装置

接地装置是指埋入地下的金属接地体和接地线的总称。埋入地下并直接与大地接触的金属导体或导体组称为接地体。连接电气设备与接地体之间的金属导体称为接地线。多台设备公共使用的接地线称为接地干线，单独引至每台设备的接地线称为接地支线。

1）接地体

接地体又称接地极。接地体分为自然接地体和人工接地体。

（1）自然接地体。埋设在地下，与土壤紧密接触的自然导体为一般可用作自然接地体。例如，埋设在地下的金属管道（流经可燃或爆炸性介质的管道除外）、与大地可靠连接的建筑物及构筑物的金属结构、水中建筑物的金属柱等。自然接地体的优点是节省材料和施工费用。其缺点是拆装或检修时，接地电阻可能发生变化。由于直流电有强烈的腐蚀作用，所以直流接地不允许利用自然接地体。

（2）人工接地体。人工接地体是指由钢材或镀锌材料制成的形状各异的钢条。人工敷设接地体时可采用水平或垂直两种形式，水平敷设采用圆钢、扁钢或条钢；垂直敷设采用角钢、圆钢或铜棒，一般情况下，人工接地体多采用垂直敷设。最简单的一种人工接地体是垂直圆钢管。钢材料人工接地体的最小尺寸如表 5-1 所示。

表 5-1　钢材料人工接地体的最小尺寸

名　称	地　上		地　下
	屋　内	屋　外	
圆钢直径（mm）	6	8	8/10
扁钢截面（mm^2）	24	48	48
扁钢厚（mm）	3	4	4
角钢厚（mm）	2	2.5	4
钢管壁厚（mm）	2.5	2.5	2.5

常见接地体和接地线安装如图 5-8 所示。这种外引式接地体电位分布不够均匀，人体仍有可能触电。此外，外引式接地体与接地线间仅靠两条连接线连接，可靠性也较差。为消除上述缺点，可采用如图 5-9 所示的环路式接地体。这种接地装置布置在接地区域周围，当接地区域较大时，区域内还可装设水平接地带作为均压连接线，均压连接线也可作为接地干线。这种形式的接地体，电位分布比较均匀，接触电压和跨步电压较小。

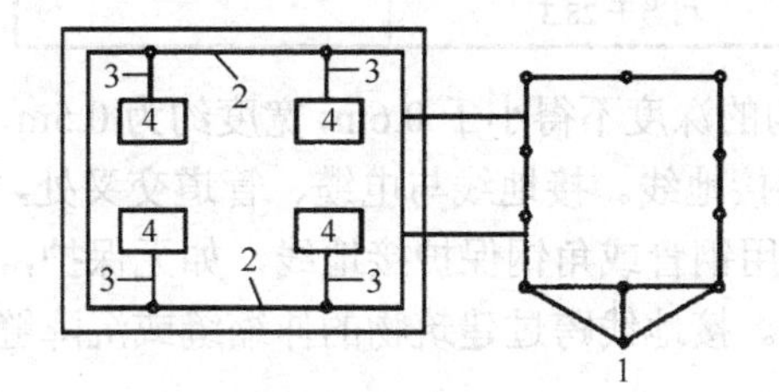

1—接地体；2—接地干线；3—接地支线；4—电气设备

图 5-8　外引式接地体

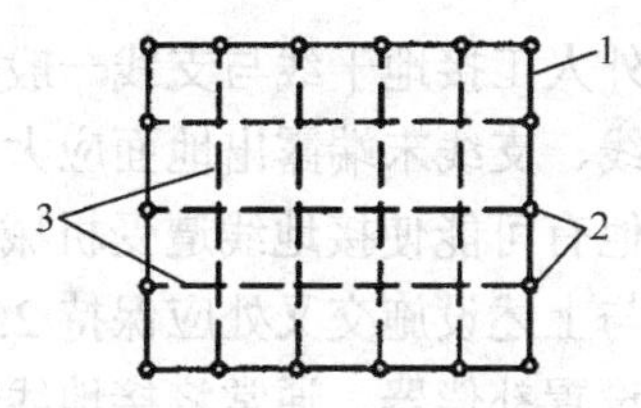

1—连接钢管；2—垂直钢管；3—水平接地带

图 5-9　环路式接地体

接地体应在接地网路线上开沟埋设，沟深 0.8～1m，宽 0.5m。将按设计长度（一般为 2.5m）切割的钢管，垂直打入沟的中心线上。接地体的最高点离地面应有 600mm 的距离，接地体间的距离应按设计要求，一般规定的距离不小于 5m。敷设接地体钢管、角钢及连接扁钢时应避开其他地下管路、电缆等设施。与电缆及管路交叉时，相距不小于 100mm；与电缆及管道平行时，相距不小于 300～350mm。

不同电气设备对接地装置的接地电阻有不同的要求。例如，3～10kV 高压电气设备单独使用的接地装置，接地电阻一般不宜大于 10Ω；低压电气设备及变压器的接地电阻不大于 4Ω；当变压器的总容量不大于 100kVA 时，接地电阻不大于 10Ω；重复接地的接地电阻每处不大于 10Ω，高压和低压设备共用同一接地装置时，接地电阻不大于 4Ω。

2）接地线

接地线可采用绝缘导线或裸导线（包括扁钢、圆钢），禁止在地下用铝导体（铝线或铝排）作为接地线或接地极，以免被腐蚀。对交流电气设备，某些自然接地体也可用作接地线，如建筑物的金属构架（梁、柱等）及设计规定的混凝土结构内部的钢筋、生产用的起重机的轨道、配电装置的金属外壳、起重机与升降机的构架、运输皮带的钢梁、配线的钢管等。不同材料用作接地线时的截面如表 5-2 所示。

表 5-2 铜、铝、钢接地线的截面

类　别	接地线分类	最小截面（mm^2）	最大截面（mm^2）
铜	移动电具的接地芯线	0.2～1.0	25
	绝缘铜芯线	1.5	
	裸铜线	4.0	
铝	绝缘铝芯线	2.5	35
	裸铝线	6.0	
扁钢	户内：厚度不小于 3mm	24.0	100
	户外：厚度不小于 4mm	48.0	
圆钢	户内：直径不小于 5mm	相当于 19.6	100
	户外：直径不小于 6mm	相当于 28.3	

室外人工接地干线与支线一般敷设在土沟内。沟的深度不得小于 0.6m，宽度约为 0.5m，接地干线、支线末端露出地面应大于 0.5m，以便引接地线。接地线与电缆、管道交叉处，以及其他有可能使接地线遭受机械损伤的地方，应用钢管或角钢保护接地线，如无保护，接地线与上述设施交叉处应保持 25mm 以上的距离。接地线跨过建筑物的伸缩缝或沉降缝时，应设置补偿器，通常将接地线弯成弧形代替。

室内接地线多为明设，敷设的位置应便于检查且不妨碍设备的拆装和检修；接地线沿建筑物墙壁水平敷设时，离地面距离宜为 250～300mm；接地线与建筑物墙壁间的距离宜为 10～15mm；支持件的距离，在水平直线部分宜为 0.5～1.5m，转弯部分宜为 0.3～0.5m。

在敷设接地体或接地线时，如有化学腐蚀的部位，还应采取防腐措施。

3）接地电阻

接地电阻会直接影响电气设备接地和接零保护的效果。接地电阻越小越好。为了保证接地装置起到安全保护作用，接地装置的接地电阻应符合规定数据，接地电阻的最大允许值如表 5-3 所示。

表 5-3 接地电阻的最大允许值

接地系统的名称	接地电阻的最大允许值（Ω）
保护接地（低压电力设备）	4
交流中性点接地（工作接地）	4

续表

接地系统的名称	接地电阻的最大允许值（Ω）
常用低压电力设备共同接地	4
小容量（100kVA 以内）系统工作接地	10
PE 或 PEN 线重复接地	10
3～10kVA 线路在农产区中钢筋混凝土杆接地	10
防静电接地	100

接地电阻的电阻值虽可根据一些经验方式进行估算，但最好采用实际测量值。测量接地桩的安装是否合格，接地电阻是否在合格范围内，通常都需要通过测量来确认，测量接地电阻的方法较多，这里提供几种方法以供参考。

（1）电流表与电压表法。

① 线路的连接方法。用电流表与电压表测量接地电阻的方法及连接电路如图 5-10 所示。图中的 T 为测量用变压器，R_X 是被测接地电阻，S_1、S_2 分别为电压极和电流极与 R_X 间的距离。

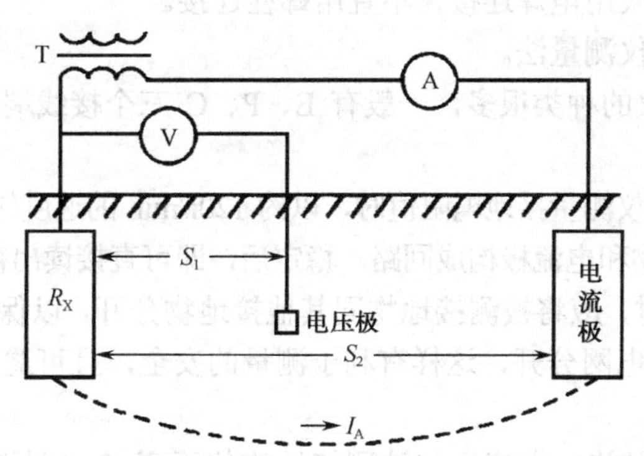

图 5-10　用电流表与电压表测量接地电阻的方法及连接电路

② 测量与计算方法。通电以后，电流 I_A 沿 R_X 和电流极形成回路。若 S_1 与 S_2 均足够远，则可根据电流表读数 I_A 与电压表读数 U，按照以下公式计算出接地电阻：

$$R_X = \frac{U}{I_A} \qquad (5\text{-}1)$$

③ 测量时应注意的问题：

- 为保证安全，应将测量回路与电网隔离开，这样还能消除电网给测量带来的影响。
- 测量用的变压器 T 应采用双线圈变压器。为了测量结果更准确，测量时接地电流不宜太小，最好为实际接地电流的 20%以上。因此，变压器容量一般应在 1kVA 以上。
- 电流极的导体电阻不宜太大，可选取一根直径 40～50mm、长 0.5m 的钢管。若被测

接地物自身电阻很低，电流极需用几根钢管并联组成。

- 测量用的电压表应采用高内阻型的，测量用的电压极可用一根直径 25mm、长 1m 左右的铜管或圆钢制成。

（2）间接测量方法。

① 找一个 1kW 左右的负载（如电水壶或电热水瓶，装好水）。

② 将此负载的电源插头与 220V 相线及接地桩串联接通。此时负载能够正常工作。

③ 用钳形表测出工作电流（如 5A）；用万用表测出负载电源插头两端的电压（如此时压降为 20V，即接地桩与大地之间的压降。显然，压降越大，接地电阻值就越大，接地效果就越差）。

④ 根据测量的数量，由式（5-1）即可计算出接地电阻：20V/5A=4Ω。

⑤ 通过专用的接地电阻测试仪测量，并与上述方法测得的值进行对比，结果相同，精度很高。

⑥ 如果测出的接地电阻远高于 4Ω，表明接地效果很差；如果接地电阻极大或为∞，则说明接地极有问题，可能接地桩安装的地面位置太高，或地下太干燥，或引出线松动接触不良等。引出线务必采用电焊连接，不宜用螺栓连接。

（3）接地电阻测量仪测量法。

① 接地电阻测量仪的种类很多，一般有 E、P、C 三个接线端，测量时分别接被测接地物。

② 用接地电阻测量仪测量接地电阻值时，以约 120r/min 的速度转动手柄，即可产生适当的交变电流沿被测接地物和电流极构成回路。稳定后，即可直接读出被测接地的电阻值。

③ 测量接地电阻时，应将被测接地物同其他接地物分开，以保证测量的准确性。还应尽可能将被测接地物与电网分开，这样有利于测量的安全，且可避免电网可能经接地物产生杂散电流引起误差。

④ 为了减小测量误差，电流极与被测接地物的距离 S_2（见图 5-10）和电压极与被测接地物的距离 S_1 之差应大于 80m；对于网络接地物，S_2 与 S_1 之差应大于网络最大对角线长度的 4～5 倍；对于垂直埋设的单管接地物，S_2 可减小为 40m，S_1 可减小为 20m；电流极与电压极间的距离可保持在 20m，若电流极由多管组成，应取 40m。测量时可取 S_1 为 S_2 的 50%～60%，并按 S_2 的 5%移动电压极两次，若三次测得结果接近，最后取平均值。

4）接地装置的安装方法

安装接地装置时，应注意以下事项。

（1）接地体要有足够的埋设深度。在埋设人工接地体之前，应先挖一个深约 1m 的坑，然后将接地体打入地下，上端露出坑底约 0.2m，供连接接地线用。

接地体打入地下的深度应不小于 2m。在特殊场合下，如深度不能达到 2m，而且接地

电阻值不能满足要求，则应在接地体周围放置食盐、木炭并加水，以减小接地电阻。接地装置安装完毕后，要用土填埋好。对于多岩石的地区，接地体可水平埋设，埋设深度通常不应小于 0.6m。

（2）接地体要可靠。为了提高可靠性，垂直的人工接地体不宜少于 2 根，相互间的距离以 2.5~3m 为宜，且它们的上端应用扁钢或圆钢连成一个整体。接地体各部分之间一般都应焊接，而且扁钢搭焊长度应为宽度的 2 倍，圆钢搭焊长度应为直径的 6 倍。但应注意，埋在地下的接地体不要涂漆，以免接地电阻过大。

（3）接地线与接地体连接要可靠。接地线与接地体的连接应焊接或压接，连接处应便于检查。接地线与电气设备可焊接或用螺栓连接，在使用螺栓连接时，应拧紧，防止松动。

（4）多台设备接地必须分别连接。两台及多台电气设备的接地线必须分别与接地装置连接，不允许把几台电气设备的接地线串联连接后再接地，以免其中一台设备的连接地线拆下时，造成该设备之前的各台设备失去地线。

（5）测接地电阻。接地装置安装完毕后，应该用接地电阻测量仪测试其接地电阻。测试结果应符合各种接地方式所规定的电阻值。

（6）定期检查。接地装置在正常运行中，应定期进行检查和测试，每年至少一次，天然接地体在设备检修后应检查其接地线连接部分接触是否可靠，导线是否有折断现象。

第 3 节 保护接零

在 1kV 以下中性线（零线）有工作接地的低压电网中，一切电气设备（正常情况下不带电）的金属外壳以及和它相连的金属部分与零线应可靠连接，称为保护接零，如图 5-11 所示。

1. 保护接零的作用

在图 5-11 所示电路中，由于绝缘破损使某相电源与设备外壳相连，将使该相电源经设备外壳对零线的单相短路，短路电流 I_d 能使线路上的熔断器 FU 迅速熔断（或使其他保护电器动作），把故障部分的电源断开，从而避免发生触电事故。即使在熔丝熔断前，由于人体电阻远大于线路电阻，通过人体的电流是极小的，不会有触电危险。

在中性线接地的低压供电系统中，将用电设备的金属外壳直接接地（保护接地）是不能保证安全的。如图 5-12 所示，当发生一相绝缘破损，与设备金属外壳相连时，则相电压分别降在两个接地电阻 R_0、R_E 和大地电阻上。一般情况下，R_0、R_E 按 4Ω 计算，大地电阻可忽略不计，则电源中性点、中性线和电器金属外壳电压相等，约为 $\frac{1}{2}U_P$。当 U_P=220V 时，电器外壳电压为 110V，这对人体是很危险的。由于零线上对地电压为 110V，人体触及零线时也有触电危险。

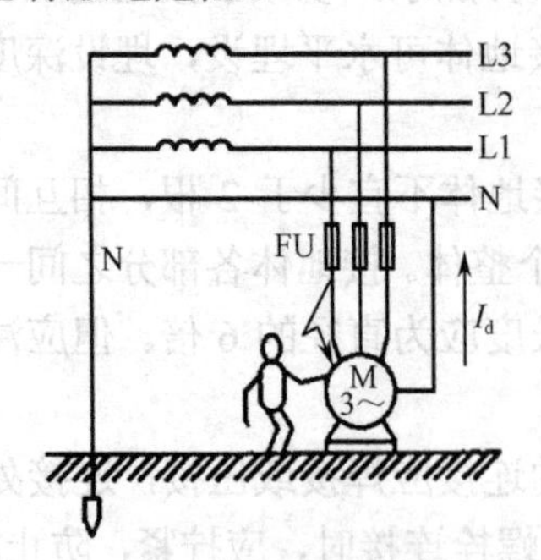

图 5-11 保护接零

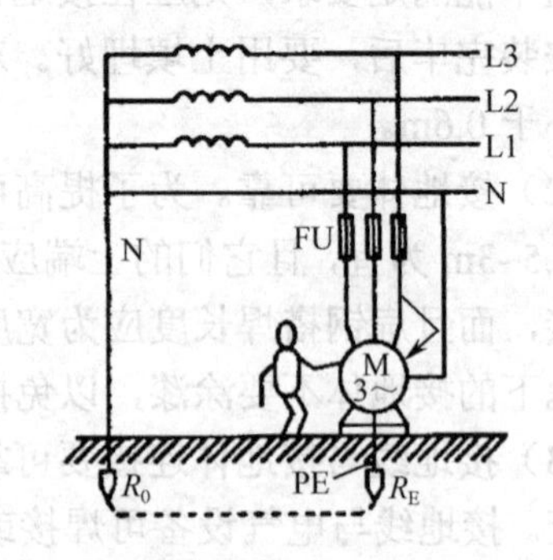

图 5-12 中性线接地系统不能保护接地

2. 保护接零的应用范围

中性点直接接地的供电系统中，低压 380/220V 三相四线制或三相五线制电网中，电气设备的金属外壳均应采取保护接零。

3. 重复接地

在中性点直接接地的低压电网中，为了确保安全，将中性线的一点或多点与大地进行再一次的连接，称为重复接地，如图 5-13 所示。

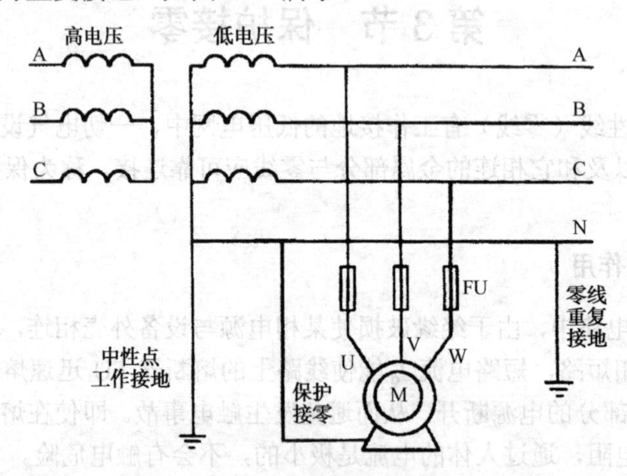

图 5-13 重复接地示意图

根据规定，应在线路的分支点、末端以及线路每延长 1km 的架空线路处做重复接地，重复接地的接地电阻值不应大于 10Ω。重复接地的作用是：当用电设备发生碰壳短路时，能降低漏电设备的对地电压；加速线路保护装置的动作，缩短事故的持续时间。当中性线发生断线且断点后有一台设备发生碰壳短路时，重复接地可使断点后面负荷侧用电设备的

金属外壳对地电压降低，减轻人体触电的危险程度。重复接地对雷电流有分流作用，有利于限制雷电过电压，改善架空线路的防雷性能。

4. 保护接地与保护接零的区别

（1）保护原理不同。保护接地是限制设备漏电后的对地电压，使其不超过安全范围；保护接零是借助零线使设备形成短路，促使线路上的保护装置动作，以切断故障设备的电源。

（2）线路结构不同。如果采取保护接地措施，电网中可以无工作零线，只设保护接地线；如果采取保护接零措施，则必须设工作零线，利用工作零线进行接零保护。保护零线不应接开关、熔断器，当在工作零线上装设熔断器等时，还必须另装保护接地线或接零线。

（3）适用范围不同。保护接地既适用于一般不接地的高压电网，也适用于采取了其他安全措施（如装设漏电保护器）的低压电网；保护接零只适用于中性点直接接地的低压电网。

第 6 章　触电及其急救

第 1 节　触电的基本形式

触电是指人体触及带电物体或电弧闪络波及人体时，电流通过人体与大地或其他导电体或分布电容而形成闭合回路，使人体受到不同程度的伤害。

一、直接触电

直接触电是指人体的任何部位直接触及电源的相线所形成的触电。此时人体触及的电压为电气系统相对于大地之间的电压或相间电压，危险性最高，后果最严重。常见的是单相触电和两相触电。

1. 单相触电

单相触电是指在地面或其他接地导体上，人体某一部位触及电源的一根相线或与相线相接的带电物体的触电事故。单相触电的危险程度与电源中性点是否接地有关。

图 6-1 所示是三相电源中性点接地的单相触电情况，通过人体的电流可由下式计算

$$I_h=U_P/(R_h+R_o+R_I) \tag{6-1}$$

式中 I_h——通过人体的电流；

U_P——电源相电压；

R_h——人体电阻；

R_o——供电系统接地电阻，一般为 4～20Ω；

R_I——人与地或其接触面的绝缘电阻。

可见 R_I 越小，通过人体的电流越大，危险性也越大。R_I 越大，通过人体的电流越小，所以，电工师傅工作时都要穿绝缘胶鞋或站在干燥的木板上。

图 6-2 所示是三相电源中性点不接地的单相触电情况。立于地面的人体触及一根相线，此时，通过人体的电流取决于人体电阻 R_h 与输电线对地绝缘阻抗 Z 的大小。如果输电线绝缘良好，输电线不长，对地分布电容 C 不大，则阻抗 Z 较大，对人体的危险性较小。如果输电线较长，对地分布电容 C 较大，或输电线绝缘不良，阻抗 Z 降低，则人体触电的危险性增大。

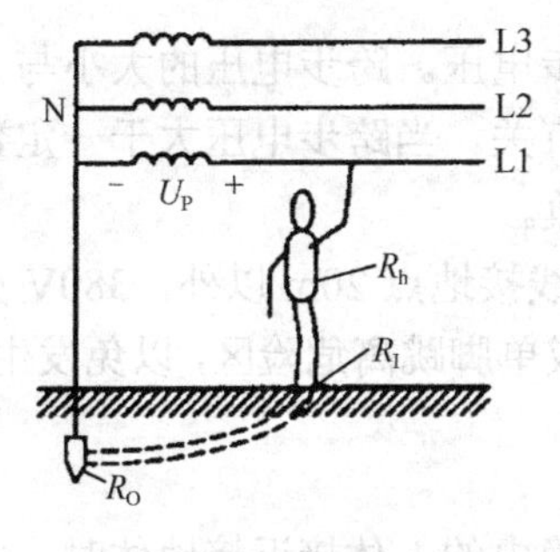

图 6-1　中性点接地单相触电

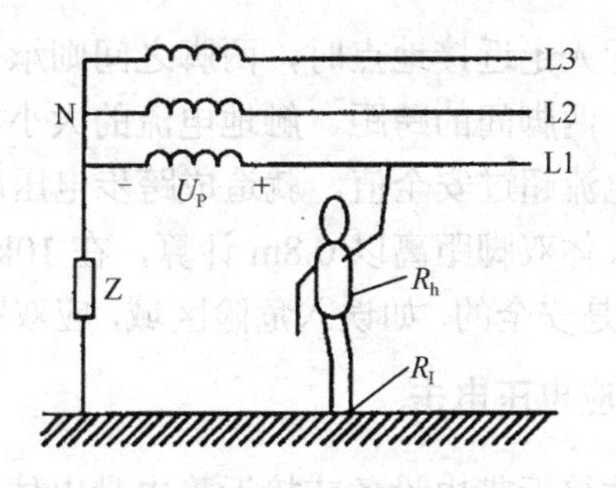

图 6-2　中性点不接地单相触电

2. 两相触电

两相触电指的是人体同时触及同一电源系统的两根相线，如图 6-3 所示。人体承受电源线电压，通过人体的电流只取决于人体电阻和与相线接触处接触电阻之和。这是最为严重的触电形式。

二、间接触电

间接触电是指人体的任何部位间接触及电源的相线所形成的触电，如电气设备在故障情况下形成的触电。

1. 金属外壳带电触电

电气设备因老化绝缘损坏或绝缘被过电压击穿等，致使其设备的金属外壳带电，人体的任何部位接触电气设备带电的外露部分或与其相连的可导电部分将形成触电，如图 6-4 所示。

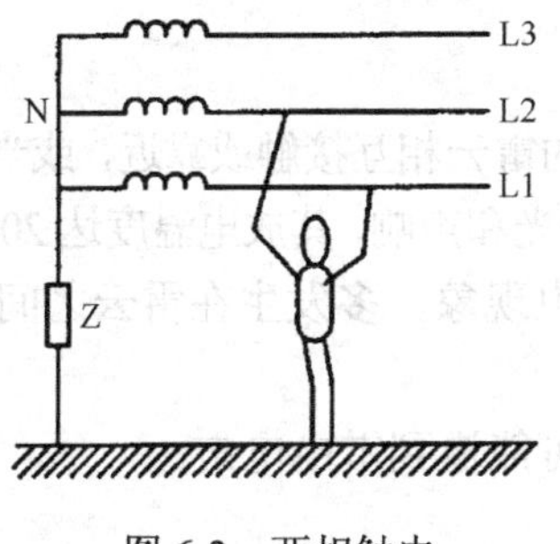

图 6-3　两相触电

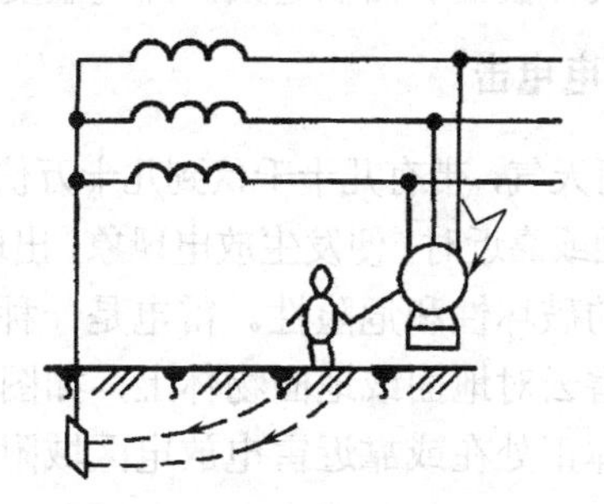

图 6-4　金属外壳带电触电

2. 跨步电压触电

高压输电线断线落地时，有强大电流流入大地，在接地点周围产生电压降，如图 6-5

所示。当行人走近接地点时，两脚之间则承受了跨步电压。跨步电压的大小与人体离接地点的距离、两脚间的跨距、触地电流的大小等因素有关。当跨步电压大于一定数值时，通过人体的电流超过安全值，就造成跨步电压触电事故。

如果人体双脚距离以0.8m计算，在10kV高压线接地点20m以外，380V火线接地点5m以外才是安全的。如误入危险区域，应双脚并拢或单脚跳离危险区，以免发生触电事故。

3. 感应电压电击

当人体接近带电设备或接近静电带电体，或带静电的人体接近接地体时，由于感应电压或静电感应的作用，都可能会遭到电击。在超高压双回路及多回路网杆架设的线路中此问题较为严重（如图6-6所示），应特别引起注意。

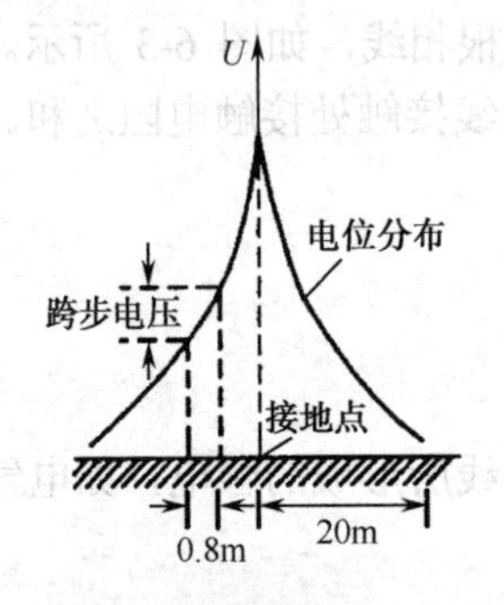

图6-5　跨步电压触电

图6-6　感应电压电击

4. 电磁场对人体的伤害

在参数相同的情况下，脉冲波比连续波对人体的伤害严重，电磁波为脉冲波。距辐射源越近，人体被辐射面积越大，环境温度及湿度越高，电磁波对人体伤害越重。

5. 雷电电击

在雷雨天气，带有几十千伏到几十万伏不同电荷的雷云相互接触或靠近，或当雷与地面或凸出物接触或靠近时，便发生放电现象，出现强烈的闪光和声响，其放电温度达20 000℃以上，具有巨大的破坏性和危险性。雷电是一种自然界放电现象，多发生在雷云之间，小部分放电发生在雷云对地面或地面物体上，如图6-7所示。

若人体正处在或靠近雷电放电区域附近，则很可能遭到雷电电击。

6. 残余电荷电击

由于电气设备的电容效应，在刚断开电源后，尚保留一定的电荷，称残余电荷。人体触及该电气设备时，残余电荷将通过人体放电，而对人体造成电击，如图6-8所示。

图 6-7 雷电电击

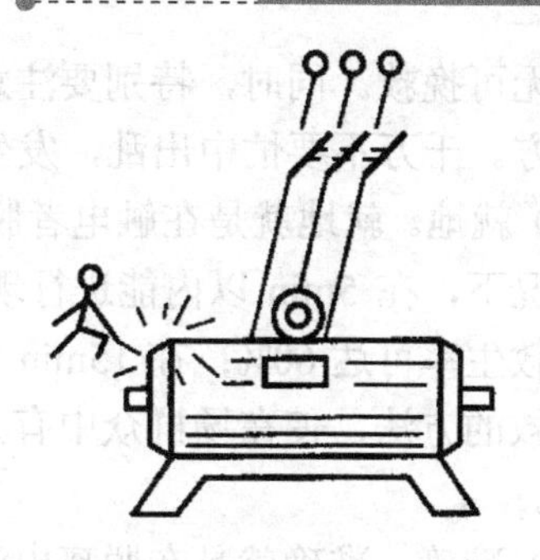

图 6-8 残余电荷电击

第 2 节 触电的急救处理

一、人体触电后的表现

1. 假死

所谓假死，即触电者丧失知觉、面色苍白、瞳孔放大、脉搏和呼吸停止。假死可分为三种类型：①心跳停止，尚能呼吸；②呼吸停止，心跳尚存，但脉搏很微弱；③心跳、呼吸均停止。由于触电时心跳和呼吸是突然停止的，虽然中断了供血供氧，但人体的某些器官还存在微弱活动，有些组织的细胞新陈代谢还在进行，触电者极有被救活的可能。

2. 局部电灼伤

触电者神志清醒，电灼伤常位于电流进出人体的接触处，进口处的伤口常为一个，出口处的伤口有时不止一个。电灼伤的面积有时较小，但较深，有时可深达骨髓，大多为三度灼伤，灼伤处是焦黄色或褐黑色，伤面与正常皮肤有明显的界限。

3. 较轻伤害

触电者神志清醒，只是有些心慌、四肢发麻、全身无力、一度昏迷，但未失去知觉，出冷汗或恶心呕吐等。

二、触电急救的原则

现场急救的原则是：迅速、就地、准确、坚持。

（1）迅速。迅速就是要使触电者迅速、安全地脱离电源，这是现场抢救的关键步骤。可以说，时间就是生命；因为电流作用的时间越长，触电伤害越严重；伤害到一定程度，生命就无可挽救。同时，特别要注意：必须采取正确的脱离电源方法，并将触电者移到安全的地方。千万不要忙中出乱，发生连锁触电。

（2）就地。就地就是在触电者脱离电源后立即在现场或附近就地进行抢救。根据经验，一般情况下，在 5min 以内能进行现场抢救，救生率可达 90%；在 10min 以内能进行现场抢救，救生率可达 60%；在 15min 才进行抢救，则希望甚微。实现就地抢救的关键是普及触电急救的方法，使在场群众中有人能采取正确的方法进行抢救，以避免延误时机和提高成功率。

（3）准确。准确就是在脱离电源后，必须立即准确地判断触电者受到的伤害程度，看其是否能自主呼吸。不能自主呼吸者应进行人工呼吸；能自主呼吸者，不能强行做人工呼吸。也就是说，抢救的方法和施行的动作姿势要正确。

（4）坚持。坚持就是坚持抢救到底。在发生的触电伤害中，大多数都为“假死”状态；因此，只要有百分之一的希望，就要用万分努力，全力以赴，做好人工呼吸心肺复苏工作。只有在触电者出现死亡症状方可停止抢救；死亡症状的一般表现为：心脏呼吸停止、瞳孔放大、出现尸斑、尸僵、血管硬化。这五个症状中如果有一个未出现，也应当作假死来尽力抢救。急救必须坚持到底，直至医务人员判定触电者已经死亡，再无法抢救时，才能停止抢救。

三、触电急救的方法

1. 迅速脱离电源

如事故发生地离电源开关较近，首先切断电源开关；如事故发生地离电源开关较远，救护人员应持绝缘物体，脚踩绝缘物将触电者与带电体分离；有条件者可用绝缘钳等工具将输电线剪断。在电源未切断前，救护人员切勿用手接触触电者的身体，以免自己也触电。

1）脱离低压电源的方法

（1）拉开触电地点附近的电源开关。但应注意，普通的电灯开关只能断开一根导线，有时由于安装不符合标准，可能只断开零线，而不能断开电源，人身触及的导线仍然带电，不能认为已切断电源。

（2）如果距开关较远，或者断开电源有困难，可用带有绝缘柄的电工钳或有干燥木柄的斧头、铁锹等利器将电源线切断，此时应防止带电导线断落触及其他人体。

（3）当导线搭落在触电者身上或压在身下时，可用干燥的木棒、竹竿等挑开导线，或用干燥的绝缘绳索套拉导线或触电者，使其脱离电源。

（4）如触电者由于肌肉痉挛，手指紧握导线不放松或导线缠绕在身上时，可首先用干燥的木板塞进触电者身下，使其与地绝缘，然后再采取其他方法切断电源。

（5）如果触电者的衣服是干燥的，又没有紧缠在身上，不至于使救护人员直接触及触电者的身体，则救护人员可以用一只手抓住触电者的衣服，将其脱离电源。

（6）救护人员可用几层干燥的衣服将手裹住，或者站在干燥的木板、木桌椅或绝缘胶垫等绝缘物上，用一只手拉触电者的衣服，使其脱离电源。千万不要赤手直接去拉触电人，以防造成群伤触电事故。

2）脱离高压电源的方法

（1）立即通知有关部门停电。

（2）戴上绝缘手套，穿上绝缘鞋，使用相应电压等级的绝缘工具，拉开高压跌开式熔断器或高压断路器。

（3）抛掷裸金属软导线，使线路短路，迫使继电保护装置动作，切断电源，但应保证抛掷的导线不触及触电者和其他人。

3）注意事项

（1）应防止触电者脱离电源后可能出现的摔伤事故。当触电者站立时，要注意触电者倒下的方向，防止摔伤；当触电者位于高处时，应采取措施防止其脱离电源后坠落摔伤。

（2）未采取任何绝缘措施时，救护人员不得直接接触触电者的皮肤和潮湿的衣服。

（3）救护人员不得使用金属和其他潮湿的物品作为救护工具。

（4）在使触电者脱离电源的过程中，救护人员最好用一只手操作，以防救护人员触电。

（5）夜间发生触电事故时，应解决临时照明问题，以便在切断电源后进行救护，同时应防止出现其他事故。

2. 实施现场救治

触电者脱离电源后，应立即就近移至干燥通风的场所，再根据情况迅速进行现场救护，同时应通知医务人员到现场，并做好送往医院的准备工作。

1）触电者所受伤害不太严重

如果触电者神智清楚，只是感到心慌、四肢发麻、全身无力，虽曾一度昏迷，但未失去知觉，应使其就地平躺在通风保温的地方，严密观察，暂时不要站立和走动。如在观察过程中，发现呼吸或心跳很不规律甚至接近停止，应赶快进行人工呼吸；如有呼吸，但心脏跳动停止，应请医生前来或送医院诊治。

2）触电者的伤害情况很严重

触电者如无知觉、无呼吸，但心脏有跳动，应立即就地正确使用心肺复苏法（包括人工呼吸法和胸外按压心脏法）进行抢救。

触电者如有呼吸，但心脏跳动停止，则应立即采用胸外心脏挤压法进行救治。

触电者心脏和呼吸都已停止、瞳孔放大、失去知觉，这时须同时采取人工呼吸和人工胸外心脏挤压两种方法进行救治。

同时应立即与附近医疗部门联系，争取医务人员及早接替救治。做人工呼吸要有耐心，尽可能坚持抢救4h以上，直到把人救活，或者一直抢救到确诊死亡时为止；如需送医院抢救，在途中也不能中断急救措施。未经医生许可，不得放弃救治。

四、现场救治的方法

1. 通畅气道

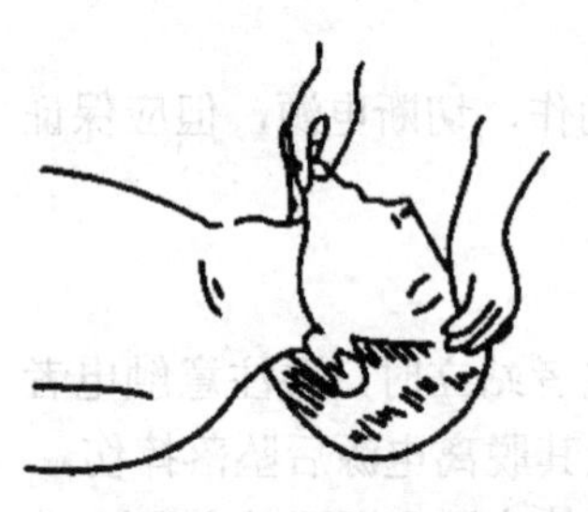

图6-9　气道通畅操作法

通畅气道可采用仰头抬颌法，如图6-9所示。其方法是用一只手放在触电者前额，另一只手的手指将其下颌向上抬起，两手协同将头部推向后仰，触电者舌根随之抬起，气道即可通畅。

2. 人工呼吸

现场常用的方法有仰卧牵臂法、俯卧压背法、口对口（鼻）呼吸法。

（1）仰卧牵臂法。将伤员的脸朝上仰卧，肩胛下垫柔软物品，使头后仰。清除口腔内的异物，拉出舌头并不让其缩回，保持气道通畅。救护人员在他的头前屈膝跪立，两只手分别握住伤员的手腕，使他的两臂弯曲压在前胸两侧，形成呼气，然后再将两手拉直伸向头部，形成吸气。反复进行，每分钟12～18次，如图6-10所示。该方法适用于老人及孕妇。

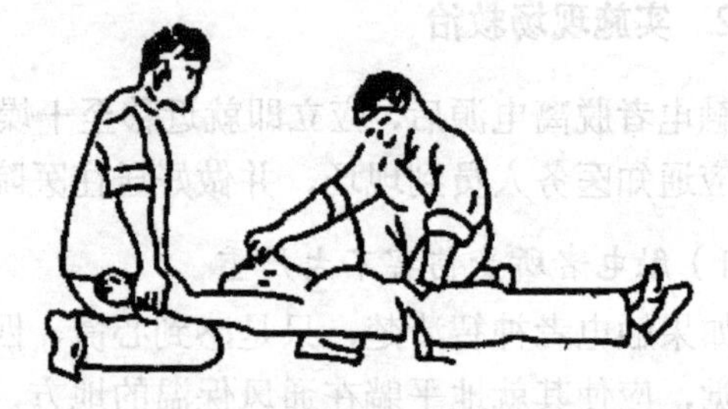

图6-10　仰卧牵臂呼吸操作法

（2）俯卧压背法。触电者背朝上俯卧，一只手臂弯曲枕在头下，脸侧向一边，另一只手顺着脸旁伸直。救护人员脸朝向触电者头部，两腿骑跨在触电者臀部的两侧，手指并拢向下，两手掌相距一拳之隔，分别压在触电者后背下部两侧，小手指放在最后一根肋骨的位置上。救护人员双臂伸直向前方倾斜，以全身重量通过手掌下压形成呼气；然后救护人员身体后仰，手掌放松（双手不能离开），形成吸气，反复进行，如图6-11所示。

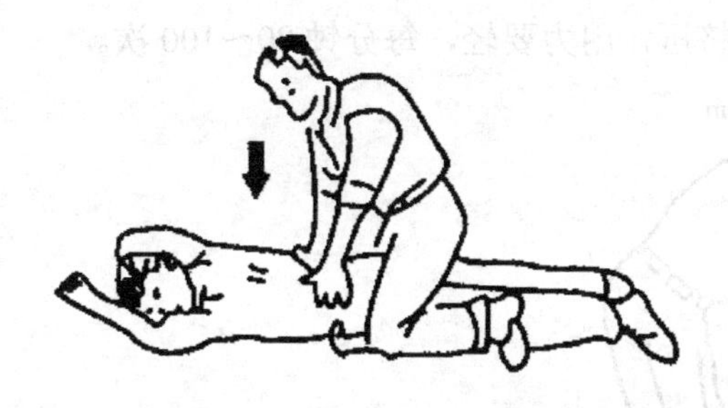

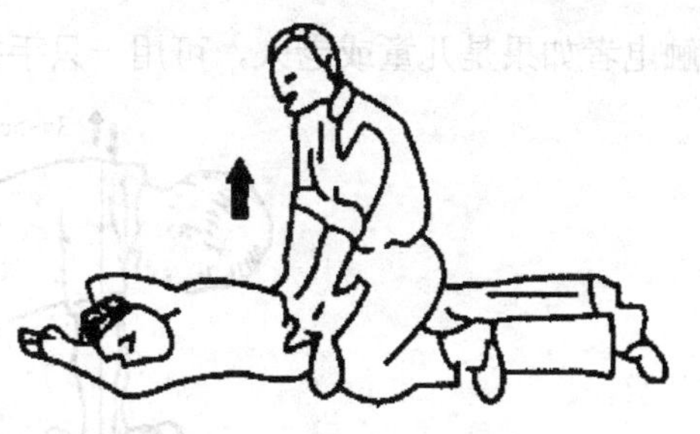

图 6-11 俯卧压背呼吸操作法

（3）口对口呼吸法。触电者脸朝上仰卧，头部后仰，颈部伸直。救护人员用一只手捏住其鼻翼，用另一只手的拇指和食指掰开伤员的嘴巴，先取出伤员嘴里的东西，然后救护人员深深呼吸后，紧贴着伤员的口吹气约 2s，使伤员胸部扩张，接着放松口鼻，使其胸部自然地缩回，呼气约 3s，并连续不断地反复进行。如果掰不开嘴巴，可以捏紧伤员的嘴巴，紧贴着鼻孔吹气和放松，如图 6-12 所示。

3. 胸外按压

进行胸部按压时，首先要找到正确的按压部位。将触电者仰卧在较硬的地方，救护人员用手把触电者的下巴托起，头部尽量后仰，颈部伸直露出胸部。然后右手的食指和中指沿触电者肋弓下沿向上找到肋骨和胸骨结合处的切迹，将中指放在切迹之上，食指在中指旁并放在胸骨下端，救护者左手掌根紧挨食指上沿放在胸骨上，如图 6-13 所示。

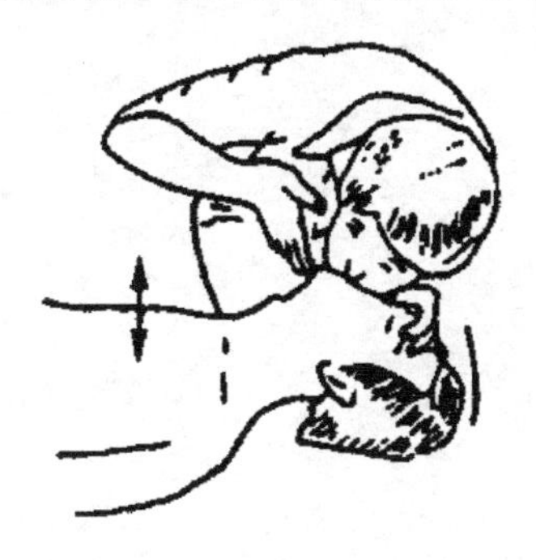

图 6-12 人工呼吸操作法

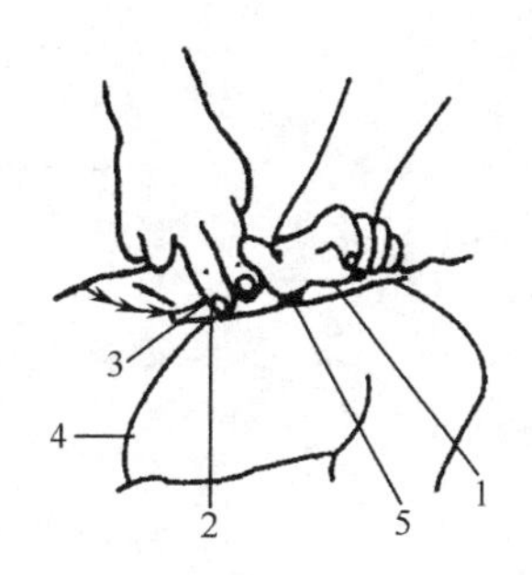

1—胸骨；2—切迹；3—剑突；4—肋骨下缘；5—正确按压部位

图 6-13 胸外按压正确位置图

进行胸外按压的正确方法是：救护者立或跪在触电者一侧肩旁，两手掌重叠，手指翘起离开胸部，只用手掌压在已确定的位置上。两臂伸直垂直向下用力挤压，一般压下深度为 3～5cm，每分钟挤压 60～80 次。挤压后手掌根突然抬起，让触电者胸部自动复原，血液充满心脏。放松时手掌根不能离开胸部。胸外按压姿势如图 6-14 所示。

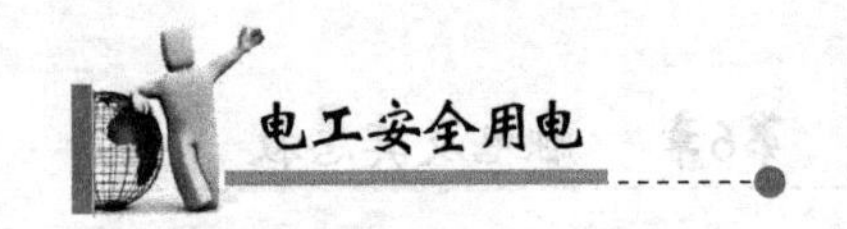

触电者如果是儿童或老人，可用一只手挤压，用力要轻，每分钟 80～100 次。

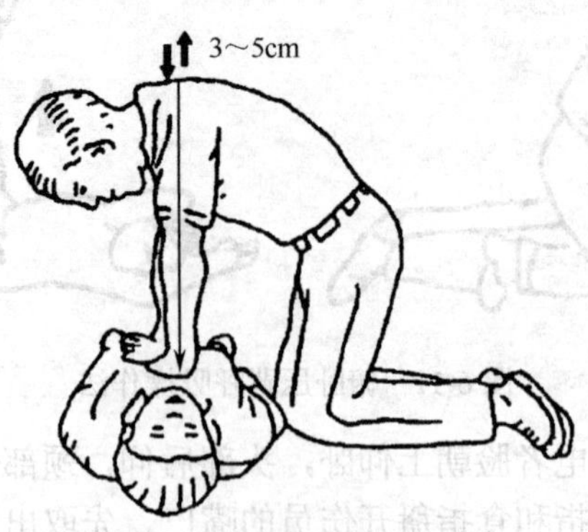

图 6-14　胸外按压姿势

在医务人员未来接替救治前，不应放弃现场抢救，更不能只根据没有呼吸或没有脉搏，就擅自判定触电者死亡而放弃抢救。只有医生有权做出触电者死亡的诊断。

第 7 章　雷电及其防护

雷电是雷云之间或雷云对地面发生放电的一种自然现象，雷云是产生雷电的基本条件。在雷雨季节里，地面上的水分受热变成水蒸气，并随热空气上升，在空气中与冷空气相遇，使上升气流中的水蒸气凝成水滴或冰晶，形成积云。云中的水滴受强烈气流的摩擦产生电荷，微小的水滴带负电，小水滴容易被气流带走形成带负电的云；较大的水滴留下来形成带正电的云。随着雷云中电荷的积累，电场强度增加，当电场强度达到一定的程度时，会使两块雷云之间或雷云与地之间的空气绝缘击穿而剧烈放电，与此同时出现耀眼的闪光。强大的放电电流所产生的高温，使周围的空气猛烈膨胀，发出震耳的雷声，这就是雷电现象。

第 1 节　雷电的种类

雷电一般可分为直击雷、感应雷和球雷三种。

一、直击雷

带电雷云和地面目标之间的强烈放电称为直击雷。带电积云接近地面时，在地面突出物顶部感应出异性电荷，当积云与地面突出物之间的电场强度达到 25～30kV/cm 时，即发生由带电积云向大地发展的跳跃式先导放电，持续时间为 5～10ms，平均速度为 100～1000km/s，每次跳跃前进约 50m，并停顿 30～50μs。当先导放电达到地面突出物时，即发生从地面突出物向积云发展的极明亮的主放电，其放电时间仅 50～100μs，放电速度为光速的 1/5～1/3，即 60 000～100 000km/s。主放电向上发展，至云端即告结束。主放电结束后继续有微弱的余光，持续时间为 30～150ms。

大约 50%的直击雷有重复放电的性质。平均每次雷击有三四个冲击，最多能出现几十个冲击。第一个冲击的先导放电是跳跃式先导放电，第二个以后的先导放电是箭形先导放电，其放电时间仅为 10ms。一次雷击的全部放电时间一般不超过 500ms。

二、感应雷

感应雷也称为雷电感应或感应过电压。它分为静电感应雷和电磁感应雷。

静电感应雷是由于带电积云接近地面后在架空线路导线或其他导电突出物顶部感应出大量电荷引起的。在带电积云与其他客体放电后，架空线路导线或导电突出物顶部的电荷失去束缚，以大电流、高电压冲击波的形式沿线路导线或导电突出物极快地传播。近 20 年来的研究表明，放电流柱也会产生强烈的静电感应。

雷电放电时，巨大的冲击雷电流在周围空间产生迅速变化的强磁场，从而引起电磁感应雷。这种迅速变化的磁场能在邻近的导体上感应出很高的电动势。如为开口环状导体，开口处可能由此引起火花放电；如为闭合导体环路，环路内将产生很大的冲击电流。

三、球雷

球雷是雷电放电时形成的发红光、橙光、白光或其他颜色光的火球。球雷出现的概率约为雷电放电次数的 2%，其直径多为 20cm 左右，运动速度约为 2m/s 或更高一些，存在时间为数秒钟到数分钟。球雷是一团处在特殊状态下的带电气体。有人认为，球雷是包有异物的水滴在极高的电场强度作用下形成的。在雷雨季节，球雷可能从门、窗和烟囱等通道侵入室内。

此外，直击雷和感应雷都能在架空线路或空中金属管道上产生沿线路或管道的两个方向迅速传播的雷电侵入波。雷电侵入波的传播速度在架空线路中约为 300m/μs，在电缆中约为 150m/μs。

第 2 节　雷电的危害

雷电对建筑物和设备放电时，虽然放电时间非常短暂，但由于雷电具有电流很大、电压很高和冲击性很强等特点，有多方面的破坏作用，且破坏力很大。就其破坏因素来看，雷电具有热性质、电性质和机械性质等三方面的破坏作用。

一、电性质的破坏作用

当雷云与地面产生放电时，雷电流可能通过设备泄入大地中，在此设备上产生的过电压称为“直接雷过电压”。若雷电流未直接通过设备，而是在两块雷云之间放电，或雷云对地面通过其他物体放电，此时由于电磁和静电感应作用，在设备上也会出现高电位，这称为“感应过电压”。

感应过电压持续时间长，雷电流电压数值较小，能量较低，对被击物的破坏性较小，但对电气设备的安全和人身安全会构成严重威胁。

电性质的破坏作用表现为数百万伏乃至更高的冲击电压，可能毁坏发电机、电力变压器、断路器和绝缘子等电气设备的绝缘，烧断电线或劈裂电杆，造成大规模停电；绝缘损坏可能引起短路，导致火灾或爆炸事故；二次放电的电火花也可能引起火灾或爆炸，二次放电也可能造成电击。绝缘损坏后，可能导致高压窜入低压，在大范围内带来触电的危险。数十至数百千安的雷电流流入地下，会在雷击点及其连接的金属部分产生极高的对地电压，可能直接导致接触电压电击和跨步电压的触电事故。

二、热性质的破坏作用

雷电与地面物体发生放电时，雷电流可达几十千安，甚至几百千安。如此大的电流，即使持续时间非常短暂，也会在极短的时间内转换出大量的热能，温度可达几万摄氏度，可能烧毁导体，并导致易燃物品的燃烧和金属熔化、飞溅，从而引起火灾或爆炸，还可能引起厂房着火、设备损坏等。

三、机械性质的破坏作用

机械性质的破坏作用表现为被击物遭到破坏，甚至爆裂成碎片。这是由于巨大的雷电流通过被击物时，在被击物缝隙中的气体剧烈膨胀，缝隙中的水分也急剧蒸发为大量气体，致使被击物破坏或爆炸。此外，同性电荷之间的静电斥力、同方向电流或电流转弯处的电磁作用力也有很强的破坏作用。

同时，高温还能引起周围空气剧烈膨胀，使水分及其他物质迅速分解为气体，产生极大的机械力，再加上静电排斥力的作用，将使地面结构严重劈裂。机械效应也会造成厂房和设备更严重的损坏。

第3节　雷电的防护

雷电的防护措施一般可分为“泄”和“抗”两种方式。“抗”的方式主要适用于需要防雷的电气设备本身，使之具有一定的绝缘水平，或采取其他补救措施，以提高其抵抗雷电破坏的能力；“泄”的方式则使用在各种防雷装置上，如避雷针、避雷线、避雷网、避雷带和避雷器等，都是把雷电引向自身泄掉，以削减其威力。

一、建筑物防雷

雷电破坏力的表现形式为雷击。易遭受雷击的建筑物有：①旷野孤立的或高于 20m 的建筑物和构筑物；②金属屋面、砖木结构的建筑物和构筑物；③建筑物群中高于25m的建筑物和构筑物；④河、湖边及山顶部的建筑物和构筑物；⑤地下水露出处、特别潮湿处、地下有导电矿藏处或土壤电阻率较小处的建筑物和构筑物；⑥山谷风口处的建筑物和构筑物。

建筑物应对直击雷、感应雷和雷电侵入波等采取适当的防护装置。一套完整的防雷装置包括接闪器、引下线和防雷接地装置等几个部分。

1. 接闪器

接闪器是利用其高出被保护物的突出地位把雷电引向自身，然后通过引下线和防雷接地装置把雷电流漏入大地，以免被保护物受雷击破坏。常用的接闪器有避雷针、避雷线、避雷网、避雷带和避雷器。

1）避雷针及其保护范围

避雷针是最常用的防雷装置之一。当雷云接近地面时，雷电放电朝地面电场强度最大的方向发展，因此，避雷针有引雷作用。在一定高度的避雷针下面，有一个安全区域，在这个区域中物体基本上不遭受雷击，这个安全区域称为避雷针的保护范围。

避雷针主要用来保护露天变电设备、烟囱、冷水塔、储存爆炸性或可燃性材料的仓库等建筑物以及高建筑物。

单支避雷针的保护范围，可看作是一折线圆锥体，如图7-1所示。从针的顶点向下作45°斜线，构成圆锥形的上半部。从距针脚1.5倍针高处向上作斜线，与前一斜线在针高1/2处相交，交点以下构成圆锥形的下半部。其地面上的保护半径r按下式确定；

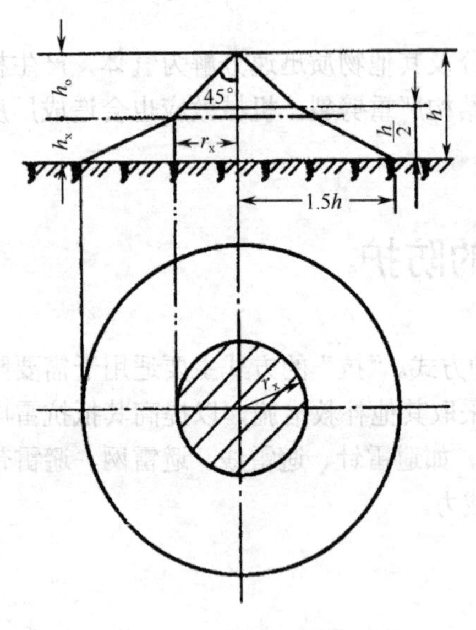

图7-1　单支避雷针的保护范围

$$r=1.5h$$

式中，h为避雷针的高度，单位为m。

在任意高度h_x，水平面上的保护半径r_x按下式确定：

当$h_x \geqslant \frac{h}{2}$时　　$r_x=(h-h_x)k$

当$h_x < \frac{h}{2}$时　　$r_x=(1.5h-2h_x)k$

式中，k为高度影响系数。

当$h \leqslant 30$m时，$k=1$；当$30\text{m}<h \leqslant 120$m时，$k=5.5/\sqrt{h}$。

双支等高避雷针的保护范围如图 7-2 所示。两针外侧保护范围按单支避雷针确定，两针之间的保护范围按两针顶点 A、B 及 O 的圆弧确定。O 点的高度 h_o 按下式确定：

$$h_o=h-\frac{D}{7k}$$

式中，D 为两针之间的距离，单位为 m。

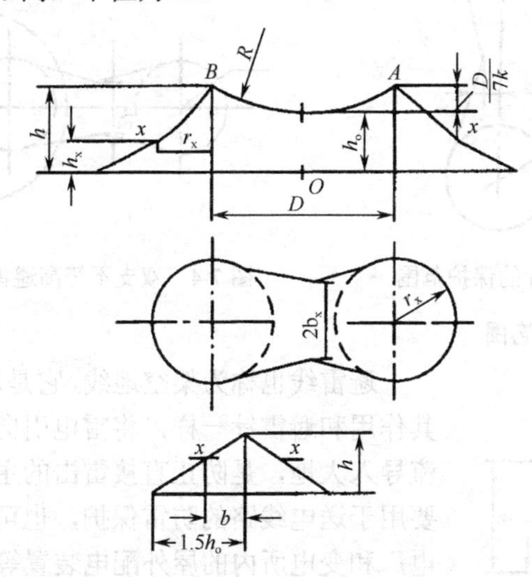

图 7-2 双支等高避雷针的保护范围

两针之间 h_x 水平面上最小宽度的一半 b_x 按下式确定：

$$b_x=1.5(h_o-h_x)$$

当两针距离增大至 $D=7hk$ 时，$h_o=0$ 两针不再构成联合保护范围。一般情况下，两针间距与针高之比 D/h 不宜大于 5。

三支等高避雷针在 h_x 水平面上的保护范围如图 7-3 所示。以三针为顶点的三角形外侧保护范围仍按单支和双支避雷针确定，其内侧保护范围也按双支避雷针确定。如果两针之间都能满足 $b_x\geqslant 0$ 的条件，则认为三角形的全部面积在联合保护范围之内。

四支及以上等高避雷针的保护范围，可以分成两组或几组三支等高避雷针，再按三支等高避雷针的保护范围确定。

双支不等高避雷针的保护范围如图 7-4 所示。外侧保护范围按单针确定。内侧高针附近 A 与 A'之间的保护范围也按单针确定，A'与 B 等高，是等效避雷针的顶点，A'与 B 之间的保护范围按双支等高避雷针确定。其最低点高度由下式确定：

$$h_o= h_B-(D'/7k)$$

式中，h_B 为较低针的高度（m）；D'为较低针与等效针的间距（m）。

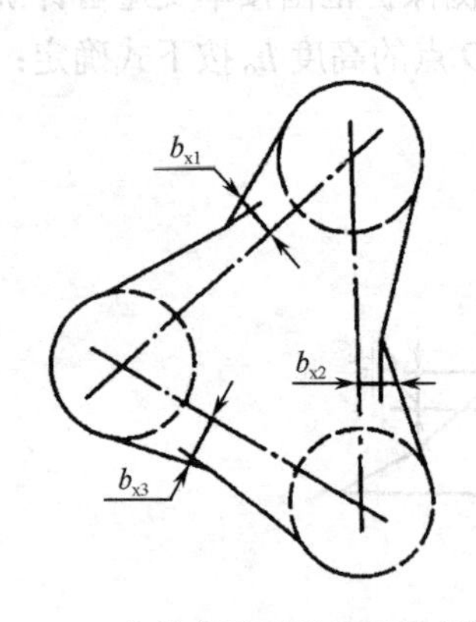

图 7-3　三支等高避雷针的保护范围

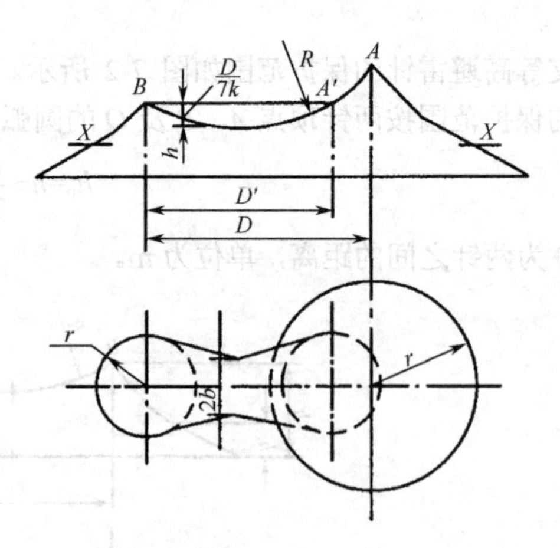

图 7-4　双支不等高避雷针的保护范围

2）避雷线及其保护范围

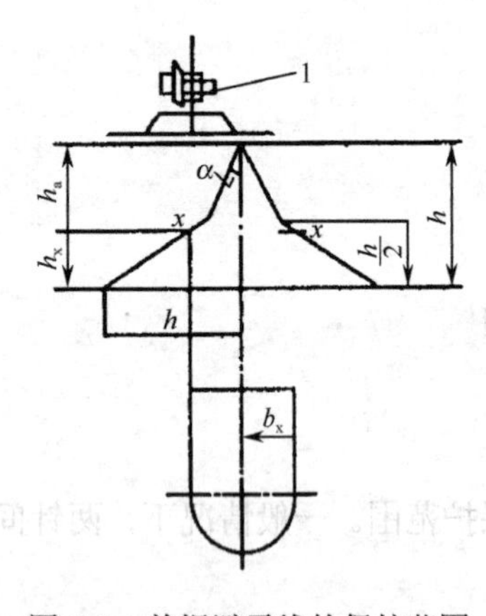

图 7-5　单根避雷线的保护范围

避雷线也称为架空地线，它是悬挂在高空的接地导线，其作用和避雷针一样，将雷电引向自己，并安全地把雷电流导入大地，是防止直接雷击的主要措施之一。避雷线主要用于送电线路的防雷保护，也可用于保护面积较大的发电厂和变电所内的屋外配电装置等。

单根避雷线的保护范围如图 7-5 所示。图中 h 是避雷线最大弧垂点的高度。α 为避雷线的保护角，保护角越小保护效果越好。当保护角在 20° 以下时，绕击率（绕过接闪器击中被保护物的概率）不超过 0.1%；当保护角超过 30° 时，绕击率显著增加。一般避雷线的保护角取 20° ～30°。

避雷线的保护范围按下式确定：

当 $h_x \geq \dfrac{h}{2}$ 时　　$r_x = a(h - h_x)k$

当 $h_x < \dfrac{h}{2}$ 时　　$r_x = (h - bh_x)k$

式中，a、b 是取不同保护角时的计算系数，如表 7-1 所示。

表 7-1　避雷线保护范围的计算系数

保　护　角	20°	25°	30°
a	0.36	0.47	0.58
b	1.64	1.53	1.42

避雷线端部的保护范围与两侧保护范围相同。

3）避雷器及其保护范围

避雷器用于防护雷电产生的大气过电压沿线路侵入电气设备，以免高电位危害被保护设备的绝缘。避雷器分阀型避雷器、管型避雷器、角型避雷器、金属氧化物避雷器及电涌保护器等。

（1）避雷器的结构。

① 阀型避雷器。阀型避雷器由装在瓷套管内的多个火花间隙和非线形阀电阻片构成，其结构如图 7-6 所示。使用时其上端接在线路上，下端接地。正常时火花间隙保持绝缘状态，不影响系统正常工作。当雷击的高压冲击波袭来时，火花间隙被击穿放电，雷电流通过阀电阻片流入大地，使系统上的高电压降到对设备没有危害的程度，保护了电气绝缘。过电压消失后，阀电阻片的电阻增高，火花间隙将工频电流切断，避雷器恢复到正常工作情况。

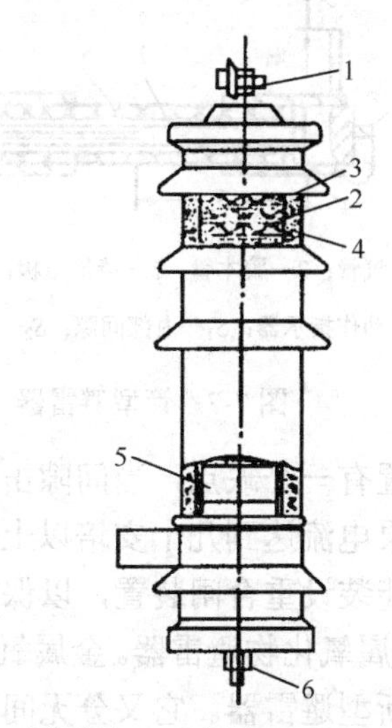

1—上接线端；2—火花间隙；3—云母垫片；4—瓷套管；5—阀电阻片；6—下接线端

图 7-6 阀型避雷器

常用的阀型避雷器有 FS 型、FZ 型、FCD 型和 FCZ 型。FS 型避雷器结构较为简单，价格低廉，保护性能较差，一般用来保护 10kV 及以下的配电装置。FZ 型避雷器用于保护 3～220kV 的交流电气设备。FCD 型避雷器具有较低的冲击放电电压和残压，保护性能很好，尤其对旋转电机的保护，是一种性能较为理想的避雷器。FCZ 型避雷器具有较好的电气特性，专门用于保护变电所的高压电气设备。

② 管型避雷器。管型避雷器由灭弧腔、内部间隙和外部间隙三部分组成，其结构如图 7-7 所示。在雷电波过电压的作用下，内部间隙和外部间隙相继击穿，雷电流通过接地装置流入大地。但是，过电压过去之后，随之而来的是工频短路电流，在灭弧腔内部间隙之间发生强烈的电弧，使灭弧腔内壁材料燃烧，产生大量气体从管口喷出。当电流过零值时，使电弧熄灭。这时外部间隙的空气恢复了绝缘，使避雷器与系统断开，恢复正常运行。

根据灭弧特点和用途的不同，管型避雷器可分为保护线路绝缘的一般线路型、保护配电变压器的一般配电型和无续流型三种。

③ 角型避雷器。角型避雷器是最简单的防雷装置，构造简单、成本低廉、维护方便，但保护性能差，也称角型间隙，如图 7-8 所示。正常情况下，间隙对地是绝缘的。当大气

过电压到来时，间隙被击穿，雷电流泄入大地，保护了系统中的设备。角间隙击穿时产生电弧，由于电动力和热的作用，电弧沿弧角上升至较大的羊角顶端，使电弧拉长而断裂，起到灭弧的作用。

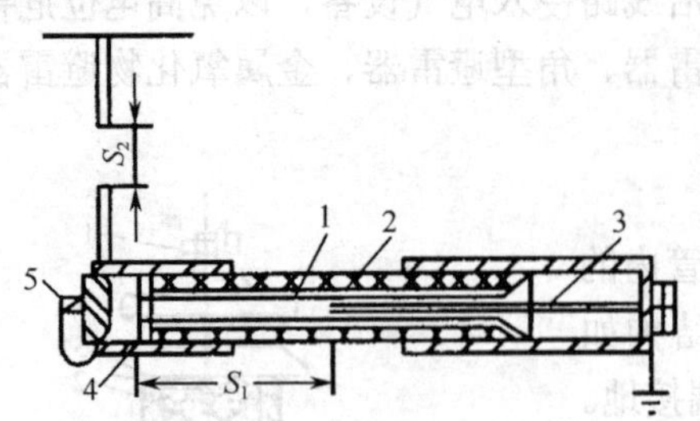

1—产气管；2—胶木管；3—棒形电极；4—环形电极；

5—动作指示器；S_1—内部间隙；S_2—外部间隙

图 7-7 管型避雷器

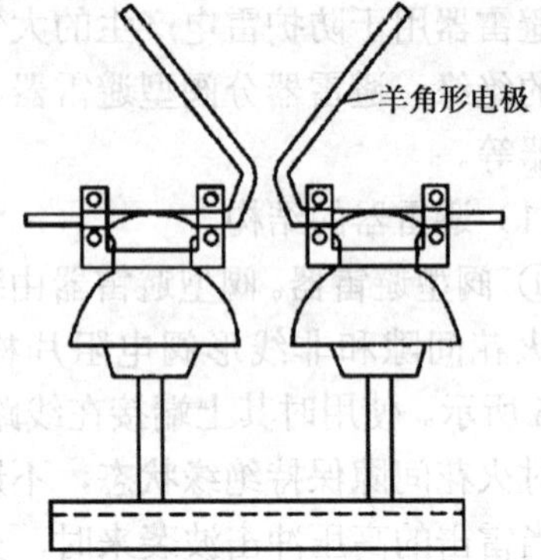

图 7-8 角型避雷器

该装置有一个缺点，当间隙击穿后工频电流也随之流入大地，在间隙的两电极间产生电弧。如果电流达到几十安培以上，电弧很难自行熄灭。因此，凡装有放电间隙的线路，必须尽可能装设重合闸装置，以保证不间断供电。

④ 金属氧化物避雷器。金属氧化物避雷器是以氧化锌等金属氧化物阀电阻片为主体组成的一种新型避雷器。它又分无间隙和有间隙两种。

- 无间隙金属氧化物避雷器。其结构与普通阀式避雷器相似，只是无火花间隙，且阀片材料不同。普通阀式避雷器采用碳化硅阀电阻片，而这种金属氧化物避雷器采用氧化锌等阀电阻片。氧化锌等金属氧化物阀电阻片具有比碳化硅阀片更理想的阀电阻特性。在工频电压下，它具有极大的电阻，能迅速有效地阻断工频续流，因此无须火花间隙来熄灭由工频续流引起的电弧；而在雷电过电压作用下，其电阻又变得很小，能很好地对地泄放雷电流。YSW 型无间隙金属氧化物避雷器的结构如图 7-9 所示。
- 有间隙金属氧化物避雷器。其结构与普通阀型避雷器完全类似，也具有火花间隙和阀电阻片，只是阀电阻片为氧化锌等阀片。由于氧化锌等阀片具有比碳化硅阀片更优异的阀电阻特性，因此这种有间隙的金属氧化物避雷器有取代普通碳化硅阀式避雷器的趋势。图 7-10 所示是 YSC 型有间隙金属氧化物避雷器的结构。

⑤ 电涌保护器。电涌保护器又称为“浪涌保护器”，是用于低压配电系统中电子信号设备上的一种雷电电磁脉冲（浪涌电压）保护设备。它的连接也与上述几种避雷器一样，与被保护设备并联，也接在被保护设备的电源侧。

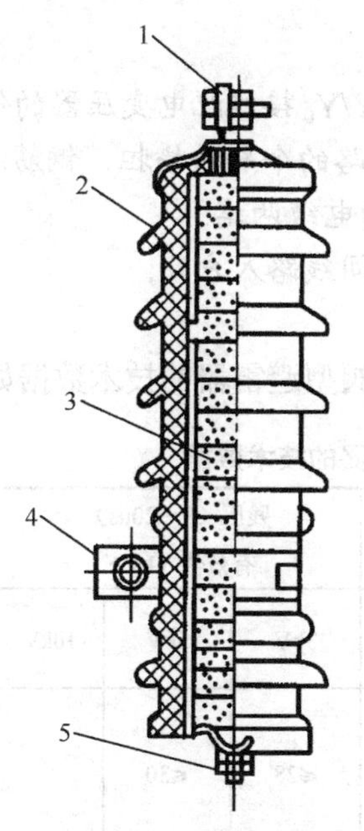

1—上接线端；2—瓷套管；3—氧化锌阀电阻片；

4—固定抱箍；5—下接线端

图 7-9 YSW 型无间隙金属氧化物避雷器

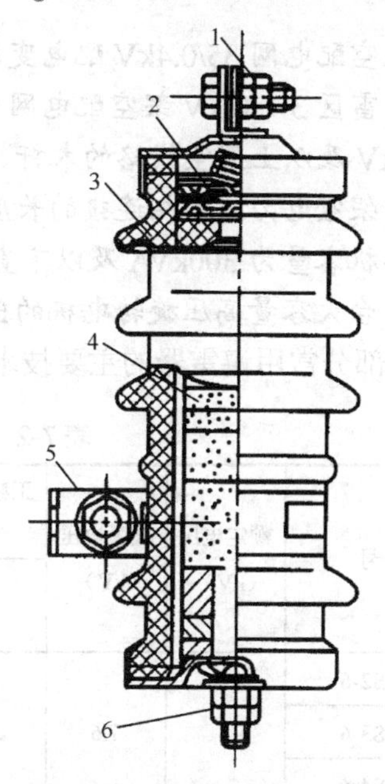

1—上接线端；2—火花间隙；3—瓷套管；

4—氧化锌阀电阻片；5—固定抱箍；6—下接线端

图 7-10 YSC 型有间隙金属氧化物避雷器

电涌保护器按工作原理分，有电压开关型、限压型和复合型。电压开关型电涌保护器是在没有浪涌电压时具有高阻抗，而一旦出现浪涌电压即变为低阻抗，其常用元件有放电间隙或晶闸管、气体放电管等。限压型电涌保护器是在没有浪涌电压时为高阻抗，而出现浪涌电压时，则随电压持续升高，其阻抗持续降低，以抑制加在被保护设备上的电压，其常用元件为压敏元件。复合型电涌保护器是开关型和限压型两类元件的组合，因而兼有两种电涌保护器的性能。

电涌保护器按其应用性质分，有电源线路电涌保护器和信号线路电涌保护器两种。这两种电涌保护器的原理、结构基本相同，只是信号线路电涌保护器的工作电压较电源线路的低，放电电流也小得多，结构也较简单，但信号线路电涌保护器对传输速率要求高，其响应时间（即动作时间）要求极短。

（2）避雷器的装设范围。按照过电压保护规程的规定，以下各处应装设避雷器：

- 变电所每组母线上；
- 变电所的 35kV 及以上的电缆进线段，在电缆与架空线路的连接处应装设避雷器；
- 变电所的 3 ~ 10kV 配电装置的每组母线和每路架空进线上；
- 3 ~ 10kV 架空配电网的变压器附近；
- 经常运行的 3 ~ 10kV 柱上断路器和负载开关的电源侧；

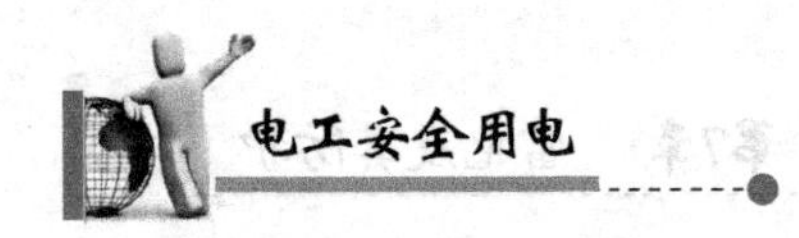

- 架空配电网 35/0.4kV 配电变压器高压侧；
- 多雷区 3～10kV 架空配电网中，Y/Y 和 Y/Y_0 接线配电变压器的低压侧；
- 3kV 及以上架空线路的木杆、木横担、线路的个别铁横担、钢筋混凝土杆和铁塔；
- 与架空电力线路相连接的长度超过 50m 的电缆两端；
- 单机容量为 300kVA 及以下直配电机的车间线路入户处；
- 每台大容量高压旋转电机的出线处等。

（3）部分常用避雷器的主要技术数据。普通阀型避雷器的技术数据如表 7-2 所示。

表 7-2　普通阀型避雷器的技术数据

型号		额定电压（kV）	灭弧电压（kV）	工频放电电压有效值（kV）		残压（8～20μs）有效值（kV）			电导电流	
				干	湿	3kV	5kV	10kV	直流试验电压（kV）	电流（mA）
FS系列	FS2-6	6	7.6	≥16	≤19	≤28	≤30		7	5
	FS3-6									10
	FS4-6									
	FS3-10	10	12.7	≥26	≤31	≤47	≤50		10	10
	FS4-10									
FZ系列	FZ-6	6	7.6	≥16	≤19		≤27	≤30	6	400～600
	FZ-10	10	12.7	≥26	≤31		≤45	≤50	10	
	FZ-20	20	25	≥49	≤60		≤80	≤88	15	
FCD系列	FCD-3	3.15	3.8	≥7.5	≤9.5	≤9.5	≤10		—	50～100
	FCD2-3								—	5～10
	FCD3-3								3	≤10
	FCD-6	6.3	7.6	≥15	≤18	≤19	≤20		—	50～100
	FCD2-6								—	5～20
	FCD3-6								6	≤10
	FCD-10	10.5	12.7	≥25	≤30	≤31	≤33		—	50～100
	FCD2-10								—	5～20
	FCD3-10								10	≤10

（4）避雷器的常见故障及其排除方法。

① 天气正常时发现避雷器瓷套有裂纹，应立即停止运行，更换合格的避雷器。雷雨时发现瓷套有裂纹，应维持其运行，等雷雨过后再进行处理，因避雷器瓷套裂纹而造成闪络，

但未引起系统永久性接地者，在可能条件下应将故障相避雷器停运。

② 避雷器内部有异常声响或瓷套有炸裂，而引起系统接地故障时，工作人员应避免靠近。可用断路器或采用人工接地转移的方法，断开故障避雷器。

③ 避雷器在运行中突然爆炸，当尚未造成系统永久性接地时，可在雷雨过后，拉开故障相的隔离开关，将避雷器停运，并及时更换合格的避雷器。若爆炸后已引起系统永久性接地，则禁止使用隔离开关来操作故障避雷器。

④ 避雷器瓷套有裂纹，退出运行且无备用避雷器时，可根据故障的严重程度处理。如果不致危及安全运行，为了防止受潮，可将拆下的避雷器在其裂纹处涂漆和环氧树脂后临时使用，随后再安排更换合格的避雷器。

⑤ 当避雷器发生动作记录器内部烧黑、烧毁、接地引下线连接点烧断、避雷器阀片电阻失效、火花间隙灭弧特性变化、工频续流增大等异常现象时，应及时对避雷器做电气试验或解体检查，否则应更换合格的避雷器。

2. 引下线

防雷装置的引下线是用来连接接闪器和接地装置的金属导线。引下线应满足机械强度、耐腐蚀和热稳定的要求。引下线一般采用圆钢或扁钢，其尺寸和防腐蚀要求与避雷网、避雷带相同。

装设在墙上或杆上时，圆钢直径不得小于 8mm；扁钢厚度不小于 4mm，截面积不得小于 48mm^2。装设在烟囱上时，圆钢直径不得小于 12mm^2；扁钢厚度不小于 4mm，截面积不得小于 100mm^2。若采用钢绞线做引下线，截面积不应小于 25mm^2。

引下线应取最短的途径，避免弯曲。建筑物和构筑物的金属结构可作为引下线，但连接必须可靠。

引下线地面以上 2m 至地面以下 0.2m 的一段应加保护管。采用金属保护管时，应与引下线可靠连接，以减小通过雷电流时的电抗。

若建筑物或构筑物屋顶设有多支互相连接的避雷针、避雷线、避雷网或避雷带，其引下线不得少于两根，其间距不得大于 18～30m。

3. 防雷接地装置

防雷接地装置是防雷装置的重要组成部分，其作用是向大地泄放雷电流，限制防雷装置的对地电压不超过规定值。

防雷接地装置与一般接地装置的要求大体相同，但所用材料的最小尺寸应稍大于一般接地装置。接地电阻值的要求视防雷种类、建筑物和构筑物的类别而定。防直击雷的接地电阻，对工业一、二类建筑物和构筑物不得大于 10Ω，对工业三类建筑物和构筑物不得大于 30Ω。防雷电感应的接地电阻不大于 10Ω；防雷电冲击波的接地电阻不大于 30Ω。阀型避雷器的接地电阻不大于 10Ω。

二、电气设备防雷

电气设备需要防护来自直击雷、雷电反击和侵入雷电波的危害。变电所的直击雷保护通常采用独立的避雷针或避雷线。此外，为了防止发生反击事故，还应使变电所内全部接地装置成为一个整体，构成环状接地网，不要出现开口，使接地装置都能够充分地发挥作用，降低跨步电压和接触电压，以保证人身安全。

中小型工厂 6～10kV 变电所通常比厂房要低，一般不另设直击雷保护。

在线路遭受雷击时，由于线路绝缘水平往往比变电所内设备要高，因此沿着线路侵入到变电所来的雷电行波的幅值往往是很高的，如无完善的保护措施，就有可能使变电所内的变压器和其他设备的绝缘损坏。如果是终端变电所，由于反射作用其电压还会升高，危险性更大，因此对于沿进线侵入的雷电行波的危害更应予以高度重视。

对线路侵入的雷电波的保护，通常按不同的电压等级和容量采取相应级别的保护接线。变电所的保护接线规定了保护系统的构成以及各保护元件与被保护设备间的关系。

三、人身防雷

发生雷暴时，由于带电积云直接对人体放电，雷电流入地产生对地电压可能对人造成致命的电击，因此应注意必要的人身防雷安全要求。

发生雷暴时，如非必须，应尽量减少在户外或野外逗留的时间；在户外或野外最好穿塑料等不透水的雨衣。如有条件，可进入有宽大金属构架或有防雷设施的建筑物、汽车或船只内；如在建筑屏蔽的街道或高大树木屏蔽的街道内躲避，要注意离开墙壁或树干 8m 以外。

发生雷暴时，应尽量离开小山、小丘和隆起的小道，离开海滨、湖滨、河边和池塘，避开铁丝网、金属晒衣绳以及旗杆、烟囱、宝塔、孤独的树木，还应尽量离开没有防雷保护的小建筑物或其他设施。

发生雷暴时，在户内应注意防止雷电侵入波的危险，应离开照明线、动力线、电话线、广播线、收音机和电视机电源线、收音机和电视机天线，以及与其相连的各种金属设备，以防止这些线路或设备对人体二次放电。调查资料表明，户内 70%以上对人体的二次放电事故发生在与线路或设备相距 1m 以内的场合，相距 1.5m 以上者尚未发生死亡事故。由此可见，雷暴时人体最好离开可能传来雷电侵入波的线路和设备 1.5m 以上。应当注意，仅仅拉开开关对于防止雷击是起不了多大作用的。

遇雷雨天气，还应注意关闭门窗，以防止球雷进入户内造成伤害。

第8章 静电及其防护

静电是相对静止的电荷，静电现象是一种常见的带电现象。静电技术作为一种先进技术，在工业生产中得到越来越广泛的应用，如静电喷漆、静电除尘等。但工业生产中的静电会造成多种危害，直接危及人身安全。

第1节 静电的产生

一、常见的静电起电现象

生产中，常见的起电现象如表8-1所示。

表8-1 常见的起电现象

类 型	起电原因	举 例
摩擦起电	物体相互摩擦时，发生接触位置的移动和电荷的分离，结果产生静电	橡胶或塑料碾制，纺织生产的拉丝、梳棉、织布、纺纱，造纸生产的烘卷、裁切等
剥离起电	相互密切结合的物体使其剥离时引起电荷分离，产生静电	穿、脱尼龙衣物，脱化纤衣服等。如脱掉正在穿着的尼龙袜时，产生的静电最高可达5kV
流动起电	利用管道输送液体，在液体和固体的接触面上形成双电层，随着液体的流动，双电层中的一部分电荷被带走，产生静电	石油化工油库等生产单位使用塑料管道，并用输送泵输送，或用压缩空气输送、真空抽吸，使塑料管带电
喷出起电	粉体类、液体类和气体类从截面很小的开口处喷出时，流体与喷口摩擦，且流体分子之间又互相摩擦，产生静电	液化气体从管口喷出，从气瓶放出压缩气体喷气等
冲撞起电	液体或粉体类的离子之间或离子与固体之间的冲撞，会形成极快的接触和分离，产生静电	液体注入容器发生冲击、冲刷或飞溅时
破裂起电	固体或粉体类物体破裂时，出现电荷的分离，破坏了正负电荷的平衡，产生静电	固体物质的粉碎、研磨过程，悬浮粉尘的高速运动等
感应起电	高压带电体的附近有电场存在，电场中导体内部的自由电子在电场力的作用下发生移动，其结果使导体内部的电荷重新分布，使导体带有电压	在电场中放入一个与大地绝缘的导体，根据静电感应原理，导体会带电，从而产生静电

影响人体静电的主要因素如下：

1）衣着电阻率对人体起电的影响

人的衣着材料一般属于介质（抗静电工作服除外）。高电阻率介质的放电时间常数大，起电量大，因而积累的饱和电荷也大，所以不同质料的衣着对人体的起电量有不同的影响。也就是说，衣着的表面电阻率越大，在起电速率一定时，就有较高的饱和起电电量。

2）起电速率和人体对地电阻对人体起电的影响

人体的对地电阻对人体的饱和带电量和带电电位是有影响的。在起电速率一定的条件下，对地电阻越大，对地放电时间常数就越大，饱和带电量越大，人体带电电位也越高。

另外，人的操作速度和活动速度越大，起电速率就越大，人体的起电电位就越高；反之，起电速率就越小，人体的起电电位就越低。

3）人体电容对人体起电的影响

人体电容是指人体的对地电容。它是随人体姿势、衣着厚薄和材质的不同而不同的可变量。人体电容一般为100～200pF，特殊场合下可达到300～600pF。不同场合人体电容的变化是很大的。人体带电后，如果放电很慢，这时人体电容的减小会引起人体电位升高而使静电能量增强。

二、静电带电序列

各种物质按照得失电子的难易程度排成一个序列，称为静电的序列。静电带电序列是实验结果，由于实验条件不同，结果不完全一致，典型的静电带电序列如表8-2所示。

表8-2 典型的静电带电序列

第 一 种	第 二 种	第 三 种	第 四 种
玻璃	乙基赛璐珞	石棉	粘胶纤维
头发	酪朊	玻璃	木棉
尼龙	帕司派克司	云母	丝绸
羊毛	塔夫塔尔	羊毛	醋酸盐
人造纤维	硬橡胶	毛皮	丙烯酸树脂
丝绸	醋酸赛璐珞	铅	聚乙烯醇
醋酸人造丝	玻璃	铬	达可纶
奥纶	金属	铁	奥纶
纸浆和滤纸	聚苯乙烯	铜	达奈尔
黑橡胶	聚乙烯	镍	聚乙烯
涤纶	聚四氟乙烯	银	聚四氟乙烯

续表

第 一 种	第 二 种	第 三 种	第 四 种
维尼纶	硝酸赛璐珞	金	
沙纶		铂	
聚酯纤维			
电石			
聚乙烯			
可耐可纶			
赛璐珞			
玻璃纸			
聚氯乙烯			
聚四氟乙烯			

同一静电带电序列中，排在前面的带正电，排在后面的带负电，其所在位置相距越远，接触时静电产生量越大。

静电带电序列对于研究起电和放电特征，选择适当的材料控制静电的危害，有着很重要的意义。

第 2 节　静电的特点及危害

一、静电的特点

1. 电量不大但电压很高

静电的电量一般在微库级或毫库级，电量很小，所以其能量也很小，一般不超过数焦耳。但在一定的条件下，会形成很高的静电电压。曾经有人对脱袜进行静电模拟实验，甲、乙、丙三个人在房间里坐在凳子上脱袜，测得数据如表 8-3 所示。

表 8-3　脱袜静电实验数据表

袜 子 种 类	被测者的静电电位（kV）		
	甲	乙	丙
正在穿的尼龙袜	2.5	5～2.5	—
洗过未穿的尼龙袜	—	2.5	—
洗过未穿的卡普纶袜	—	4～3	3～2.5

2. 放电形式多样

静电放电是静电消失的主要途径之一，静电放电有三种形式：

（1）电晕放电：也称尖端放电，发生在带电体尖端附近或曲率半径很小处，放电时使局部空气电离，伴有嘶嘶声和淡紫色光。在一定的条件下有可能发展成火花放电。

（2）火花放电：火花放电多发生在金属物体之间。放电时电极间的空气被击穿，形成很集中的放电通道，并伴有短促的爆裂声和闪光。

（3）刷形放电：是火花放电的一种，多发生在绝缘体上。放电时电极间的空气被击穿，形成许多分叉的放电通道，并伴有声光。

3. 绝缘体上的静电消散

绝缘体对电荷的束缚力很强，若不经放电，则静电荷消散很慢。静电消散有两个途径，一是与空气中的自由电子或离子中和，二是通过绝缘体本身向大地泄漏而消散。

4. 静电感应与静电屏蔽

导体在静电场作用下，表面不同部位感应出不同的电荷或导体上原有电荷经感应重新分布的现象，称为静电感应。

静电屏蔽是指任意空腔导体放入电场中，静电平衡时，空腔内电场强度为零。如果空腔导体内有带电体产生电场，而导体外表面接地，则外表面感应电荷因接地而中和，使电场只存在于导体空腔内，不能到达导体外部。

二、静电的危害

在现代工业中，静电带来的危害主要表现为：引起火灾或爆炸；引起电击；引起生产故障。

1. 静电引起火灾或爆炸事故

在有火灾或爆炸危险的场所，静电放电产生的火花有可能将可燃物引燃，造成火灾或爆炸事故。由静电引起火灾或爆炸必须具备：工艺过程中产生和积累足够的静电，局部电场强度超过电介质的击穿场强，产生静电火花；现场存在爆炸性混合物，其浓度在该混合物爆炸极限之内；静电火花放出的能量已超过爆炸性混合物的最小引爆电流。

静电的能量一般都很小，但其电压很高，如在橡胶、塑料、造纸和粉碎加工等行业，静电有时可达几万甚至几十万伏，容易发生火花放电。如果所在场所有易燃物质，易燃物质形成爆炸性混合物后即可能引起爆炸或火灾。

静电引起火灾及爆炸危害的主要形式有：

（1）引起易燃性气体爆炸或起火。纯净的气体不会产生静电，即使在喷出时，理论上也不会产生静电起电现象。但绝对纯净的气体是不存在的，当气体中混有某些固体颗粒、液滴或其他异物时，在高速冲撞、破碎或摩擦过程中就会带电。对于静电引起的火灾或爆炸，就行业性质而言，以炼油、化工、橡胶、造纸、印刷和粉末加工等行业的事故最多；就工艺种类而言，以输送、装卸、搅拌、喷射、开卷和卷绕、涂层、研磨等工艺过程的事故最多。

（2）引起可燃、易燃性液体火灾或爆炸。一些油料（如汽油和煤油等）在通过管道输送的过程中，能产生并存储大量静电电荷。当这些带电的产品储存在油槽车中，油面上充满蒸汽的空间会被电荷点燃引起火灾或爆炸。

此外，在可燃、易燃性液体的喷射、混合、搅拌、过滤、混炼和液状物体喷涂等加工工序中，都会出现静电带电现象，造成火灾或爆炸。

（3）引起某些粉尘火灾或爆炸。硫磺粉、铝粉和面粉等粉尘在快速流动或抖动、振动等运动状态下，粉尘与管道、器壁和传送带之间的摩擦、分离，以及粉尘自身颗粒的相互摩擦、碰撞、分离，固体颗粒断裂、破碎等过程产生的接触-分离极易产生静电电荷，其静电电压可高达几千甚至几万伏。一旦发生静电放电将引起剧烈的爆炸，造成灾难性的后果。

2. 静电引起电击

静电放电时产生的瞬间冲击电流通过人体内部，对人体心脏、神经等部位造成伤害。静电电击可发生在人体接近静电体时，或带静电的人体接近接地体时。电击程度与储存的静电能量有关，静电能量越大，电击越严重。静电引起的电击电流是由于静电放电造成的瞬间冲击性的电击，一般不会导致人员死亡。对人体的影响一般是痛感或手指麻木等，静电电击会引起人员恐慌情绪，影响正常的工作。此外，人体遭受意外电击还会引起高空坠落或跌倒，或触碰设备危险部位等，造成二次事故，还可能引起工作人员精神紧张，妨碍工作等严重后果。

3. 静电引起生产故障

在工业生产的某些过程中，静电会妨碍生产或降低产品质量。

在塑料和橡胶行业，由于制品与辊轴的摩擦，制品的挤压和拉伸，会产生较多静电。这样不仅存在火灾和爆炸危险，同时由于静电吸附大量灰尘，将影响产品质量。在印花或绘画时，静电力使油墨移动会大大降低产品质量；塑料薄膜也会因静电而缠卷不紧等。

在印刷行业，纸张与机器、油墨接触摩擦而带静电，导致纸张不齐，不能分开，粘在传动带上，油墨受力移动，使套印不准，影响印刷速度，降低印刷质量等。

纺织行业中，静电使纤维出现飘动、黏合、缠结、乱纱、断头等现象，妨碍正常生产。

在纺纱、整理和漂染等工艺过程中，因摩擦产生静电，由于静电力的吸附作用，可能吸附灰尘等，降低纺织品质量。

在造纸行业，在纸张烘焙干燥收卷工艺中，纸张与金属辊筒摩擦产生静电，造成收卷困难和吸污量增大等从而影响质量。

在粉体加工行业，筛分粉体时，由于静电力的作用吸附细微的粉末，使筛目变小或堵塞而降低生产效率；在粉体气力输送过程中，由于静电力的作用，在管道上和管子变径处会积存一些被输送的物料，造成输送不良，也会降低生产效率；在球磨时，钢球由于静电吸附一层粉末，不但会降低生产效率，而且钢球上吸附的粉末还可能会混入产品中，从而降低产品质量；在粉体计量时，由于计量器具的静电吸附粉体，还会造成测量误差；在粉体装袋时，由于静电斥力的作用，粉体四散飞扬，既损失粉体又污染环境。生产过程中产生的静电除带来火灾和爆炸危险外，还会降低生产效率，影响产品质量。

在感光胶片行业，由于胶片与辊轴的高速摩擦，胶片静电电压高达数千甚至上万伏。如在暗室中发生放电，即使是极微弱的放电，胶片也会因感光而报废。另外，因胶卷基片静电吸附灰尘或纤维会降低胶片质量。

在感光胶片行业，静电火花使胶片感光。

在电子工业中，静电放电可以改变半导体器件的电性能，使之降级或损坏。静电还可能引起电子元器件误动作等。半导体芯片广泛使用石英及高分子物质制作，由于它们具有高的绝缘性，生产过程容易积聚大量的电荷，导致芯片吸附浮游尘埃，造成产品发生极间短路，降低成品率。

在电子工业中，静电对电子器件的损害具有普遍性、随机性和不易察觉性的特点。日本曾统计，不合格的电子器件中有45%由静电放电危害造成。在电子工业领域，全球每年因静电造成的损失高达百亿美元。

静电放电不仅能造成计算机、自控、通信和监视等系统中的电子元件、集成电路损坏，还可能对无线电通信和电子设备产生干扰等，造成误动作乃至系统瘫痪。

第3节　静电的防护

静电的安全防护，主要应控制静电的产生和积累。物体所带静电电荷的消散有两个途径：一是泄漏，二是静电中和。

一、控制静电荷产生，防止危险静电源的形成

这种方法是从材料选择、工艺设计、设备结构等方面采取措施，控制静电的产生，使

之不超过危险程度。如对接触起电的物料，应尽量选用在带电序列中位置较邻近的，或对产生正负电荷的物料加以适当组合，最终达到起电最小的目的。

在生产工艺设计上，对有关物料应尽量做到接触面积和压力较小，接触次数较少，运动和分离速度较低。在搅拌过程中适当安排加料顺序，降低静电的危险性；用管道输送粉体、液体时，降低摩擦速度或流速，限制静电的产生等。

二、使静电荷安全消散，防止电荷积聚

（1）接地。静电接地是静电泄漏的方式之一，是最常用、最基本的防止静电危害的措施。在静电危险场所，所有带静电的物体必须接地。对金属物体应采用金属导体与大地做导通性连接，对金属以外的导体及亚导体进行间接接地。

静电带电体与大地间的总泄漏电阻小于 $1\times10^{-6}\Omega$。每组专设的静电接地体的接地电阻值应小于100Ω，在山区等土壤电阻率较高的地区，其接地电阻值应不大于1000Ω。

- 凡用来加工、存储、运输各种易燃液体、易燃气体和粉体的设备都必须接地。
- 工厂及车间的氧气、乙炔等管道必须连接成一个整体并接地。其他所有能产生静电的管道和设备，如空气压缩机、空气管道等，都必须连成整体并接地。
- 注油漏斗、浮动罐顶、工作站台、磅秤、金属检尺等辅助设备均应接地。油桶装油时，应与注油设备跨接起来并接地。
- 油槽车应带金属链条，链条一端和油槽车底盘相连，另一端与大地接触。油槽车装油前，应同储油设备跨接并接地，装油后应先拆除油管，再拆除跨接线和接地线。
- 在可能产生和积累静电的固体和粉体作业中，压延机、上光机、各种辊轴、磨、筛、混合器等工艺设备均应接地。

接地是使静电荷安全消散的有效方法，但它并不能防止和抑制静电的产生，而且采用接地方法不能防止绝缘体带电。

（2）增湿。环境的相对湿度对静电起电率和静电泄漏有很大的影响。当相对湿度增加到50%时，物体的静电带电量明显减少。当相对湿度提高到70%以上时，几乎所有物体的表面电阻率都大大减小，以至由非导体向亚导体或导体的表面特性过渡，加快了静电荷的泄漏速率。为此规定，环境的相对湿度宜增加至50%以上。增湿的方法是，可设置加热型或超声波型增湿器；用略高于大气压的压力喷出水蒸气或在地面上洒水等。

应当指出，增湿主要是增强静电沿绝缘体表面的泄漏，而不是增加通过空气的泄漏。以加湿的方法消除静电，对以下情况无效：表面不易被水润湿的绝缘体，如涤纶和聚四氟乙烯等；表面水分蒸发极快的非导体；绝缘的带电介质，如悬浮的粉体；高温环境里的绝缘体。

（3）静电中和器。静电中和器是防止非导体带电的有效设备。在带电物体的附近安装

静电中和器，其产生的离子对中，与带电物体极性相反的离子就会向带电物体移动，并与带电物体的电荷中和，避免静电积累。

根据工作原理和结构的不同，静电中和器可分为感应式静电中和器、高压静电中和器、放射线静电中和器和离子流静电中和器。各种静电中和器中，直流高压静电中和器的消电效能最好，感应式和工频高压式的消电效能次之，高频高压式的效能较差，放射线式最差。

（4）导电性地面。导电性地面实质上是一种接地措施，它不但能泄漏设备上的静电，而且有利于泄出人体上的静电。导电性地面用电阻率 106Ω•m 以下的材料制成，如导电橡胶、导电瓷砖、导电合成树脂等。

（5）导电覆盖层。为防止绝缘体表面带电，可在绝缘体表面加以导电性覆盖层并接地，泄漏静电电荷，避免形成危险的电荷密度。导电覆盖层是一层经过专门喷刷工艺完成的极薄的薄层，厚度为 0.1～0.2mm。根据需要，导电覆盖层可以完全覆盖，也可以不完全覆盖。

（6）抗静电剂。抗静电剂也称抗静电添加剂。添加剂能使产生静电的绝缘材料增加吸湿性和离子性，将材料的电阻率降到 106～107Ω•m 以下，加速静电电荷的泄放，消除静电危险。但应注意，要防止某些添加剂的毒性和腐蚀性造成的危害。

（7）消除人体静电。对于静电来说，人体相当于导体。要消除人体的静电，必须使人体与大地之间不出现绝缘现象。如将工作地面做成导电性地面，同时操作人员穿导电性鞋，或利用接地用具使人体接地；操作人员应穿掺有导电纤维或用防静电剂处理的防静电工作服等。

第 9 章　电磁辐射及其防护

第 1 节　电磁辐射的产生

电磁辐射危害即射频危害，是由电磁波形式的能量（电磁场的能量）造成的危害，可能来自生产、生活领域的内部和外部的电磁辐射源。微波炉、电视机放大电路异常振荡，各种交流整流子电动机的滑动接触，以及日光灯、霓虹灯、高压水银灯电极附近的振荡等可能构成来自内部的电磁辐射源；各类无线电发射台发射的电磁波、汽车点火系统发射的高频电磁波、高压线路电晕放电及沿面放电产生的高频电磁波等是来自外部的电磁辐射源。

射频指发射频率，泛指 100kHz 以上的频率。电磁波的频率与波长保持以下关系；

$$\lambda=\frac{3\times10^4}{f} \tag{9–1}$$

式中，λ 为电磁波波长，单位为 km；f 为电磁波频率，单位为 Hz。电磁波的传播速度为 30×10^4km/s。频率与波长的对应关系如表 9-1 所示。

表 9-1　电磁波的频段和波段

频　段	频率（MHz）	波长（m）	波　段
高频	0.1 以下	3000 以上	长波
	0.1～1.5	200～3000	中波
	1.5～6	50～200	中短波
超高频	6～30	10～50	短波
	20～300	1～10	超短波
特高频（微波）	300～3000	0.1～1	分米波
	3000～30 000	0.01～0.1	厘米波
	30 000 以上	0.01 以下	毫米波

电磁辐射的危害还表现为在高大金属设施上产生感应过电压，由于感应电压较高，可能给人以明显的电击，还可能与邻近导体之间发生火花放电。高频电磁波还可能干扰无线电通信和电子设备装置的正常工作，微波炉的频率为 915～2450MHz，属于对人体伤害较大的频率段。其防护外罩及密封件应保持完好，防止微波泄漏。

电视机等带有高频单元的家用电器正常状态下的电磁辐射是极为有限的，但在发生故障或损坏的情况下，仍有过量辐射的可能。

第2节　电磁辐射的危害

电磁辐射既能造成对人体的伤害，也能造成高频感应放电和电磁干扰。

一、电磁辐射对人体的伤害

人体吸收辐射能量过多，中枢神经系统、心血管系统等部位将受到不同程度的伤害。

1. 伤害的症状和机理

电磁辐射对人体伤害是由电磁波的能量造成的。

在一定强度的高频电磁波照射下，人体所受到的伤害主要是中枢神经系统功能失调，表现有神经衰弱症状，如头痛、头晕、记忆力减退、睡眠不好、乏力等症状。还表现为植物神经功能失调，如多汗、心悸、食欲不振等症状。此外，还发现心血管系统有某些异常的情况。

在超短波和微波电磁场的照射下，除神经衰弱症状加重外，植物神经功能严重失调，主要表现为心血管系统症状比较明显，如心动过缓或心动过速、血压增高或血压降低、心悸、心区疼痛、心区有压迫感等。这时，心电图、脑电图、脑血流图也有某些异常反应。微波电磁场可能损伤眼睛，导致白内障。

电磁波对人体的伤害包含致热因素和非致热因素。极性分子和离子振动以及涡流都会在人体内产生热量，破坏热平衡导致伤害，高频辐射还能破坏脑细胞的正常工作，使条件反射受到抑制，导致神经系统机能紊乱。

电磁波对人体的伤害具有滞后性和积累性的特点，并可能通过遗传因子影响到后代。

2. 伤害的特点

电磁辐射对人体的伤害主要具有以下特点：

- 电磁场强度越高，频率越高，对人体的伤害越严重。
- 在参数相同的情况下，脉冲波比连续波对人体的伤害严重。
- 电磁波连续照射时间越长，累计照射时间越长，对人体的伤害越严重。
- 环境温度、湿度越高或散热条件越差，对人体的伤害越严重。
- 距辐射源越近，对人体的伤害程度越大。
- 人体被照射面积越大，伤害越严重；人体血管分布较少的部位传热能力较差，较容

易受到伤害。

● 电磁辐射对女性的伤害较男性严重，对儿童的伤害较成人严重。

二、电磁辐射的安全限值

我国标准对接触电磁辐射的作业者和一般公众做了不同的规定。对于前者，在每天8h工作时间内，任意连续6min照射全身平均比吸收功率小于0.1W/kg；对于后者，在一天24h内，任意连续6min照射全身平均比吸收功率小于0.02W/kg。

第3节 电磁辐射的防护

对于电磁辐射可采用电磁屏蔽、吸收和抑制、接地、合理布局等方式进行防护。

一、电磁屏蔽

（1）屏蔽方式。分主动屏蔽和被动屏蔽。主动屏蔽是将辐射源置于屏蔽体之内，使电磁波不向外泄漏。这种屏蔽必须接地。被动屏蔽是指屏蔽室、个人防护等屏蔽方式。

（2）屏蔽材料。屏蔽体可用板状或网状钢材、铝材或钢材制成。板材厚1mm即可满足要求。网材网眼越小、网丝越粗则屏蔽效果越好。必要时可采用双层屏蔽。

（3）孔洞和缝隙。孔洞和缝隙将降低屏蔽效率。孔洞直径不宜超过电磁波波长的1/5；缝隙宽度不宜超过电磁波波长的1/10。

二、电磁吸收和电磁泄漏抑制

（1）电磁吸收。采用石墨粉、炭粉、铁粉、合成树脂粉等材料可实现吸收屏蔽。吸收屏蔽可与普通屏蔽配合使用。吸收屏蔽是利用吸收材料在电磁波作用下达到匹配或发生谐振的原理来工作的。

（2）电磁泄漏抑制。利用电磁波能在波导管内自由传播的特点，人为改变电磁波可能传播的金属管的几何尺寸和几何形状，以抑制电磁波的泄漏。

三、高频接地

高频接地包括高频设备外壳的按地和屏蔽的接地。

高频接地线不宜过长。接地线长度最好能限制在电磁波波长的1/4之内；如无法达到这一要求，也应避免波长 1/4 的奇数倍。这样选择接地线的长度可避免沿接地线产生驻波而增强二次辐射。

屏蔽接地可明显提高屏蔽效果，屏蔽接地只有一点与接地体连接，以避免产生不平衡电流。

高频接地体宜采用铜材制成，为减小接地线自感和其内部涡流损失，高频接地线应采用多股铜线或多层铜片，宜于直立埋设。

四、高频设备合理布局

作业场所高频设备合理布局可减轻电磁波的干涉、反射和二次反射，以降低工作人员所在地的电磁场强度。

第 4 节　电磁干扰的抑制

电磁干扰是指电磁辐射对各种无线电设备的干扰。就电磁干扰而言，人为电磁干扰可以分为三类：第一类是高频热合机、高频淬火设备等高频装置的辐射干扰；第二类是汽车点火系统等各种辐射源的杂波干扰；第三类是建筑物对电磁波的屏蔽和反射产生的干扰。第一类干扰是由生产设备造成的，而且防护措施已经在上一节介绍，这里不再赘述。

电磁干扰的途径有以下三种：一是电磁波在空间传播被电视机等装置的天线接收后进入机内造成干扰；二是输电线受到空间电磁波的感应而成为辐射源，再由接收机接收造成干扰；三是高频电流经电源线进入机内造成干扰。

一、杂波干扰及抑制

各种电气接点放电、电路转换、电晕放电等都会产生电磁辐射杂波。汽车火花塞点火和点火线圈切换都产生辐射杂波，火花塞点火的辐射杂波更为强烈。火花塞点火辐射杂波波形如图 9-1 所示。

含有频率为数十至数百兆赫的杂波，其重复频率为 15～200Hz，数十米之内仍有有害的杂波辐射。该杂波辐射可在电视机荧光屏上产生闪烁的点状和线状影像，严重时还会导致同步紊乱。为抑制汽车点火干扰，在不影响点火能量的前提下，可在点火电路中接一只 5～30kΩ的高值电阻或采用具有高值电阻的高压电缆，以削平杂波的尖峰；或者对点火系统采取金属屏蔽措施。对于道路边上的建筑物，可将电视天线安装在背离道路的一侧，利用建筑物屏蔽汽车点火的辐射杂波。

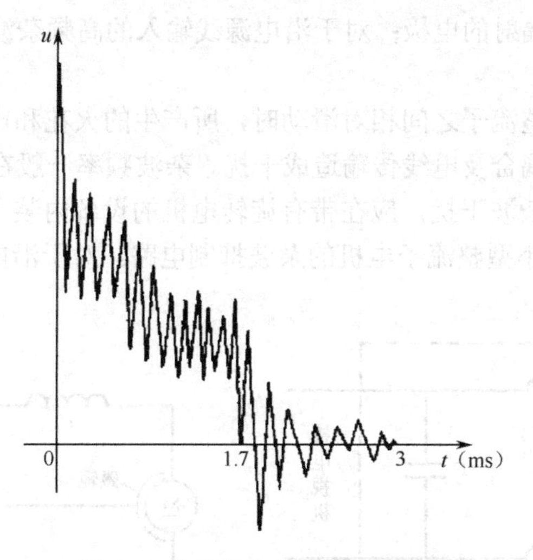

图 9-1　火花塞点火辐射杂波波形

高压线路沿绝缘子及其他电器绝缘表面发生的放电和导体尖端附近电晕放电产生的辐射杂波，电气连接不良产生的辐射杂波也将成为干扰源。这类杂波的频率为数百千赫至数十兆赫。此外，输电线的再辐射，以及输电线对电磁波的反射和屏蔽也将成为干扰源。为抑制来自高压线路的干扰，应加强线路的维护检修，保持各绝缘件的完好性，保持各连接点（包括绝缘子串里非导电性连接点）的良好性；另一方面，用户宜采用共用天线或在天线的某些方向装设屏蔽，或选择适当的安装位置，利用建筑物进行屏蔽。

对于沿电源线输入的杂波干扰，可以加装如图 9-2 所示的抗干扰滤波器。

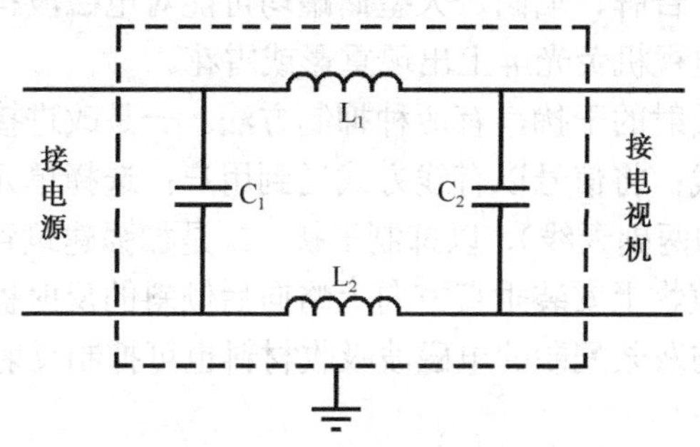

图 9-2　抗干扰滤波器

电气机车和电车的导电块与馈电线滑触过程中，所产生辐射杂波的频率为数十千赫至数十兆赫。为抑制由此引起的干扰，应改善滑动接触状态；必要时，采用能抑制高频火花的导电块（铁氧体材料）或在馈电线上安装滤波器或隔离段。

荧光灯、霓虹灯、高压水银灯的杂波频带很宽，频率为数十千赫至数百兆赫。抑制干扰的办法是研制低杂波辐射的电极；对于沿电源线输入的高频杂波，则可采用如图 9-3 所示的滤波器进行抑制。

旋转电机的电刷与整流子之间相对滑动时，所产生的火花和电路的转换都将产生高频杂波，并经辐射、电容耦合及电线传输造成干扰。杂波频率一般在数十千赫至 200MHz 之间。为抑制旋转电机的杂波干扰，应在带有旋转电机的设备内装上杂波抑制电路。作为例子，图 9-4 给出了用于小型整流子电机的杂波抑制电路。对于沿电源线输入的高频杂波也可采用滤波器进行抑制。

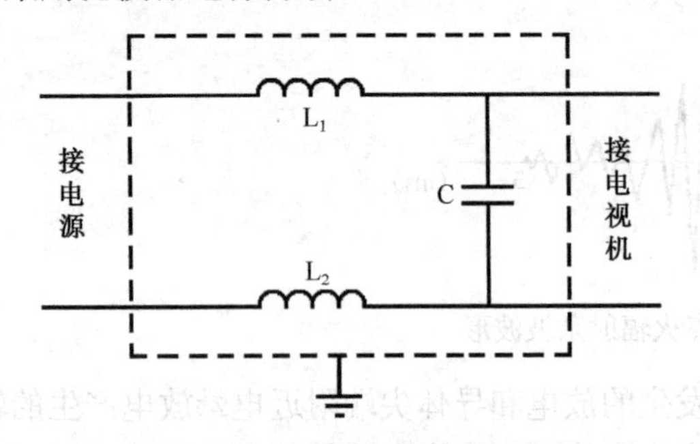

图 9-3　抗荧光灯干扰滤波器

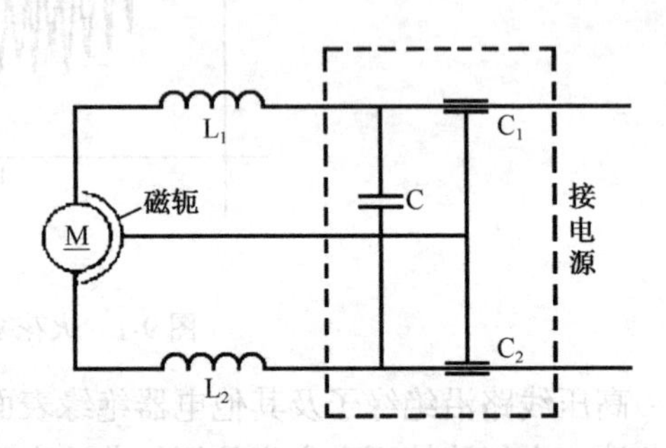

图 9-4　整流子电机的杂波抑制电路

此外，还应注重维修，保持电机在完好状态。

二、建筑物屏蔽和反射干扰的抑制

高大建筑物、大型广告牌、烟囱、大型储罐均可能对电磁波构成屏蔽的反射，并产生干扰。这种干扰表现为电视机荧光屏上出现重影或雪花。

对于建筑物屏蔽和反射的干扰，有两种抑制方法。一是改进接收天线。例如，在条件较好的位置架设共用天线；将信号以有线方式送到用户；选择单元天线的位置、方向和高度（包括利用结构相同的两副天线），以抑制干扰。二是加强建筑管理并在建筑物上采取适当的措施。例如，在建筑物上安装垂直方向上略向后倾斜的反射板可抑制反射干扰，在建筑物外墙上涂以铁氧体与灰浆配制的电磁波吸收材料也可抑制反射干扰。

第 10 章 电气火灾和爆炸事故及其预防

电气火灾和爆炸事故是由于电气故障引起的火灾和爆炸事故，可能造成人身伤亡和设备损坏事故，还可能造成大规模或长时间停电。配电线路、高低压开关电器、熔断器、插座、照明器具、电动机和电热器具等电气设备均可能引起火灾和爆炸事故。

第 1 节 电气火灾和爆炸事故的原因

一、火灾的原因

火灾和爆炸事故都与燃烧有直接联系。燃烧一般应具有三个要素：火源（如明火、电火花、灼热的物体等）、易燃物（包括气态、液态和固态的各种可燃物质）、助燃剂（如氧化剂、空气、氧气等）。

1. 高温引起的着火

电气设备在正常运行的条件下，温升不得超过其允许的范围。但当电气设备发生故障时，发热量就会增加，温度超过额定的温升，达到危险温度，导致各种危险事故的发生。

电气设备运行时总是要发热的。首先，电流通过导体时消耗一定的电能，其大小为

$$W = I^2Rt \tag{10-1}$$

式中 W——导体上消耗的电能（W）；

I——流过导体的电流（A）；

R——导体的电阻（Ω）；

t——通电时间（s）。

该电能使导体发热，温度升高。另外，对于变压器、电动机等利用电磁感应进行工作的电气设备，交变电流产生的磁场在铁芯中产生磁滞损耗和涡流损耗，使铁芯发热，温度升高。铁芯磁通密度越高、电流频率越高、铁芯钢片厚度越大，这部分热量越大。

此外，有机械运动的电气设备由于摩擦会引起发热，电气设备的漏磁、谐波也会引起发热使温度升高。

正确设计、施工、运行的电气设备，运行时，发热与散热平衡，其温度和温升都不会

超过允许范围，如表 10-1 所示。当电气设备非正常运行时，发热量增加，温度升高，甚至引发火灾、爆炸。

表 10-1 电气设备允许的最高温度

类　别		正常运行允许的最高温度（℃）
电力电容器外壳		65
橡胶绝缘线		65
导线与塑料绝缘线		70
变压器上层油温		85
电机定子绕组对应采用的绝缘等级及定子铁芯	A 级	100
	B 级	110
	E 级	115

引起电气设备发热、形成危险温度的主要原因有：

（1）短路。也称碰线、混线或连电，是指电气线路中的火线与零线，或火线与地线在某一点碰在一起，引起电流突然大量增加的现象。发生短路故障时，线路中的电流增加为正常值的数倍甚至数十倍，因产生的热量与电流的平方成正比，使温度急剧上升，大大超过允许范围。温度达到可燃物的燃点时，即引起燃烧，导致火灾。

当电气设备的绝缘老化变质失去绝缘能力时，可导致短路。设备安装不当或工作疏忽，可能使电气设备的绝缘受到机械损伤而短路。绝缘导线直接缠绕、钩挂在铁钉或铁丝上时，由于磨损和铁锈腐蚀，很容易使绝缘破坏而短路。由于选用设备的额定电压太低或雷击等过电压的作用，电气设备的绝缘可能遭到击穿而短路。粉尘、纤维和动物进入电气设备内部，也可能导致短路。在安装和检修中，由于接线和操作错误，也可能引起短路。

（2）过载。过载是指当导线中通过的电流量超过安全载流量时，导线的温度不断升高的现象。形成过载的原因是：设计和选用线路、设备不合理，会导致在额定负荷下出现过热；使用不合理，使线路或设备的负荷超过额定值，造成过热；设备故障运行，会导致线路和设备过载而出现过热。管理不严，乱拉乱接，容易造成线路或设备过载运行。

当导线过载时，其绝缘层就会逐渐老化变质。当严重过载时，导线的温度会不断升高，甚至会引起导线的绝缘发生燃烧，并能引燃可燃物而造成火灾。

（3）漏电。漏电是指电力线路的某个地方由于绝缘能力下降，而导致的电线与电线之间、导线与大地之间有一部分电流通过的现象。漏电电流一般不大，不能促使线路熔丝动作。如漏电电流沿线路比较均匀地分布，则发热量分散，火灾危险性不大；但当漏电电流集中在某一点时，如漏电电流流经金属螺钉，会使其发热而引起木制构件起火，从而造成火灾。

（4）接触不良。接触不良是指接头连接不牢靠或其他原因导致接触部位局部电阻过大的现象。接触部位是电路的薄弱环节，也是发生过热的重要部位。不可拆卸的接头连接不牢、焊接不良或接头处混有杂物；可拆卸的接头连接不紧密或由于震动而松动；活动触点没有足够的压力或接触面粗糙不平等，都会增大接触电阻，导致触点过热。对于铜、铝接头，由于铜和铝的理化性能不同，接触状态逐渐恶化，也会导致接头过热。如果接头处局部电阻过大，那么当电流通过接头时就会在此处产生大量的热量，引起导线的绝缘层发生燃烧，再引起附近可燃物的燃烧，从而造成火灾。

（5）质量缺陷。电路中存在不具有安全保障的假冒伪劣产品，由于这些电气产品（特别是电热产品）缺乏有效的控温装置、定时关闭机构和阻燃措施，因此使用过程中存在极大的火灾危险性。在电气火灾中，有很多是由于使用不合格的电热产品引起的。

（6）错误操作。误操作是指违反操作规程使用电气产品。比如，在电气火灾事故中，由于忘记关闭电源和错误操作造成的事故占有很大比例。

（7）散热不良。各种电气设备在设计和安装时都有一定的散热或通风措施，如果这些措施遭到破坏，如散热油管堵塞、通风道堵塞或者环境温度过高，均可导致电气设备和线路过热。白炽灯灯泡的表面温度如表10-2所示，如果与可燃物放在一起，散热条件差，积热到一定程度时就会起火，开始着火的条件如表10-3所示。

表10-2　一般散热条件下白炽灯灯泡的表面温度

灯泡功率（W）	灯泡表面温度（℃）
40	50～60
75	140～200
100	170～220
150	150～230
200	160～300

表10-3　白炽灯灯泡将可燃物烤至着火的时间、温度

灯泡功率（W）	摆放形式	可燃物	时间（min）	温度（℃）	备注
75	卧式	稻草	3	360～367	埋入
100	卧式	稻草	12	342～360	紧贴
100	垂式	稻草	50	炭化	紧贴
100	卧式	稻草	2	360	埋入
100	垂式	棉絮	13	360～367	紧贴
200	卧式	稻草	8	367	紧贴
200	卧式	稻草	1	360	埋入

续表

灯泡功率（W）	摆放形式	可燃物	时间（min）	温度（℃）	备注
200	垂式	玉米秸	15	365	紧贴
200	垂式	纸张	12	333	紧贴
200	垂式	棉被	5	367	紧贴

（8）铁芯过热。对于变压器、接触器、电动机等带有铁芯的电气设备，如果铁芯片间绝缘破坏，线圈电压过高，或铁芯未闭合，由于涡流损耗和磁滞损耗增加，都将造成铁芯过热并达到危险温度。

2. 明火引起的着火

电气产品可能产生的明火主要有电弧和电火花。

电火花是电极间的击穿放电，电弧是大量连续电火花汇集而成的。电火花和电弧温度很高，尤其是电弧，温度可达8000℃，不仅能引起可燃物质燃烧，还能使金属熔化、飞溅，构成危险的火源。因此电火花和电弧是引起火灾和爆炸的危险火源。

电火花一般包括工作火花和事故火花两类。工作火花指电气设备正常工作或正常操作过程中所产生的电火花，如各类开关电器接通和断开线路时产生的火花、电动机的电刷与换向器的滑动接触处产生的火花。

切断感性或容性电路时，断口处将产生较强烈的电火花或电弧。火花能量可按下式估算：

$$\begin{aligned} W_L &= \frac{1}{2}LI_2 \\ W_C &= \frac{1}{2}CU^2 \end{aligned} \qquad (10\text{–}2)$$

式中 L、C——电路中的电感、电容；

I、U——电路中的电流、电压。

当该火花能量超过周围爆炸性混合物的最小引燃能量时，即可能引起爆炸。

事故火花包括线路或设备发生故障时出现的火花，如导线过松、连接松动或绝缘损坏导致短路或接地时产生的火花；电路发生故障，熔丝熔断时产生的火花；沿绝缘表面发生的闪络等。

事故火花还包括由外部原因产生的火花，如雷电直接放电及二次放电火花、静电火花、电磁感应火花及电气设备运转不正常时发生机械碰撞引起的火花。

3. 爆炸引起的着火

电火花和高温是引起可燃物或爆炸性混合物发生火灾和爆炸的直接原因。若供电线路或用电设备周围存在可燃物及爆炸性混合物，或设备工作时释放出可燃性气体，如充油设

备的绝缘物在电弧作用下分解和汽化，喷出大量的油雾；酸性蓄电池排出氢气并形成爆炸性混合物等，都会引起爆炸而着火。

二、爆炸的原因

1. 爆炸性混合物

在大气条件下，气体、薄雾、粉尘或纤维状的易燃物质与空气混合，引燃后燃烧能在整个范围内传播的混合物称为爆炸性混合物。能形成上述爆炸性混合物的物质称为爆炸危险物质。凡有爆炸性混合物出现或可能有爆炸性混合物出现，且出现的量足以要求对电气设备和电气线路的结构、安装、运行采取防爆措施的环境称为爆炸危险环境。

闪点、燃点、自燃温度、爆炸极限、引爆电流是危险物质的主要性能参数。

（1）闪点。在规定的试验条件下，易燃液体能释放出足够的蒸汽并在液面上方与空气形成爆炸性混合物，点火时能发生闪燃（一闪即灭）的最低温度。

（2）燃点。燃点又称着火点、着火温度或引燃温度，是物质在空气中被明火加热或引燃发生燃烧，移去引火源仍能继续燃烧的最低温度。

对于闪点不超过45℃的易燃液体，燃点仅比闪点高1～5℃，一般只考虑闪点，不考虑燃点。对于闪点比较高的可燃液体和可燃固体，闪点与燃点相差较大，应用时有必要加以考虑。

（3）自燃温度。在规定试验条件下，可燃物质不需要外来火源就能自己燃烧的最低温度，称为自燃温度，也称自燃点。自燃温度越低，其危险性越大。爆炸性混合物按自燃温度的分组如表10-4所示。

表10-4　爆炸性混合物分组分级举例

组　别		a	b	c	d	e
自燃温度（℃）		>450	>300～450	>200～300	>135～200	>85～135
级别	1	甲烷、氨、醋酸	丁醇、醋酸酐	环己烷		
	2	乙烷、丙烷、丙酮、苯乙烯、氯乙烯、苯、氯化苯、甲醇、甲苯、一氧化碳、醋酸乙酯	丁烷、乙醇、丙烯、醋酸丁酯、醋酸戊酯	戊烷、己烷、庚烷、辛烷、癸烷、硫化氢、汽油	乙醛、乙醚	
	3	市用煤气	环氧乙烷、环氧丙烷、丁二烯、乙烯	乙戊二烯		
	4	水煤气、氢	乙炔			二硫化碳

（4）爆炸极限。当可燃气体、可燃液体的蒸汽或可燃粉尘与空气混合，其浓度处于一定范围之内时，一遇火源就会爆炸，这一浓度范围称为爆炸极限。最低爆炸浓度称为爆炸

下限，最高爆炸浓度称为爆炸上限，在两个爆炸浓度之间才有爆炸危险。显然，爆炸下限越低的物质，形成爆炸性混合物的可能性越大。爆炸极限越宽的物质，其危险性越大。

（5）引爆电流。引起爆炸性混合物发生爆炸的电火花所对应的电流，称为引爆电流。其下限称为最小引爆电流，该数值越小，引起爆炸的可能性越大。爆炸性混合物按最小引爆电流分级的规定如表10-5所示。

表10-5　爆炸性混合物按最小引爆电流分级

级　别	最小引爆电流（mA）	爆炸性混合物举例
I	120以上	甲烷、乙烷、丙烷、汽油、甲醇、乙醇、乙醛、丙酮、醋酸、苯、氨、一氧化碳
II	70～120	乙烯、环丙烷、二甲醚、乙醚、二丁基醚、丁二烯、丙烯腈
III	70以下	氢、乙炔、二硫化碳、焦炉煤气、水煤气

2. 爆炸危险场所

有爆炸性混合物的场所，或爆炸性混合物能够侵入的场所，称为爆炸危险场所。

根据发生事故的可能性和后果，按危险程度及物质状态的不同，爆炸危险场所可划分为二类五级，如表10-6所示。

表10-6　爆炸危险场所等级的划分

类　别		级　别	场 所 特 征
I	气体或蒸汽爆炸性混合物的爆炸危险场所	Q-1	在正常情况下能形成爆炸性混合物的场所
		Q-2	在正常情况下不能形成，但在不正常情况下能形成爆炸性混合物的场所
		Q-3	在正常情况下不能形成，且在不正常情况下形成爆炸性混合物可能性较小的场所
II	粉尘或纤维爆炸性混合物的爆炸危险场所	G-1	在正常情况下能形成爆炸性混合物的场所
		G-2	在正常情况下不能形成，但在不正常情况下能形成爆炸性混合物的场所

第2节　预防电气火灾和爆炸事故的措施

一、选用防火电气设备

在火灾危险场所，应按表10-7所示选用电气设备。

表 10-7 按火灾危险场所等级选用电气设备

设备种类		可燃液体（H-1 级）	悬浮状、堆积状可燃粉尘或可燃纤维（H-2 级）	固体状可燃物质（H-3 级）
电机	固定安装	防溅式	封闭式	防滴式
	移动式和便携式	封闭式	封闭式	封闭式
电器和仪表	固定安装	防水型、防尘型、充油型、保护型	防尘型	开启型
	移动式和便携式	防水型、防尘型	防尘型	保护型
照明灯具	固定安装	保护型	防尘型	开启型
	移动式和便携式	防尘型	防尘型	保护型
配电装置		防尘型	防尘型	保护型
接线盒		防尘型	防尘型	保护型

二、选用防爆电气设备

1. 防爆电气设备的分类

防爆电气设备依其结构不同分为六种类型：

- 防爆安全型（标志 A）。该类设备正常运行时不产生火花、电弧或危险温度，并在结构上采取措施，提高其安全可靠性。
- 隔爆型（标志 B）。该类设备具有防爆外壳，能承受内部爆炸压力而不损坏；构件结合处有与传爆能力相适应的间隙，即使设备内部发生爆炸，也不会引起外部爆炸性混合物的爆炸。
- 防爆充油型（标志 C）。该类设备是将可能产生火花、电弧的部件浸在绝缘油中，不会引起油面上爆炸性混合物的爆炸。
- 防爆通风、充气型（标志 F）。该类设备是向设备内通入正压的新鲜空气或惰性气体，阻止外部爆炸性混合物进入内部引起爆炸。
- 防爆安全火花型（标志 H）。该类设备在正常运行或故障情况下所产生的火花，均不能引燃爆炸性混合物。
- 防爆特殊型（标志 T）。该类设备是浇铸环氧树脂及填充石英砂的电气设备。

2. 防爆电气设备的选用

在爆炸性危险场所，应根据场所危险等级、设备种类和使用条件，按表 10-8 所示选用防爆型电气设备。

表 10-8 按爆炸危险场所等级选用电气设备

设备种类		Q-1 级场所	Q-2 级场所	Q-3 级场所	G-1 级场所	G-2 级场所
电机		隔爆型、防爆通风充气型	任意一种防爆类型	封闭式	任意一级隔爆型、防爆通风充气型	封闭式
电器和仪表	固定安装	隔爆型、防爆充油型、防爆通风充气型、防爆安全火花型	任意一种防爆类型	防尘型、防水型	任意一级隔爆型、防爆通风充气型、防爆充油型	防尘型
	移动式	隔爆型、防爆通风充气型、防爆安全火花型	除防爆充油型以外任意一种防爆类型	除防爆充油型以外任意一种防爆类型、密封型、防水型	任意一级隔爆型、防爆通风充气型	防尘型
	便携式	隔爆型、防爆安全火花型	除防爆充油型以外任意一种防爆类型	除防爆充油型以外任意一种防爆类型、密封型、防水型	任意一级隔爆型	防尘型
照明灯具	固定安装及移动式	隔爆型、防爆通风充气型	任意一种防爆类型	防尘型	任意一级隔爆型	防尘型
	便携式	隔爆型	隔爆型	隔爆型、防爆安全型	任意一级隔爆型	防尘型
变压器		隔爆型、防爆通风充气型	任意一种防爆类型	防尘型	任意一级隔爆型、防爆充油型、防爆通风充气型	防尘型
通信电器		隔爆型、防爆充油型、防爆通风充气型、防爆安全火花型	任意一种防爆类型	密封型	任意一级隔爆型、防爆充油型、防爆通风充气型	防尘型
配电装置		隔爆型、防爆通风充气型	任意一种防爆类型	密封型	任意一级隔爆型、防爆通风充气型	防尘型

三、保持电气设备正常运行

保持电气设备正常运行，主要包括电压、电流、温升等参数不超过允许值；设备具有足够的绝缘能力；电气连接良好等，以防止电气设备过热。

（1）连接导线的载流量。在爆炸危险场所，所用导线允许载流量不应低于熔断器额定电流的 1.25 倍或自动开关延时过电流脱扣器整定电流的 1.25 倍；1kV 以下鼠笼电动机支线，允许载流量不应低于电动机额定电流的 1.25 倍。

（2）极限温度和极限温升。在有气体或蒸汽爆炸性混合物的爆炸危险场所，根据自燃点的组别，电气设备的极限温度和极限温升应符合表 10-9 的要求。

表 10-9 爆炸危险场所电气设备的极限温度和极限温升

爆炸性混合物的自燃点组别	隔爆型、防爆通风充气型、防爆安全型、防爆安全火花型外壳表面及可能与爆炸性混合物直接接触的部件		防爆充油型和非防爆充油型的油面	
	极限温度（℃）	极限温升（℃）	极限温度（℃）	极限温升（℃）
a	360	320	100	60
b	240	200	100	60
c	160	120	100	60
d	110	70	100	60
e	80	40	80	40

（3）电气连接良好。电气设备运行中应保持各导电部分连接可靠；活动触点表面要光滑，接触良好；固定接头连接紧密，保持可靠的导电性能。

（4）定期并经常地清扫电气设备，保持清洁和设备良好的绝缘程度。

四、保持防火间距

（1）室外变配电装置与建筑物的间距不应小于 12～40m，与爆炸危险场所的间距不应小于 30m，与易燃和可燃液体储罐的间距不应小于 25～90m，与液化石油气罐的间距不应小于 40～90m。

（2）变压器油量越大、建筑物耐火等级越低或危险物品储量越大，所要求的间距越大，必要时还应加设防火墙。露天变配电装置不应设在易于沉积可燃粉尘或可燃纤维的地方。

（3）10kV 及以下的变配电所，不应设在爆炸危险场所的正上方或正下方；变配电所与 Q-1 级、G-1 级爆炸危险场所毗连时，最多只能有两面相连的墙与危险场所共用；与 Q-2、Q-3 或 G-2 级爆炸危险场所毗连时，最多只能有三面相连的墙与危险场所共用。

10kV 及以下的变配电所，不宜设在火灾危险场所的正上方或正下方，可以与火灾危险场所隔墙毗连。

1kV 及以下的变配电室可允许用难燃烧材料制成的门与 Q-3 级爆炸危险场所或火灾危险场所相通。

（4）10kV 以下架空线路，严禁跨越火灾和爆炸危险场所。当线路与火灾和爆炸危险场所接近时，其水平距离不应小于杆柱高度的 1.5 倍。

五、良好的接地（接零）保护

爆炸危险场所的接地（接零）较一般场所要求要高，应注意以下几点：

（1）除生产上有特殊要求外，一般场所不要求接地（接零）的部分仍须接地（接零）。

（2）爆炸危险场所，必须将所有设备的金属部分、金属管道和建筑物的金属结构等全部接地（接零），并连接成整体，保持电流途径不中断。

（3）Q-1级、G-1级场所内的所有电气设备；Q-2级场所内，除照明灯具外的其他电气设备，均应使用专用的接地（接零）线，并接在电气设备封闭接线盒内的专用接地螺栓上。而金属管道、电缆的金属外皮只能作为辅助接地（接零）线用。

Q-2级场所内的照明灯具和Q-3级、G-2级场所内的所有电气设备，允许利用连接可靠的金属管线或金属构架作为接地（接零）线使用。

（4）单相设备的工作零线应与保护零线分开，相线和工作零线上均应装设短路保护装置，并装设双极开关，便于同时操作相线和工作零线。

（5）在爆炸危险场所，采用中性点不直接接地的供电系统供电时，必须装置能发出信号的绝缘监视装置。采用中性点直接接地的供电系统供电时，单相短路电流应大一些。最小单相短路电流不得小于该段线路熔断器额定电流的5倍或自动开关瞬时动作过电流脱扣器整定电流的1.5倍。

第3节　电气火灾的扑灭常识

电气火灾发生后，电气设备和线路可能是带电的，因此，灭火时需要切断电源，无法断电的需采取相应措施后才能带电灭火。

一、断电后灭火

火灾发生后，电气设备因绝缘损坏、线路因断线接地而短路，使正常不带电的金属构架、地面等部位带电，从而导致接触电压或跨步电压而发生触电事故。因此，发现火灾应首先切断电源。切断电源时应注意：

（1）火灾发生后，由于受潮或烟熏，开关设备的绝缘能力会降低，拉闸时应使用绝缘工具操作。

（2）高压设备应先操作油断路器，而不应该先操作隔离开关切断电源，以防引起弧光短路。

（3）切断电源的地点要适当，防止影响灭火工作。

（4）剪断电线时，不同相线应在不同部位剪断，防止造成短路。剪断空中电线时，剪断位置应选在电源方向支持物附近，防止电线断头接地发生短路而造成触电事故。

二、带电灭火安全要求

（1）按灭火剂的种类选择适当的灭火器。二氧化碳、二氟一氯一溴甲烷（即 1211）、二氟二溴甲烷或干粉灭火器的灭火剂都是不带电的，可用于带电灭火。几种常用灭火器的主要性能如表 10-10 所示。

表 10-10　灭火器的主要性能

灭火器种类	二氧化碳灭火器	四氯化碳灭火器	“1211”灭火器	干粉灭火器	泡沫灭火器
规格	2kg 以下 2～3kg 5～7kg	2kg 以下 2～kg 5～8kg	1kg 2kg 3kg	8kg 50kg	10L 65～130L
药剂	瓶内装有压缩成液态的二氧化碳	瓶内装有四氯化碳液体，并加有一定压力	钢筒内装有二氟一氯一溴甲烷，并充填压缩氮	钢筒内装有钾盐或钠盐干粉，并备有盛装压缩气体的小钢筒	筒内装有碳酸氢钠、泡沫剂和硫酸铝溶液
用途	不导电。扑救电气、精密仪器、油类和酸类火灾。不能扑救钾、钠、镁、铝等物质火灾	不导电。扑救电气设备火灾。不能扑救钾、钠、镁、铝、乙炔、二硫化碳等火灾	不导电。扑救油类、电气设备、化工化纤原料等初起火灾	不导电。扑救电气设备火灾，但不宜扑救旋转电机火灾。可扑救石油、石油产品、油漆、有机溶剂、天然气和天然气设备火灾	有一定导电性。扑救油类或其他易燃液体火灾。不能扑救忌水和带电物体火灾
效能	接近着火地点，保持 3m 远	3kg 喷射时间 30s，射程 7m	1kg 喷射时间 6～8s，射程 2～3m	8kg 喷射时间 14～18s，射程 4.5m。50kg 喷射时间 50～55s，射程 6～8m	10L 喷射时间 60s，射程 8m。65L 喷射时间 170s，射程 13.5m
使用方法	一只手拿好喇叭筒对着火源，另一只手打开开关即可	只要打开开关，液体就可喷出	拨下铅封或横锁，用力压下压把即可	提起圈环，干粉即可喷出	倒过来稍加摇动或打开开关，药剂即喷出

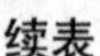

续表

灭火器种类	二氧化碳灭火器	四氯化碳灭火器	"1211"灭火器	干粉灭火器	泡沫灭火器
保养和检查方法	保管： （1）置于取用方便的地方 （2）注意使用期限 （3）防止喷嘴堵塞 （4）冬季防冻，夏季防晒 检查： （1）二氧化碳灭火器每月测量一次，当低于原重 1/10 时，应充气 （2）四氯化碳灭火器应检查压力情况，小于规定压力时应充气		置于干燥通风处，防受潮日晒。每年抽查一次干粉是否受潮或结块。小钢瓶内的气体压力每半年检查一次，如重量减小 1/10，应换气	置于干燥处，勿摔碰。每年检查一次重量	一年检查一次，泡沫发生倍数低于 4 倍时，应换药

（2）水枪灭火。用水枪灭火时宜采用喷雾水枪，这种水枪通过水柱的泄漏电流较小，带电灭火比较安全。用普通直流水枪灭火时，为防止经过水柱泄漏的电流通过人体，可以将水枪喷嘴接地，或要求灭火人员戴绝缘手套和穿绝缘靴或穿均压服进行操作。

（3）人体与带电体之间保持必要的安全距离。用水枪灭火时，水喷嘴至带电体的距离：110kV 及以下不应小于 3m，220kV 及以上不应小于 5m。用二氧化碳等不导电的灭火器灭火时，机体、喷嘴至带电体的最小距离：10kV 不应小于 0.4m，35kV 不应小于 0.6m 等。

（4）对架空线路等高空设备进行灭火时，人体位置与带电体之间的仰角不应超过 45°，防止导线断落而危及灭火人员的安全。

（5）当有电导线断落在地面或出现跨步电压时，应划出相应的安全区，并有明显标志或派人看守，防止跨步电压或发生触电，并及时派专人妥善处理。

（6）带电灭火应由有经验的人员进行，并有人监护。

三、电气火灾灭火器的使用

灭火器的使用必须按其产品使用说明书的要求进行，由于产品的更新换代，使用方法及注意事项也不相同。

1. CO_2 灭火器

使用 CO_2 灭火器时，先拔出保险销子，然后必须用手紧握喷射喇叭上的木柄，另一只手揿动鸭舌开关或旋转转动开关，提握机身，喇叭口指向火焰，即可灭火。不用时可松开鸭舌开关或关闭转动开关，即可停止喷射。

CO_2 喷射时，人要站在上风侧，因为喷射距离较近，一般为 3～5m，所以应尽量接近火源，灭火时先从火势蔓延最危险的一边喷起，然后向前移动，不要留下一点火星，室内灭火要保证通风。灭火时一定要握住喇叭口的木柄，以免将手冻坏。CO_2 灭火器的使用如图 10-1 所示。

图 10-1　CO_2 灭火器使用示意图

2. CCl_4 灭火器

CCl_4 灭火器的使用及注意事项：

（1）泵浦式 CCl_4 灭火器使用时先旋开手柄，推动活塞，CCl_4 即从喷嘴处喷出。

（2）打气式 CCl_4 灭火器使用时，一只手握住机身下端，并用手指按住喷嘴，另一只手旋动手柄，前后抽动打气，气足后放开手指，CCl_4 就会喷出，然后边喷边打气，继续使用。

（3）储压式 CCl_4 灭火器在使用时只要旋动气压开关，CCl_4 立即喷出。

（4）CCl_4 有毒，使用时必须注意通风。CCl_4 灭火器的使用如图 10-2 所示。

图 10-2　CCl_4 灭火器使用示意图

3. 干粉灭火器

使用干粉灭火器时，先把灭火器竖立在地上，一只手握紧喷嘴胶管，另一只手拉住提环，用力向上一拉并向火源移动，一般保持 5m 左右，喷射出的白色粉末气即可灭火。干粉灭火器如图 10-3 所示。

干粉灭火器使用时注意事项参见 CO_2 灭火器。

4. 1211 灭火器

1211 灭火器是用加压的方法将二氟一氯一溴一甲烷即 1211 液化灌装在容器里，使用时只要将开关打开，在氮气的压力下 1211 即呈雾状喷出，遇到火焰迅速成为气体，将火灭掉。

1211 灭火器平时应放在明显易取的地方，不得靠近明火，不得阳光曝晒，每半年应检查一次灭火器的总重量，当重量减轻 10%以上时，应补充药剂和充气。

手提式泡沫灭火器在使用时，一只手握住提环，一只手握住底边，并将其倒置过来，轻轻摇动，泡沫就喷射出来，如图 10-4 所示。

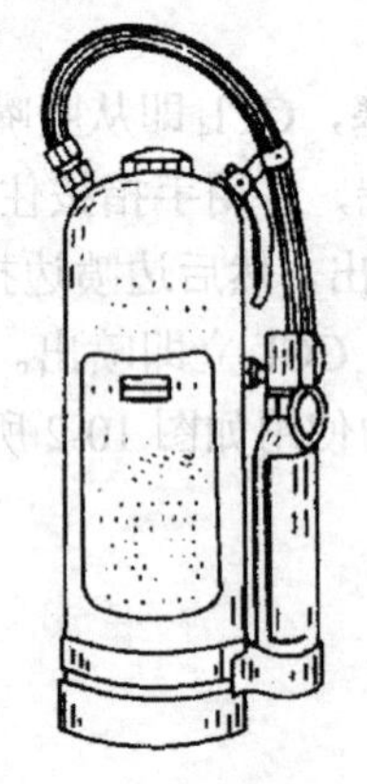

图 10-3　干粉灭火器

图 10-4　泡沫灭火器的正确使用

泡沫灭火器在运输、保管及使用中，不得将机筒放在肩上，机身必须保持平稳，任何时候均不得倒置！盖与底不能对着人体的任何部分，防止喷嘴堵塞时导致底盖弹出伤人。使用时，必须保证其他装置灭火的水不能与泡沫同时喷射在一起，否则，泡沫溶液被水冲稀，将失去灭火作用。

四、灭火器的维护保养

（1）灭火器材应由专人保管，并进行日常检查及维护保养，保持正常使用状态。电气

设备灭火器的保管应由电气人员和现场工作人员共同进行。

（2）灭火器应6个月检查一次药剂，药剂应按灭火器的类别更换，应1～2年更换一次，以免失效。

（3）露天放置的灭火器应放在干燥通风处，避免曝晒、风吹、雨淋。灭火器不得置于高温场所，以防止药剂变质。

（4）冬天一般用棉絮做成护套将灭火器包裹起来防止冻裂或变质。

（5）灭火器的喷嘴要经常疏通，并套上护套，以防灰尘、木屑等杂物堵塞。要经常检查大型、特型灭火器的皮管，防止蜘蛛等虫类侵入或堵塞，防止本身受损而发生漏泄。

（6）使用后的灭火器应及时保养并补充药剂。机动消防车和消防水泵要经常发动，定期试车，保持性能良好，随时准备灭火。

（7）灭火器的维护保养应列入企业设备管理范围，以确保其保管、使用有效。

（8）灭火器维护保养方法详见表10-10。

第 11 章　家用电器的安全使用

第 1 节　家用电器的安全要求

一、家用电器的绝缘等级

家用电器的绝缘等级可分为四种：基本绝缘、附加绝缘、双重绝缘和加强绝缘。

（1）基本绝缘。在家用电器的带电部件上用绝缘物将带电部件封闭起来，如在铜、铝等金属导线外套装绝缘材料。这种绝缘直接与带电部件接触，是对防触电起基本保护作用的绝缘。

（2）附加绝缘。在基本绝缘损坏（发生的概率很小）时，为了防止触电而在基本绝缘之外使用的独立绝缘，如在电热毯内电热丝外包覆的塑料套管。

（3）双重绝缘。同时具有基本绝缘和附加绝缘的绝缘系统。在基本绝缘失效时，可由附加绝缘起保护作用，如电视机电源线就采用了双重绝缘保护。

（4）加强绝缘。加在带电部件上的一种单独绝缘，它的防触电程度相当于双重绝缘。加强绝缘可以由几个不能像基本绝缘或附加绝缘那样单独试验的绝缘层组成。

二、家用电器的安全要求等级

使用家用电器应坚持安全第一的原则，严格按照使用要求进行操作，这样才能避免事故的发生。根据家用电器采用绝缘等级的不同，常用电器安全要求共分为 0 类、01 类、I 类、Ⅱ类、Ⅲ类五个大类。

（1）0 类。这类电器只靠工作绝缘，使带电部分与外壳隔离，没有接地方面的要求。这类电器主要用于人们接触不到的地方，如荧光灯的整流器等电器。所以这类电器的安全要求不高。但是，一旦电器绝缘发生损坏，电器的外壳就会带电，人体碰到后就会发生触电。

（2）01 类。这类电器有工作绝缘和接地端子，但电源线没有接地线，插头也没有接地插脚，不能插入带有接地端的电源插座，在使用时可视具体情况接地或不接地。如用于干燥环境（木质地板的室内）时可以不接地，否则应予接地（如电烙铁等）。

（3）I 类。有工作绝缘和接地导线，电器中的金属部件与已安装在固定线路中的接地导线连接起来，一旦基本绝缘损坏发生漏电，漏电流经金属外壳和接地线流回大地，从而保

护人身安全。接地线必须使用外表为黄绿双色的铜芯绝缘导线，在器具引出处应有防止松动的夹紧装置，接触电阻应不大于0.1Ω。

（4）II 类。这类电器的防触电保护，除了依靠基本绝缘外还有补充绝缘，以组成双重绝缘或加强绝缘。这类电器的安全程度高，没有接地要求，可用于与人体皮肤相接触的器具，如电推剪、电热梳等。

（5）III 类。这类电器使用安全电压（不超过42V）供电，如剃须刀等电器。在没有安全接地而环境绝缘又不干燥的情况下，必须使用安全电压型产品。

三、家用电器的使用年限

家用电器的主要原材料是钢材、塑料、铜管、铝箔等，一些部件会因超期服役而发生老化或锈蚀，这样就增加了其漏电、燃烧甚至爆炸的可能性。

超期服役的家用电器一般存在电路老化问题，往往会发生漏电现象，不仅耗电多，而且很容易因短路而引起火灾。同时，许多家用电器的构成材料中含有铅、汞、氟等有毒有害物质，超期服役时很有可能导致这些有毒有害物质外泄，从而影响消费者的身体健康。调查显示，超期服役的家用电器耗电量要比节能产品高出30%～40%。

我国出台的《家用电器安全使用年限细则》，首次对彩色电视机、冰箱、洗衣机等家用电器的使用年限做出了明确规定，该细则还对家用电器的再生利用等方面也做出了详细规定，其中包括厂家要对其生产的家用电器标明安全使用期限，并规定安全使用期限从消费者购买之日计起，见表11-1。

表11-1　家用电器安全使用参考年限

名　称	年　限	名　称	年　限
彩色电视机	8～10年	电热水器	8年
空调器	8～10年	电热毯	8年
电冰箱	12～16年	电子钟	8年
电饭煲	10年	燃气灶	8年
微波炉	10年	吸尘器	8年
电风扇	10年	个人计算机	6年
电熨斗	9年	电吹风	4年
洗衣机	8年	电动剃须刀	4年

家用电器是关系到每个使用者人身安全的特殊产品，因此国家有关部门对家用电器的各个生产环节都有极其严格的规定。我们在选购家用电器时一定要树立安全防范意识，注意从正规家电商场购买家用电器。在选购家用电器时，首先要注意了解经营商的资质和商

誉，然后再仔细检查家用电器的生产厂家、联系方式、产品性能以及执行标准等。只有在确认家用电器的质量可靠时才可以挑选购买，并注意索要购货发票和有关保修协议。

四、家用电器的移动

在移动家用电器时，一定要先关掉开关，并拔去电源插头，严禁用拖拉导线的方法来移动家用电器，也不要赤手赤脚去修理家中带电的线路或设备，以防损坏电器和发生触电事故。

在移动家用电器时难免会产生一些振动，如果带电移动家用电器，那么很有可能会使其内部线路发生短路，从而导致家用电器损坏；如果家用电器外壳或电源线发生漏电，那么移动家用电器的人还会发生触电事故。

特别是在夏季高温季节，不要用手去移动正在运转的家用电器，如电风扇、洗衣机、电视机、落地灯等。这是因为在夏季高温季节，由于出汗等原因导致人体电阻降低，人在出汗时发生触电的可能性要比未出汗时大得多，后果也严重得多。所以，不要带电移动家用电器，以免发生触电事故。

对于灵敏度比较高的家用电器，在搬动时应采取一定的保护措施，从而减轻对电器的损害。搬动照明器具时，应先将灯具用报纸、棉布等软质物品包装后装箱搬动，并在箱外注明“轻搬轻放”字样。对于电冰箱的搬运，可在搬家前一天把冰箱的电源拔去，在搬入新居定位后应放置 30min 后再通电，以保证压缩机的正常工作。搬动电视机时，应先拔下电源插头，然后装入原包装箱内，注意对电视机屏幕的保护，并用胶带把电源线固定好。

五、家用电器熔丝的正确选用

熔丝是由熔点低的合金材料制造的，又称为保险丝。当家用电气设备发生过载或短路故障时，家用线路的电流就会增大，使熔丝迅速被加热到熔点而发生熔断，这样就断开了电源，并达到保护线路和电器的目的。

随着家用电器的普及，人们对熔丝重要性的认识越来越高。小小熔丝，不仅关系到家用电器能否受到保护，而且有益于保护家庭成员的人身和财产安全。那么，应当如何选用熔丝呢？

选购家用电路熔丝，应根据家庭电路的用电容量来确定规格。比如，将家庭中所有家用电器的功率加起来，再除以 220V 的电压值，得出来的就是最大电流值。根据计算出来的电流值，可以选择相应额定电流值的熔丝。例如，当家庭中的电气设备总功率为 1100W 时，应选择直径为 0.98mm、额定电流值为 5A 的熔丝。通常，熔丝的熔断电流是额定电流的 1.5～2.0 倍。通常家用电器在正常使用时，熔丝是不会熔断的。

如果家用电器在使用时发生了熔丝熔断，说明电路中的电流超过了额定值，此时不宜立即更换熔丝，应先仔细查找烧断熔丝的原因，排除故障后再更换熔丝。在更换熔丝时，应尽量选用与原熔丝规格相同的熔丝。一般不宜采用大规格熔丝代替，也不宜用多根小容量的熔丝并用来代替，更不能用铜丝或铁丝来代替熔丝，否则不仅起不到应有的保护作用，而且还有可能发生触电事故。常用铅锑合金熔丝规格如表 11-2 所示。

表 11-2　常用铅锑合金熔丝规格表

直径（mm）	额定电流（A）	熔断电流（A）	直径（mm）	额定电流（A）	熔断电流（A）
0.28	1	2	0.71	3	6
0.32	1.1	2.2	0.81	3.75	7.5
0.35	1.25	2.5	0.98	5	10
0.36	1.35	2.7	1.02	6	12
0.40	1.5	3	1.25	7.5	15
0.46	1.85	3.7	1.51	10	20
0.52	2	4	1.67	11	22
0.54	2.25	4.5	1.75	12.5	25
0.60	2.5	5	1.98	15	30

第 2 节　常用家用电器的安全使用

一、微波炉、电磁炉、电烤箱的安全使用

1. 微波炉的安全使用

微波炉是一种常见的家用电器，属于一种用微波加热食品的现代化烹调灶具。微波是指波长为 0.01mm～1m 的无线电波，其对应的频率为 30kHz～300MHz。我们知道，食品中总是含有一定量的水分，而这些水分是由极性分子组成的。当微波辐射到食品上时，这些极性分子将会随微波的振动而运动。由于食品中水的极性分子的这种运动，以及相邻分子间的相互作用，就会产生一种类似摩擦的现象，从而使水温不断升高。用微波加热的食品，因其内部也同时被加热，因此整个食品受热均匀，升温速度也很快。

微波炉具有化冻、再热、煮蒸、烧烤、脆烤等功能，无疑可以为人们带来许多方便。但是，由于许多人对微波炉了解得不多，以至于在使用时存在一些安全隐患。一般来说，使用微波炉应注意以下事项：

（1）微波炉不能在没有食物时空载运行，这是因为在空载时产生的微波无法被吸收，

可能造成磁控管损坏。为了防止微波炉空载运行，应当在每次用完后及时切断电源，以免在关门通电后出现空载运行。

（2）使用微波炉时不要用力关闭炉门，也不能把硬物插入炉门密封装置中，以免造成微波泄漏。我们知道，微波对人体是有害的。为了防止微波泄漏，微波炉采用了连锁开关和安全开关设计，其目的就是为了防止在没关门的情况下开启微波炉。在放进食物和取出食物时，关闭炉门用力不要过猛，以免造成开关失灵而引起微波泄漏。

（3）在利用微波炉加工食物时，不要使用搪瓷或金属容器盛放食物。微波遇到金属后会发生折射现象。如果在微波炉内用铁、铝、不锈钢、搪瓷等器皿来盛放食物，那么在加热时往往会反射微波并产生电火花，这样既损伤炉体又不能加热食物。也不要使用普通塑料容器盛放食品加热，以防容器加热变形，甚至释放有毒物质，污染食物；在加工食物时，可以使用陶瓷或玻璃等器具盛放食物。盛装食品的容器一定要放在微波炉专用的托盘中，不能直接放在炉腔内。

（4）使用微波炉蒸煮食物时，如果是带壳的食物，要先将壳打破。否则，在取食物时有可能会发生爆炸。刚从冰箱中取出的食物需要化冻时，可以放进微波炉内进行解冻。如果是肉类制品，则应在肉未完全化冻时取出。否则，外层的肉就有可能被蒸熟。对于片状物，在解冻时应把厚的部分放在器皿的外层，而把薄的部分放在器皿的里边。加热至半熟的食物最好不要再使用微波炉加热；经微波炉加热解冻的肉类最好不要再冷冻，如果再放入冰箱冷冻，必须加热至全熟。

（5）微波炉应放置在通风的地方，不要靠近磁性物质，以免干扰炉腔内磁场的均匀状态，使工作效率下降。还要注意与电视机隔开一定距离，以免影响电视机的视听效果。同时，也不要靠近煤气炉、暖气管等热源，以防发生火灾事故。

（6）微波炉不宜放置在卧室，并注意不要用物品覆盖微波炉上的散热窗栅。为了防止微波炉漏电，微波炉必须有可靠的接地线。开启微波炉后，人应远离微波炉或距离微波炉至少 1m 之外。在微波炉工作时，不要把脸贴近观察窗查看，更不允许在工作时打开炉门，以防微波大量泄漏而对身体健康造成损害。

（7）食品在微波炉内解冻或加热时间不能超过 2h，以免引起食物中毒。油炸食物不能放在微波炉内加热，以免飞溅的高温油导致明火，引起火灾事故。一旦引起炉内起火要先关闭电源，切忌打开炉门，待火熄灭后才能开炉降温。

（8）不要使用封闭容器加热液体食物，以免因压力过高而引起喷爆事故。使用保鲜膜时，在加热过程中最好不要让其直接接触食物。加热至 100℃以上时，最好将食物放入大碗内，直接用玻璃或瓷器盖住后，再加热。

微波炉的常见故障及排除方法如表 11-3 所示。

表 11-3 微波炉的常见故障及排除方法

故障现象	产生原因	排除方法
按下烹调按钮，不能加热，照明灯不亮	① 炉门未关好 ② 总熔丝断 ③ 烹调继电器绕组断，热继电器触点开路	① 关好炉门 ② 换一定规格的熔丝 ③ 更换损坏的继电器
可加热食物，但照明灯不亮	① 灯泡损坏或接触不良 ② 灯泡连接导线断路	① 更换灯泡，除污拧紧 ② 接通导线
照明灯亮，但不能加热食物	① 整流与磁控管高压短路 ② 变压器损坏 ③ 炉门安全开关损坏等	① 检查并排除短路 ② 更换变压器 ③ 检修或更换相应规格的零件
按下按钮，熔丝烧断	① 熔丝太细 ② 内部短路	① 换与额定电流相适应的熔丝 ② 查找短路处
烹调期间灯突然灭，烹调停止	① 炉门被打开 ② 温度过高，热继电器切断电源	① 关好炉门 ② 冷却之后，清除风道中的障碍物
搅动风叶不转，定时器失灵	① 搅动风叶电动机损坏 ② 定时器电动机坏，连接导线断	① 修复或更换电动机 ② 更换电动机，接通导线

2. 电磁炉的安全使用

电磁炉具有升温快、热效率高、无明火、无烟尘、无有害气体、对周围环境不产生热辐射；体积小巧、安全可靠和外形美观等优点，能完成家庭的绝大多数烹饪任务。电磁炉是一种无须明火或传导式加热的无火煮食厨具，被人们誉为“绿色炉具”，是现代家庭的理想灶具。

电磁炉主要由感应加热线圈、灶台台板及烹饪锅等组成，感应加热线圈分布在灶台台板的下面，灶台台板一般是用铅、铜等非铁磁质材料制作的，烹饪锅是用磁化铁质材料制成的。

电磁炉是利用电磁感应引起涡流加热原理来进行工作的，其工作原理如图 11-1 所示。当接通电磁炉的电源时，高频电流就会在电磁炉内部的线圈中产生变化的磁场，磁感线穿过铁质锅体以后就会形成无数个小涡流。这些小涡流实际上就是自成闭合回路的感应电流，由于强大的涡流加速了锅底分子的运动，因此使锅底自身发热达到了加热食品的目的。

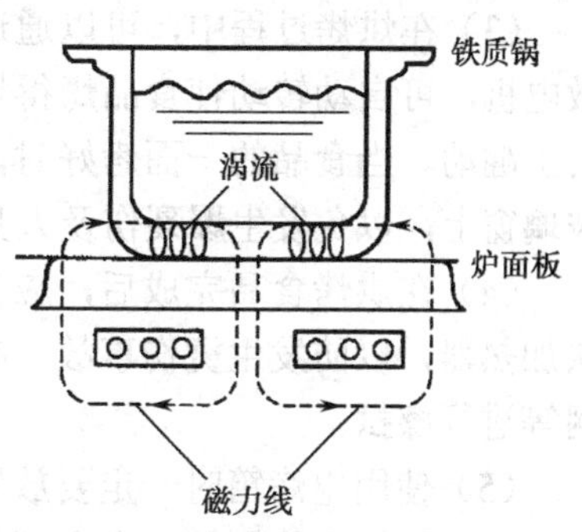

图 11-1 电磁炉的工作原理

使用电磁炉时应注意以下事项：

（1）选择锅具。由于电磁炉特殊的加热原理，要求使用专用的锅具。一般来说，只有铁锅和不锈钢锅适用于电磁炉，而且锅底直径最好在12～26cm之间，蒸煮类锅以平底锅为最佳。注意，铝质和铜质锅都不适合于电磁炉，因为这些非铁磁性物质是不会升温的。

（2）正确使用。不要让铁锅或其他锅具空烧和干烧，以免电磁炉面板因受到强热而发生裂纹。关闭电磁炉时，应先把功率电位器调到最小位置，然后再关闭电源，最后端下铁锅。注意，此时电磁炉面板的加热圈的温度很高，切忌用手直接触摸。

（3）清洁保养。对于电磁炉的清洁，应待电磁炉面板完全冷却后进行。清洁电磁炉时，用少许中性清洗剂即可。千万不要使用强洗剂，也不要用金属刷子刷洗面板，更不允许直接用水冲洗，以免造成电磁炉电气部分发生损坏或短路。

（4）周围环境。在使用电磁炉时，应注意远离水蒸气，因为电磁炉最怕水蒸气。在电磁炉内装有冷却风扇，应放置在空气流通的地方使用，并且保证出风口距离墙面在10cm以上。在电磁炉灶台台板上不要放置小刀、小叉、瓶盖等铁磁性物体，也不要将手表、录音磁带等易受磁场影响的物品放在灶台台板上。并且，在电磁炉2～3m的范围内，最好也不要放置电视机、录音机、收音机等容易受到磁化的家用电器，以免受到磁场的不良影响。

3. 电烤箱的安全使用

使用电烤箱时应注意以下事项：

（1）电烤箱属于大功率家用电器，使用时应特别注意电气安全。要注意检查电源线路的承载能力，如果电烤箱的功率大于电度表的功率，那么是不能使用电烤箱的。因此，需要匹配合适的电度表和电源线才能使用电烤箱。

（2）在使用电烤箱烘烤食物时，应事先把要烤制的食品调制好，并按食品性质和烤制要求分别放入烤盘或烤网上，然后放入烤箱中。按照说明书确定的时间和温度，把相应的旋钮旋转到适当的位置，注意不要逆时针旋动。此时电源指示灯发亮，说明电烤箱处于工作状态。

（3）在烘烤过程中，可以通过箱门上的玻璃观察窗进行观察。有些电烤箱的托盘带有微电机，可自动转动使食品烤得均匀；有些电烤箱的托盘没有微电机，在烤制食品时需要人工翻动。当食品的一面烤好时，可以断电开箱后用叉子翻动食品。注意不要将水滴溅到玻璃窗上，以免发生爆裂伤及人身。

（4）在烘烤食品完成后，应先切断电源。在取烤盘时，注意不要用手去碰触箱内的管状加热器，以防发生烫伤事故。在每次使用电烤箱之后，应在其冷却后对内胆、烤盘、烤网等进行擦拭。

（5）使用电烤箱时一定要放置在通风的地方，不要过于靠近墙面，以防止电烤箱散热不畅。在烘烤食物之前，应先预热至指定温度，一般需要10min左右。注意电烤箱预热时间不能太长，以防长时间空烤影响电烤箱的使用寿命。

二、电饭煲、电饭锅的安全使用

一般电饭锅的锅盖和锅体是分开的，而电饭煲的锅盖和锅体是一体的。电饭锅只是一种功能单一的电热炊具，而电饭煲是带有微压力结构的烹调炊具。

从产品档次来看，电饭锅只是一种普通的低档锅具，而电饭煲则是一种烹饪器具，不过也有普通和高档之分。利用老式的电饭锅蒸煮米饭时，在浸泡速度、温度、气压以及加热的均匀性等方面都没有任何控制，因此蒸煮出来的米饭就有些硬，感觉没有熟透一样。而现在的微压力电饭煲，在米饭烹饪期间可以进行加压和加温的控制处理，因此做出来的米饭味道鲜美、松软可口、更有营养。

1. 电饭煲的安全使用

电饭煲是用于蒸煮米饭的家用电器，电饭煲主要有两种：一种是采用机械控制的普通电饭煲；另一种是采用微机模糊控制技术的自动电饭煲。下面以普通电饭煲为例来说明其结构和工作原理。

普通电饭煲主要由发热盘、限温器、保温开关、杠杆开关、限流电阻、指示灯、插座等组成，如图 11-2 所示。发热盘是一个内嵌电发热管的铝合金圆盘，内锅就放在这个能发热的铝合金圆盘上。这个铝合金圆盘就是电饭煲的主要发热元件。

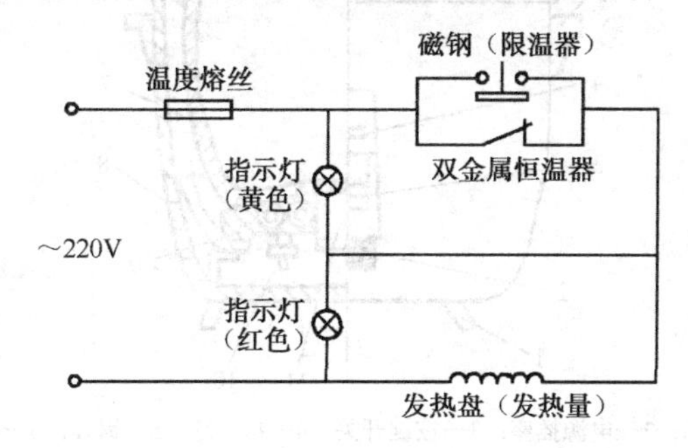

图 11-2 电饭煲的结构和工作原理

限温器又叫磁钢，在其内部装有一个永久磁环，在煮饭时，依靠永久磁环的吸力来吸住内锅的锅底。当锅底的温度不断升高时，永久磁环的吸力就会随温度的升高而减弱。当内锅锅底的温度达到（103±2）℃时，由于磁环的吸力小于其向上的弹簧弹力，限温器被弹簧拉下时压动杠杆开关，切断电源与发热管之间的一条通路。

保温开关又称恒温器，是由储能弹簧片、常闭触点、常开触点和一个双金属片组成的。其中，常闭触点一端接电源，另一端接发热管；常开触点一端接电源，另一端接保温指示灯。在煮饭时，随着锅内温度的不断升高，构成双金属片的两片金属由于受热后伸缩程度不同，使得双金属片发生向上弯曲作用。当温度达到80℃以上时，向上弯曲的双金属片可以推开保温开关的常开触点，从而切断发热管与电源的一条通路；当锅内温度下降到80℃以下时，双金属片又会逐渐冷却而使弯曲度减小，当回到原位置时常闭触点在弹性作用下闭合，使发热管通电而实现电饭煲的保温功能。

杠杆开关是一个机械结构的开关，它有两对常开触点，其中一对触点接在电源与发热管之间；另一对触点接在电源与保温指示灯之间。在煮饭时，按下此开关给发热管接通电源，煮好饭后，限温器弹下并压动杠杆开关，从而使发热管仅受保温开关控制。

限流电阻被接在发热管与电源之间，起着保护发热管的作用。限温器只有在内锅里的水分完全烧干时才会自动断开，因此用电饭煲煮汤水较多的食物，发热管会长时间工作，容易造成过电流，这时限流电阻会先熔断，从而保护发热管免受损坏。限流电阻是保护发热管的关键元件，不能用导线代替。

2. 电饭锅的安全使用

自动保温式电饭锅主要由外锅体、内锅体、锅盖、电热盘、磁钢限温器、恒温器、指示灯及按键开关等组成，其基本结构如图11-3所示。

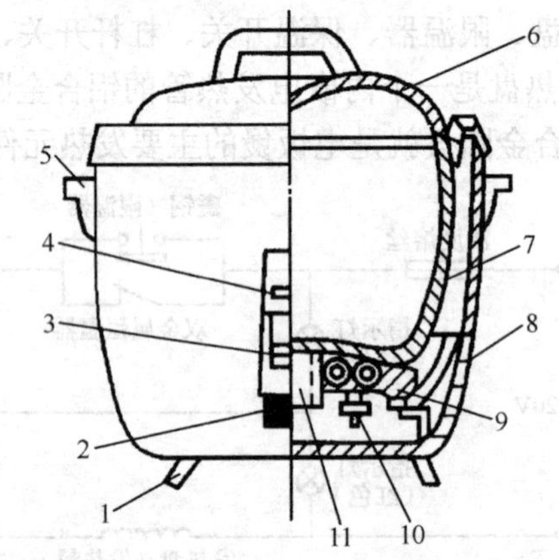

1—锅脚；2—电源插座；3—按键开关；4—指示灯；5—锅耳；6—锅盖；7—内锅；8—外锅；9—电热盘；10—恒温器；11—磁钢限温器

图11-3 电饭锅的结构

电饭锅是一种大功率的电器，为了保证用电安全，在使用电饭锅时应注意以下问题：

（1）在使用前应先检查插头、插座及电饭锅内外有无损坏。如有损坏必须解决后才能使用。

（2）电饭锅电源插头应采用单相三脚插头，插座容量应符合电饭锅功率要求，而且接地（接零）连接可靠，以保证电饭锅金属外壳可靠接地。

（3）必须配备足够负荷的导线和电源。注意不能把电饭锅的电源插头插在灯头或台灯的插座上，以免造成触电和起火等事故。因为一般台灯的电线比较细，载流量比较小，而

电饭锅的功率比较大，工作电流也比较大，如果接在灯头或台灯的插座上，势必会使电灯线发热，甚至烧毁电灯线而引发事故。

（4）为了节约电能，可以采用如下办法：按比例向电饭锅内胆倒入米和水之后，按下按键接通电源，在沸腾4～5min以后，用手指轻轻抬起按键，或者拔掉电源插头，利用加热板的余热来煮熬米饭。过一段时间后再按下按键，待米饭煮熟后自动跳开，再焖10～15min即可开锅食用了。这样的办法既可节约电能，又可使米饭松软可口。

（5）不能在通电情况下用湿手触摸电饭锅的内胆，以防发生触电事故。在饭菜做好以后，要先拔下电源插头再取内胆。在使用自动功能时，一定要仔细检查内胆是否放好，是否处于正常工作状态，以免长时间无人照看而发生意外。

（6）使用电饭锅时，要特别注意锅底内不能凹凸不平，电饭锅的发热板不能有杂物粘着，内锅与发热板接触必须可靠，以利于正常传热。用电饭锅煮粥时，煮开水后应及时把盖拿下或不要盖严，防止粥米溢进开关按键而引起短路。

（7）电饭锅外壳不宜用水冲洗，以防电气部分受潮，引起漏电。外壳脏污宜用柔软湿布擦洗。

（8）不要用电饭锅蒸煮太酸或太咸的食物。我们知道，电饭锅的内胆一般是铝合金制品，接触太酸或太咸的食品会因侵蚀而损坏。同时，如果这些流质食物外溢到电器内部，那么还会造成电器元件的损坏。

三、电视机、计算机的安全使用

1. 电视机的安全使用

电视机作为一种大众消费家用电器，使用时应注意以下问题，才能保证其安全。

（1）要合理摆放电视机。摆放电视机应注意远离热源和易燃易爆物品，以防止发生爆炸和火灾事故。也不要将电视机放置在潮湿的环境中，以防止发生电气打火现象。在摆放电视机时还要考虑人们的观看距离，一般对角线长度为20英寸的电视机最好要保证有2.5m以上的观看距离。因为距离太近不仅会影响人们的视力，而且屏幕发出的电磁辐射也会对人体有害。

（2）正确调试和使用电视机。为了保护视力，应把电视机图像的亮度调至适中的位置，以防止因太刺眼而影响视力。同时，看电视的时间也不宜太久。一般连续观看1h左右就应当休息一下，对于未成年的孩子来说则连续观看不宜超过半个小时。如果观看时间太长，不仅会影响眼睛的健康，而且还容易导致大脑的疲劳。电视机在使用过程中，也不宜频繁开关或选择频道，并且亮度和色度在调整好之后也不宜经常地变动。当电视机出现异味、冒烟、打火，或者光栅异常时，应立即关机并及时送专业维修部门进行修理，以防发生安全事故。注意不要擅自拆卸电视机，以防止发生电视机内高压触电事故。

（3）防止电视机爆炸起火。为了防止爆炸起火事故的发生，一定要注意以下几个方面：一是电视机要摆放在一个固定的地方，不要经常地搬动，并做好防震、防潮、防尘工作；二是不要让电视机长时间地工作，也不要在电视机上面覆盖其他物品以影响散热；三是在雷雨天气应关闭电视机，并拔掉电源和有线电视插头，以防止电视机爆炸起火；四是关机后一定不要立即罩上防尘罩，以防影响电视机的散热，从而对电视机产生不良影响；五是长时间不看电视时，最好拔掉电源插头和有线电视插头，而不要使用遥控待机。

2. 计算机的安全使用

现在，计算机已经走进了大多数家庭，成为了年轻人学习和娱乐的得力助手。那么，应当如何安全使用计算机呢？

（1）家用计算机的使用环境应当洁净、干燥、温度适宜、无振动，并且远离电磁干扰源。良好的使用环境对计算机来说是非常重要的，因为计算机在工作时会产生大量的热量，如果温度过高则会使计算机变得极不稳定，所以计算机应放在易于通风和空气流动的地方，这样有利于计算机温度的调节；同时，灰尘和毛絮落在电路板或元器件上，容易引发计算机故障。

（2）计算机工作时的电压应处于稳定状态，忽高忽低的电压都会给计算机造成极大的损害。家用计算机应当单独使用三孔安全插座，不要与其他家用电器共用一个电源插座。不要带电拔插板卡和插头，这样容易损坏计算机的接口芯片。也不要频繁地开关计算机，以减少对计算机硬件的损害。

（3）不要用含水多的湿布擦拭计算机的表面。计算机中的多数元器件是由大规模集成电路组成的，遇到水分之后会发生电路短路，轻者会烧坏电气元器件，重者则会发生火灾或爆炸。因此，在使用时一定要注意不能让计算机进水。

（4）要按照开机顺序打开计算机，以减少对计算机硬件的伤害。一般应该先打开外设（如显示器、音箱、扫描仪等设备）的电源，然后再接通计算机主机的电源。而关机顺序则正好与开机时相反，应该先关闭主机电源，然后再关闭外设的电源，这样可以减少对硬件的伤害。因为在主机通电的情况下，在关闭外设电源的瞬间，会产生一个很大的冲击电流。

（5）计算机在不用的情况下最好切断电源，因为长期通电不仅会影响寿命，也容易发生火灾。对笔记本电脑的电池进行充电时，请务必遵照产品手册里的说明进行，要避免充电时间过长（超过24h），也要避免在散热不好的环境下充电。

四、洗衣机、电冰箱的安全使用

1. 洗衣机的安全使用

洗衣机进入家庭，改变了居民的生活方式。一般家用洗衣机多以波轮式为主，普通的波轮式洗衣机又包括单桶洗衣机、双桶洗衣机与半自动洗衣机、全自动洗衣机等，其结构

分别如图 11-4～图 11-6 所示。

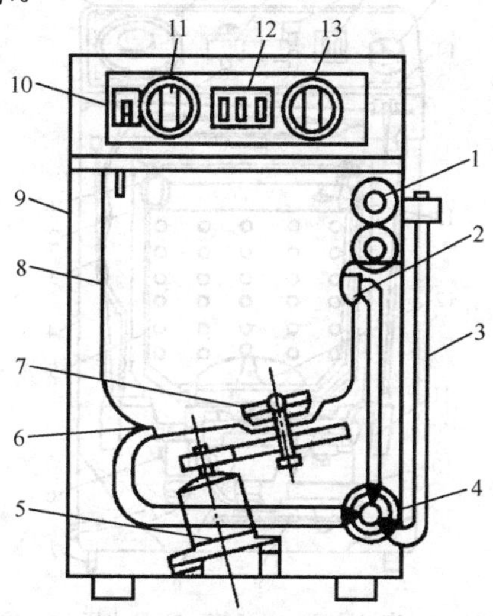

1—手动绞干辊；2—溢水孔；3—排水软管；4—排水阀；5—洗涤电动机；6—排水孔；7—波轮；8—洗涤桶；9—机壳；10—进水口；11—洗涤定时器；12—按键开关；13—排水开关

图 11-4　普通单桶波轮式洗衣机的结构

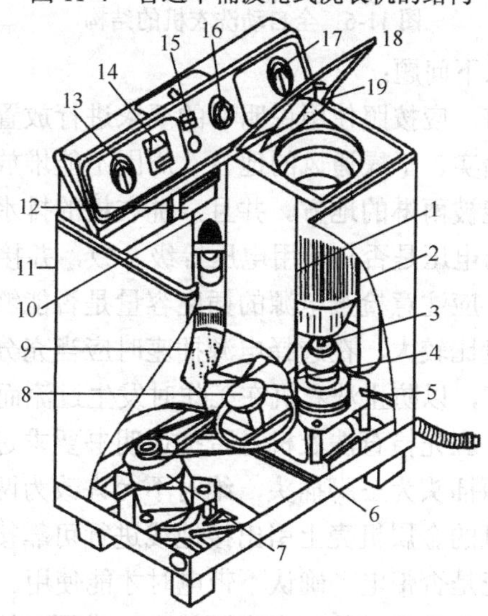

1—洗衣桶；2—脱水桶；3—轴承座；4—刹车瓦；5—脱水电动机；6—底座；7—洗涤电动机；8—波轮；9—下隔水板；10—上隔水板；11—箱体；12—线屑过滤器；13—洗涤定时器；14—水流改换制；15—注水制；16—改换制；17—脱水定时器；18—脱水桶盖；19—脱水桶内盖

图 11-5　普通双桶波轮式洗衣机的结构

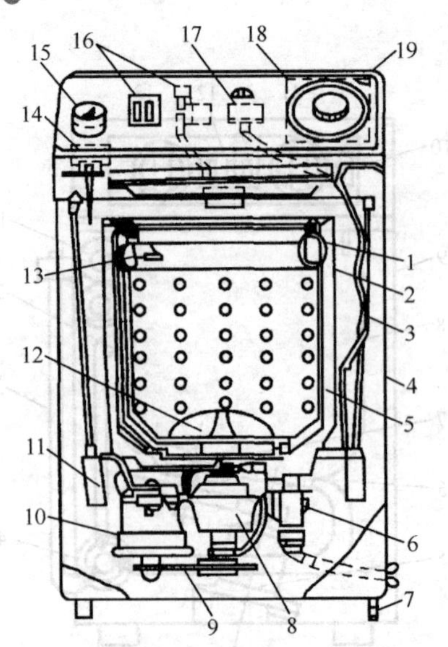

1—流体平衡器；2—洗涤桶；3—空气导管；4—机箱；5—脱水桶；6—排水阀；7—安装调节脚；
8—离合器；9—传动带；10—电动机；11—弹簧；12—波轮；13—过滤器；14—联锁安全开关；
15—蜂鸣器；16—转换开关；17—水位开关；18—定时器；19—程序控制器

图 11-6 全自动洗衣机的结构

使用洗衣机应当注意以下问题：

（1）在使用洗衣机之前，应按照使用说明书的要求进行放置和操作。一般来说，放置洗衣机时应选择一个平坦踏实、干燥通风的地方，周围不能堆放易燃物，不要靠近热源，也不要放在阳光直射或可能被雨淋的地方。并且，洗衣机的排水管不应直接与沼气池相连接。要检查洗衣机铭牌上的电压是否与使用电压等级一致，并接好地线，以保证安全。

（2）在使用洗衣机时，应注意检查电源的插座容量是否能够满足洗衣机用电要求。一般滚筒式洗衣机的用电容量比较大，在选择电源插座时应当充分考虑到这一点。洗衣机不要与其他电器共用一个插座，以防止洗衣机在工作时发生过流而产生危险。

（3）在使用洗衣机时，应先检查洗衣机是否按说明书要求进行安全接地，否则可能发生触电事故。洗衣机的电源插头为三脚插头，绝对不允许改为两脚插头使用。自建房屋没有接地保护的，应从洗衣机的金属机壳上引出接地线进行可靠接地。在接通洗衣机电源之后，应该用试电笔检测机壳是否带电，确认不带电时才能使用。

（4）在使用洗衣机时，不要将重物压在电源线上，也不允许让洗衣机的支脚挤压电源线，以防止电源线发生破裂而导致触电事故。注意，洗衣机的电源插座不能放在地上，其位置要高于自来水的水龙头，并且要使用防水插座。

（5）洗涤前应仔细检查衣服口袋，取出硬币、别针、钥匙等金属物和硬件，以免洗涤时卡住波轮盘，使电动机过载而烧坏。洗涤时应按规定放置干衣和加水量，不要过量，这

可延长电动机的使用寿命，否则长期过载会损坏电动机。

（6）在清洁洗衣机时，必须先将洗衣机的电源插头拔下。清洗洗衣机时，请不要直接用水冲洗洗衣机机壳（特别是控制面板）。因为喷水容易导致内部电气线路发生故障，甚至有可能发生短路而导致触电事故。

（7）如发现洗衣机不能启动、运转声音异常、转速明显变慢，以及发生冒烟、漏水、漏电并有焦煳味等现象，应立即切断电源，排除故障后方可使用。千万不能带电进行洗衣机的维修，以免出现触电事故。如果洗衣机需要维修，应与当地的维修技术服务中心联系，或请有专业技术资格的人员进行修理。

（8）洗衣机的电气设备多采用双重绝缘，但洗衣机长期处在潮湿的环境中，绝缘容易损坏，因此要经常检查电气设备的绝缘情况和保护装置是否可靠。

（9）洗衣机的电动机轴、波轮轴等旋转处的含油轴承，每隔2～3个月要注些润滑油，以防止机械磨损，使电动机过载而烧坏。

普通型洗衣机的常见故障及排除方法见表11-4。

表11-4 普通型洗衣机的常见故障及排除方法

故障现象	产生原因	排除方法
洗衣机运转时震动和摇晃	① 安装不正 ② 传动系统的减震装置松脱	① 找正摆平 ② 检修传动系统，使减震装置完好
电动机只能朝一个方向转动	① 定时开关触点粘接 ② 电容器损坏或开路	① 擦拭定时开关触点 ② 更换电容器，或焊牢断开点
电动机有“哼哼”声，波轮不转	① 波轮被异物卡住 ② 电源电压过低 ③ 电动机本身损坏	① 拆下波轮取出异物 ② 等待电源电压回升 ③ 维修电动机
电动机运转正常，而波轮运转不良	① 传动带松脱 ② 带轮松脱	① 调整带轮位，张紧皮带 ② 检修传动键或传动螺钉
声音异常	① 装配不良，机件松动 ② 润滑不良 ③ 电动机发生故障 ④ 传动带损坏开裂 ⑤ 传动机构部件脱落	① 重新调整紧固 ② 在需要润滑处适量加油 ③ 检修电动机 ④ 检修或更换皮带 ⑤ 检修装好的部件
电动机过热，运转中停转	① 洗衣过多，造成过载 ② 传动系统卡住 ③ 电动机本身质量不好	① 减少洗衣量 ② 检修传动系统 ③ 检修或更换电动机
麻手（触电）	① 未接好地线，静电积累 ② 电动机、电容、导线等电气部件受潮后绝缘不良	① 接好地线 ② 认真检查和处理电气部件的绝缘，接好地线

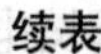
续表

故障现象	产生原因	排除方法
洗涤效果不好	① 洗涤方法不当 ② 传动系统和波轮转动不正常	① 参考洗衣机说明书及有关资料，改进操作和洗涤方法 ② 检修和调整传动系统
电动机温度过高	① 洗衣量过多，致使电动机过载 ② 电动机轴承严重磨损 ③ 洗涤或脱水电动机定子绕组短路 ④ 传动带过紧，摩擦过大，使电动机过载	① 适当减少洗衣量 ② 检修或更换电动机轴承 ③ 卸下电动机，检修绕组 ④ 适当调节皮带的张力
洗涤桶漏水	① 波轮轴套紧固螺母松动或橡胶垫圈损坏 ② 波轮轴的密封圈损坏 ③ 桶体出现裂缝	① 拧紧轴套紧固螺母或更换橡胶垫圈 ② 卸下波轮轴组件，更换同规格的密封圈 ③ 用胶粘补或更换同规格的洗衣桶
脱水外桶漏水	① 脱水轴密封圈损坏或波轮橡胶套破裂 ② 波轮橡胶套与脱水外桶之间的连接架损坏 ③ 脱水外桶有裂缝	① 卸下波轮橡胶套，粘补或更换橡胶套 ② 更换同规格的连接架 ③ 用胶粘补或更换同规格的脱水外桶
排水系统漏水	① 排水管破裂或接头松脱 ② 排水阀门拉带过短，排水旋钮在关的位置时，阀堵不紧 ③ 排水阀压缩弹簧弹力不足或内有杂物阻塞	① 更换排水管，或用胶粘好，或用铁丝扎好接头 ② 适当调节拉带长度，使排水阀旋钮开关效果良好 ③ 卸下排水阀盖，更换弹簧或清除阻塞杂物
排水困难或不畅	① 排水管出口高 ② 排水管扭结或线渣积聚堵塞 ③ 排水拉带过长，排水旋钮在开的位置时，阀门不能打开	① 降低排水管位置 ② 整理排水管，清除堵塞杂物，清洗排水阀 ③ 调整拉线长度，使阀门排水时间少于2min，断水时阀能堵住排水管

2. 电冰箱的安全使用

（1）在摆放家用电冰箱时，应为电冰箱预留一定的空间，以保证电冰箱的通风散热。一般来说，在电冰箱上方要预留10cm的距离，两侧分别预留5～10cm的距离，后侧则要预留 10cm 的距离，这样才能保证冰箱散热的需要。同时，电冰箱还要远离热源，避免太阳光直接照射，也不要与音响、电视、微波炉等其他家用电器放在一起，以防这些电器产生的热量增加电冰箱的工作负担。

（2）电冰箱应使用具有可靠接地的三孔插座，并且在电源线上不能压置重物，以防发生漏电而出现触电事故。同时，还应注意电源线不能与冷凝器和压缩机接触，以防损坏电源线而造成电源线漏电。

（3）不要把电冰箱放置在厨房内，以防发生火灾和爆炸事故。在电冰箱自动控温过程中，照明灯的开关和控制元器件的触点往往会迸发出电火花，万一厨房内的煤气或天然气发生泄漏，就极易发生爆炸事故。

（4）千万不可用水冲洗电冰箱，以防发生内部线路短路或损坏电器的绝缘。也不可在冰箱内存放乙醇、汽油及其他挥发性易燃物品，以免电火花引起爆炸事故。不要用湿手去触摸电冰箱的冷冻室，以防发生冻伤和皮肤粘连。

（5）定期清理电冰箱，不仅可以延长电冰箱的使用寿命，而且还可以提高电冰箱的制冷效果。在清洁电冰箱前一定要先切断电源，并用柔软的干布进行清洁。要注意，在冰箱的表面和里面有很多地方都有涂覆层，还有很多是塑料零件，因此在清洁时千万不能使用具有腐蚀性的清洁剂，并且切忌使用钢丝球等利器进行擦拭。特别是对于电气部分的清洁，一定要用柔软的干布进行擦拭。

（6）电冰箱在长期停用后再次使用时，应进行3次瞬时启动。具体做法是先插上电源，然后再拔下，过5min再重复一次，一共进行3次方可通电工作。由于电冰箱长期停用使得压缩机内的润滑油沉底发黏，并且机内的各工作部件也都处于干涸状态，此时若立即开机使用，那么压缩机的活塞将在无润滑状态下工作，会影响压缩机的使用寿命。如果在初次开机时遇到不正常的噪声或停机、不降温、漏电等故障，应请专业技术人员进行维修，千万不要自行拆开修理，以免扩大故障的范围。

五、电暖器、电热毯的安全使用

1. 电暖器的安全使用

（1）电暖器应使用带地线的三孔插座，绝不能使用没有地线的两孔插座，以防发生危险。插座最好位于电暖器的上方，并使用带过电流保护装置的插座板。使用的插座应有“CCC”标志，以确保安全。

（2）电暖器上不宜放置物品，以免影响散热，烧毁电暖器。

（3）油汀电暖器一定要直立放置使用，不能倒放，因为油汀电暖器通过下端发热管对周围导热油加热，使导热油在导流管内流动来传递热量，如果倒放、平放或斜放，就会造成空烧，把导热管烧坏。

（4）在使用电暖器时，如发现漏油、声音异常等情况，一定要马上停止使用，及时请专业人员维修。

（5）清洗电热器时，要用软布蘸家用洗涤剂或肥皂水进行擦拭，不能用汽油等稀释溶

剂，以免外壳受损，影响美观或使电暖器生锈。

2. 电热毯的安全使用

电热毯是一种电热类家用电器，具有温暖、舒适、卫生、轻便等优点，对某些腰腿疼痛和关节疾病等具有一定的辅助治疗作用，因此受到许多人的喜爱。然而，使用电热毯应十分注意安全，否则会引发火灾或触电事故。

（1）购买质量可靠的电热毯是关键，一定要认清具有生产许可证、国家质检部门质量安全认证的产品。具有安全质量的电热毯一般都有升温、保温和自动保护的功能，更新的设计还有微机自动恒温、短路保护功能。

（2）在使用前，应认真阅读使用说明书，严格按照说明书的要求进行使用，或者请有经验的人进行技术指导。同时，还要仔细检查电源插头、毯外电热引线、温度控制器等是否完好正常。如果检查一切正常，就可以通电测试了。如果通电后电热毯不热或者只是部分发热，说明电热毯可能存在故障。此时，应迅速拔下电源插头，到生产厂家或专业维修店维修，请专业人员检修，确认正常后方可使用。

（3）电热毯适合在硬板床上使用，并且平铺在硬板床上的垫被和床单之间。注意不要放在棉褥下使用，以防热量传递受阻而使局部温度过高而烧毁元件。电热毯在使用过程中，不能反复按固定位置折叠存放；严禁在席梦思床、沙发床、钢丝软床上使用直线型电热毯，以防电阻丝折断，打出火花或产生电弧，引燃被褥，从而引发火灾事故。

（4）一般电热毯的控制开关具有关闭、预热、保温三挡。在睡觉之前，可以先将开关拨到预热挡，大约半个小时之后，温度可达到25℃左右。使用预热挡最好不要超过2h，因为长时间使用容易损坏电热毯的保险装置。然后，把开关拨到保温挡。在入睡前，一定要把开关拨至关闭挡。

（5）电热毯通电以后，一定要有专人看护，随时检查温度的高低。对不能自动控温的电热毯，当达到适当温度时应立即切断电源。如果在加热时遇上临时停电，应及时断开电路，以防来电时无人看管而引发火灾事故。

（6）电热毯不宜在火炕上使用，以免加速电热丝绝缘层的老化。电热毯也不宜与热水袋、热水玻璃瓶等取暖器具一起使用，以防止这些取暖器具对电热毯寿命的影响。尿床的小孩和大小便失禁的患者不宜使用电热毯，以防引起电热线短路而发生危险。电热毯不能放入水中洗涤，以防电热线发生短路。

六、电吹风、电熨斗的安全使用

1. 电吹风的安全使用

对于青年女性来说，洗完头发之后用电吹风吹干，可以保持比较“时髦”的发型。然

而，应特别注意安全使用电吹风，以防发生触电事故。

（1）使用电吹风时应当保持电源线绝缘的良好，不得在浴室或湿度大的地方使用电吹风，在禁火场所及易燃、易爆危险场所则严禁使用电吹风，以避免发生触电事故和火灾危险。在浴室使用电吹风导致触电事故的案例不胜枚举，我们应当引以为戒。

（2）有接地引线的电吹风，一定要把接地线接好再使用。在使用电吹风时，应先接通电源，然后再打开开关，这样可避免因瞬间电压过高而影响电机寿命。要养成使用完毕立即切断电源的习惯，特别是遇到临时停电或电吹风出现故障时更应如此。如中途停用电吹风，则必须关上开关，并不得随意搁置在桌面、沙发、床垫等可燃物上。

（3）在使用过程中，当发现异常现象（如出现杂音、噪声、温度过高、转速突然降低、电机不转、风叶脱落、有焦臭味、电源线冒烟等）时，应立即拔下电源插头。请专业人员排除故障后方可使用。

（4）使用完电吹风之后应该轻拿轻放，防止摔碰其他物体，并放在通风干燥处保存。因为电吹风内部的电热丝在工作之后仍然处于高温状态，这时电热丝比较松弛，摔碰其他物体后很容易发生折断和变形。同时，摔碰其他物体后还会导致电热丝滑出固定架，而形成电热丝与机壳的相碰。这样一来，在下次使用时机壳就会带电，因此容易发生触电事故。

2. 电熨斗的安全使用

普通型电熨斗是电熨斗中最基本的形式。其结构比较简单，主要由电热元件、底板、压铁手柄、外壳及电源线等组成，如图 11-7 所示。而调温型电熨斗则比普通型多了调温器、指示灯和旋钮，至于蒸汽型电熨斗则是在调温型的基础上加装了一个喷气装置，在使用时蒸汽从底板的蒸汽孔喷出，从而免去了人工喷水的麻烦，达到湿润衣物的目的。

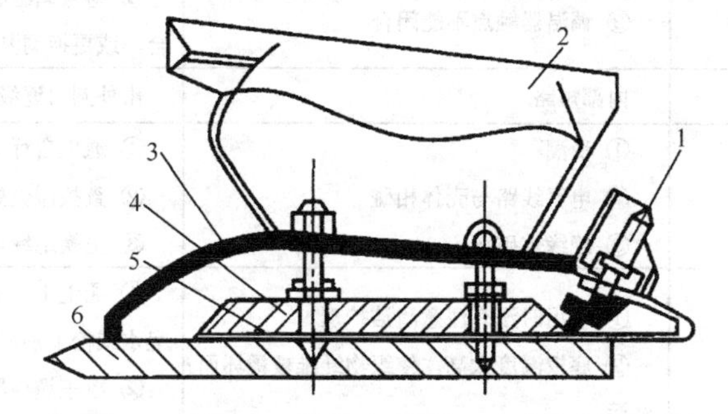

1—导电柱；2—手柄；3—外壳；4—压铁；5—电热元件；6—底板

图 11-7 电熨斗的基本结构

使用电熨斗时的注意事项：

（1）在购买时，电熨斗必须要有产品合格证、生产厂家名称和商标。绝不能买劣质产品。

（2）电熨斗的额定电压必须与供电电压相符。

（3）使用电熨斗前要检查家用电能表、线路、开关插座等容量能否满足电熨斗额定功率的需要。

（4）新电熨斗要先用清洁剂溶液将表面防锈油脂擦掉（不能用汽油擦）。

（5）电熨斗要使用原配的单相三脚插头，不准改用两脚插头。插座内有可靠的保护接地（接零）接线。插头及插座接触要良好。

（6）由于电熨斗的功率较大，应有专线供给电源，插座容量应符合电熨斗功率要求。电源线有过电流保护装置。

（7）使用过程中，在熨烫操作间隙，应将电熨斗竖立安放，或平放在专用的镀铬铁丝架上，绝不准平放在易燃烧材料上。

（8）熨烫完了应立即拔下电源插头，待电熨斗自然冷却后，将底板擦干净放于干燥处收藏。

（9）使用普通型电熨斗熨烫衣物时，不能通电时间过长，以防止温度过高，烫坏衣物，引起火灾。自动调温型电熨斗恒温器要可靠，如发现控制失灵，则应及时修理，否则使用时温度无法控制，会引起火灾。

电熨斗的常见故障及排除方法如表 11-5 所示。

表 11-5 电熨斗的常见故障及排除方法

故障现象	产生原因	排除方法
不热	① 电源引线断路，螺钉松动 ② 电热元件断路 ③ 调温器触点不能闭合	① 检查更换或接通拧紧 ② 更换或检修电热元件 ③ 检查调温触点间距离，使之能恢复闭合，或更换调温器
熔丝迅速熔断	内部短路	由外到内逐级检查短路处
漏电	① 受潮 ② 电气线路与壳体相碰 ③ 绝缘体破坏	① 通电自行干燥 0.5h ② 查找碰壳处并排除 ③ 更换绝缘体
底板发黑	① 使用时没有注意清洁护理 ② 底板温度太高，使织物纤维被烫坏而沾污	① 通电 1～2min 底板略热时，用布蘸肥皂水或松节油清除斑点 ② 校正调温器温度，底板上的焦黑色用墨鱼骨轻轻擦除
过热或调温失灵	① 普通型电熨斗通电时间太长 ② 有调温器的电熨斗，调温器触点熔合而不能分开	① 切断电源，使用时注意通电时间 ② 检查调温器，必要时更换调温器

续表

故障现象	产生原因	排除方法
喷气、喷雾型电熨斗不能喷气、喷雾	管道、气孔堵塞	用细铜丝清理，内部水垢用醋和水各半混合注入储水器，清理干净，按动喷气按钮，试喷数次
喷出的不是气而是水	温度太低	调节温度，达到100℃以下再使用
漏水	① 调温器温度太低 ② 装水过多 ③ 储水器损坏	① 调高调温器的断电温度 ② 倒出一部分水 ③ 更换损坏的零部件
电熨斗发热指示灯不亮	① 灯丝烧断 ② 灯泡和灯座接触不良 ③ 分压电阻断路	① 更换灯泡 ② 检查灯座，将灯泡拧紧 ③ 更换分压电阻
电熨斗熨烫温度偏低	① 缓动式调温器的弹簧片位置偏高，使双金属片稍有下移，动静触点就分离 ② 闪动式调温器弹簧片的内片位置偏低，使双金属片稍有上移，动静触点就分离	① 调校准螺钉，使弹簧片位置下移，以提高熨烫温度。校准螺钉顺时针旋转半圈，温度大约提高25℃ ② 逆时针旋转校准螺钉，使弹簧的内片升高，以提高熨烫温度

七、电风扇的安全使用

电风扇是我国家庭常用的家用电器之一，不仅可以防暑降温，而且还可以改善室内空气质量，有利于健康。电风扇的种类繁多，常见的有台扇、吊扇、壁扇、落地扇、排气扇、仪表扇等，已由原来的实用型发展成舒适型和豪华型，由原来的单一功能发展成现在的多功能电风扇。

电风扇通过电动机将电能转化为机械能，驱动风叶高速转动，强制空气加速流动，从而达到改善人体与周围空间的热交换条件，加速水分蒸发，起到散热作用。

台扇主要由扇叶、网罩、扇头、底座和控制开关五个部分组成，其结构如图11-8所示。吊扇主要由扇头（电动机）、扇叶、罩盖和悬吊机构组成，其结构如图11-9所示。

在使用电风扇时一定要注意安全，以防触电、火灾和机械伤害事故的发生。

（1）电风扇额定电压必须与供电电压相符。供电电压高于电风扇额定电压时，会使电风扇绝缘击穿，造成短路，引起过热起火；供电电压低于电风扇额定电压时，电风扇电动机在运行中会过负荷发热，也会引发火灾。

（2）电风扇应摆放在小孩接触不到或者不容易接触的地方。在开启电风扇之前，应检查电源线路是否完整无损、有无老化等现象，接地线是否完好可靠。电风扇一定要有保护接地（接零）措施，千万不要把电风扇电源线的三脚插头改为两脚插头，使得电风扇的外壳带电时不能导入大地，从而有可能造成人身触电事故的发生。严禁赤脚或湿手开启电风扇。

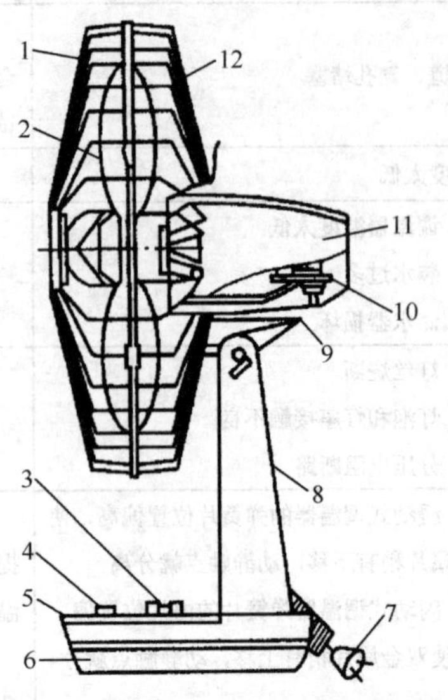

1—前网罩；2—扇叶；3—摇头旋钮；4—调速开关；5—面板；6—底座；7—电源插头；8—立柱；9—连接头；10—摇头机构；11—扇头（电动机）；12—后网罩

图 11-8　台扇的外形结构

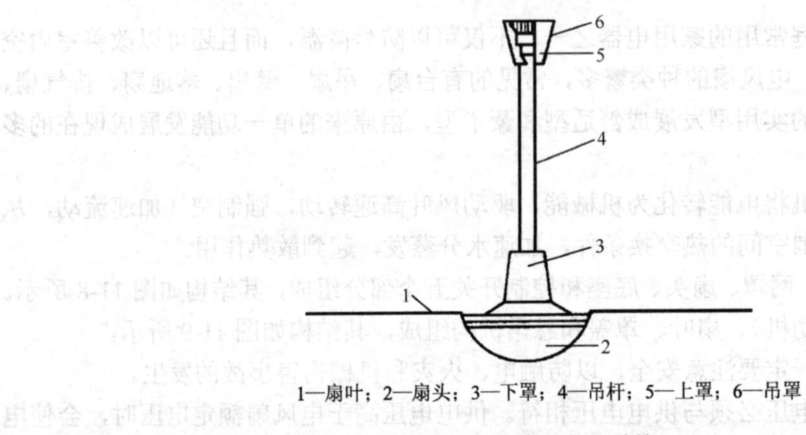

1—扇叶；2—扇头；3—下罩；4—吊杆；5—上罩；6—吊罩

图 11-9　吊扇的外形结构

（3）电风扇不能用水冲洗，防止电动机受潮，绝缘性能下降，发生短路故障，烧毁电动机，而且还可能发生触电事故。

（4）不允许在通电的情况下移动电风扇，电风扇的电源线也不要随意拉扯，更不能用拖把擦洗电源线，以免发生电线短路或漏电事故。如果需要移动电风扇，应该先切断电源，

等扇叶完全停止转动后再移动。

（5）电风扇正常运行时，不能人为地去阻止扇叶转动，也不能用物体或者人体去触碰旋转的扇叶。因为这样做会导致电动机绕组的过热，不仅有可能烧毁电动机，而且也会危及人身安全。同时，也不要将湿衣服或湿毛巾搭在电风扇上吹干，以防衣物绞进旋转的扇叶中造成电动机烧毁或漏电。

（6）电风扇发生故障时，应找有关专业人员检查修理。属于电气线路方面问题的，一定要请专业电工进行修理。严禁带电修理和擅自拆卸电风扇，以防发生触电事故。

电风扇的常见故障及排除方法如表11-6所示。

表11-6　电风扇的常见故障及排除方法

故障现象	产生原因	排除方法
合上电源开关，指示灯不亮	① 指示灯座松动 ② 指示灯损坏 ③ 电阻或感应线圈损坏	① 拧紧指示灯座 ② 更换指示灯 ③ 更换电阻或感应线圈
电风扇琴键开关按下后不通电或任意两挡被同时扣住	① 导线与开关脱焊 ② 通电簧片变形与通电簧片接触不良 ③ 自锁片脱落或失去作用	① 重新焊好 ② 拆下开关，修理通电簧片 ③ 重新修配
电风扇不能启动	① 电源线损坏，电源开关、调速开关及定时开关接触不良或连接线断开 ② 电动机定子绕组损坏 ③ 电动机轴承缺油或油污严重 ④ 轴承孔太松 ⑤ 电容器损坏	① 更换或修理电源线和各种开关，焊牢断开的连接线 ② 更换新绕组，处理故障点 ③ 清洗电动机轴承，重新加油 ④ 更换轴承 ⑤ 更换同规格的电容器
电风扇运转时有杂音	① 风叶止动螺钉松动 ② 风叶变形或不平衡 ③ 轴向移动大 ④ 轴承松动或损坏 ⑤ 定、转子空隙间有杂物 ⑥ 调速绕组铁片松动	① 拧紧制动螺钉 ② 校正和平衡风叶 ③ 适当垫纸箔调整 ④ 更换轴承 ⑤ 清除杂物 ⑥ 拧紧铁片，夹紧螺钉
电风扇运转时震颤	① 风叶变形，引起不平衡 ② 风叶套筒与转轴公差大 ③ 转轴伸头弯曲	① 矫正变形的风叶 ② 修套筒或更换风叶 ③ 矫直或更换转轴
电风扇摇头不灵	① 与摇头机构连接的横担损坏，或连杆开口销脱落 ② 离合器弹簧断裂或齿轮损坏 ③ 离合器上下端不啮合 ④ 摇头传动部分不灵活	① 更换连杆横担或重配开口销 ② 更换弹簧或齿轮 ③ 重新调整离合器 ④ 清洗、加油，重新调整传动机构

续表

故障现象	产生原因	排除方法
电风扇外壳带电	① 连接线与引出线破裂 ② 电容器漏电（一端与外壳相连） ③ 电动机绕组绝缘老化或烧坏	① 更换连接线或引出线 ② 更换电容器，处理好绝缘 ③ 重绕绕组
电风扇在启动或运转中冒火花	① 电动机绕组受潮 ② 绕组绝缘损坏，时而碰外壳	① 干燥后浸漆 ② 更换绕组，损坏不严重时，可浸漆加强绝缘
电风扇在运行中冒烟	① 绕组匝间短路 ② 调速电抗器线圈短路	① 更换绕组 ② 更换电抗器

八、饮水机的安全使用

关于饮水机的安全问题，许多人的认识并不到位。发生在某地的饮水机火灾事故，应当引起人们的警惕。

饮水机主要是靠发热原理进行工作的，其温控装置正常运行是确保饮水机安全运行的前提。如果饮水机的外壳及保温材料未进行任何阻燃处理，那么发热元件及其相连部位一旦发生故障，就极易引燃与之相邻的易燃材料而引发火灾。

一般家用饮水机引起的火灾，主要有四个方面的原因：一是饮水机的温度控制装置失灵；二是由于负载电流过大而致内部线路短路；三是饮水机内胆缺水造成“干烧”；四是饮水机内线路老化等。那么，应如何安全使用饮水机呢？

（1）要严把选购质量关。在购买饮水机时，一定要选择明确标注有生产厂家、地址、电话并且具有合格证的产品，千万不要贪图便宜而购置那些没有质量保证的“三无”产品。

（2）要选择适当的位置。在放置饮水机时要保证其具有良好的通风环境，并远离易燃易爆物、腐蚀性气体、热源、火源以及潮湿和灰尘的环境，以免发生电气火灾。

（3）要采取安全保护措施。家用电器导线和熔丝的选择都要符合规定要求，并安装漏电保护器，对电气设备还要注意经常检查，发现损坏及时进行修理更换。

（4）要合理正确地使用。在外出或睡觉前，应将饮水机电源插头拔掉或将电源开关关掉，这样既安全又省电。发现纯净水桶里的水用完，要及时拔掉电源插头。如发现有异常气味或异常噪声，应立即切断电源，及时请专业人员检修。

九、手机的安全使用

手机已成为现代人必备的通信工具，是现代人的贴身物件之一。然而，手机电池爆炸事件的相继发生，也给手机电池的安全性问题敲响了警钟。有专家认为，手机爆炸一般是

由电池引起的，而电池爆炸发生的根本原因是使用了伪劣产品。一般来讲，目前手机所使用的电池多为锂离子电池。与其他充电电池相比，锂离子电池具有电压高、比能量高、充放电寿命长、无记忆效应、无污染、快速充电、自放电率低等优点，因此受到了消费者的青睐。现在，笔记本电脑、移动电话、数码相机、MP3等数码产品大都配备了锂离子电池，然而有关锂离子电池的安全问题却成了一个大问题。

电池爆炸原因大体上有三种情况。一是电池本身的原因，比如使用假冒伪劣电池极容易发生事故。假冒伪劣电池存在的普遍问题是电池内的核心部件质量差、充电量不足、放电时间短、抗破坏性能差等。二是电芯长期过充，从而发生自燃或爆炸。锂离子电池在特殊温度、湿度以及接触不良等情况或环境下，可能发生瞬间放电而产生大量电流。三是电池正负极发生短路，从而可能引起爆炸。同时，消费者将手机放在高温或易燃物品旁，也有可能引起爆炸。

目前，手机等设备所用的锂离子电池主要包括如下一些构成部分：以钴酸锂为活性物质的正极、石墨为活性物质的负极、有机电解液、聚丙烯或聚乙烯隔膜等。锂离子电池出现安全事故，主要是由电极和电解液间的化学反应引起的。电解液的主要成分为碳酸酯，在一定条件下会燃烧甚至爆炸。在使用过程中，如发生某些意外往往会导致电池充电电压过高，致使内部正负极短路而导致电池迅速发热爆炸。

那么怎样才能防范手机爆炸呢?一是要使用原厂正品电池，不要随意改装手机，不要使用已经破损的电池。二是要尽可能使用原装充电器充电，对电池进行充电或是放置手机时，一定要选择远离高温的地方，同时也要避免夏天阳光的直射。三是注意多用耳机接听电话，不要长时间通话，在充电时尽量不打电话。四是尽量将手机放在提包里，不要将手机挂在胸前等。随着科学技术的不断进步，锂离子电池的安全性也将会进一步提高。同时，只要我们科学合理地使用手机，就会把手机爆炸的风险降到最低限度。

第12章　常见不安全行为及安全操作注意事项

第1节　常见不安全行为及其纠正

在用电过程中，由于种种原因，人们往往有意无意地重复着不安全的行为，重复着习惯性违章作业，这是极其危险的，无论是对人员本身，还是对电气系统（电气设备、电气线路等）都是不允许的。作为一名电工或一名普通用电人员，在用电操作中必须克服和纠正这些不安全行为和习惯性违章作业，才能进一步保证用电安全。

使用工器具，进行电气作业、其他作业时的不安全行为及其纠正措施如表12-1～表12-3所示。

表12-1　使用工器具的不安全行为及其纠正

序　号	表现形式	纠正措施
1	脚手架不按规定敷设立栏、斜（横）撑，不满铺竹片，不检验挂牌，不注明承载能力	脚手架必须按规定敷设立栏、斜撑等
2	使用带缺陷的梯子或底部无防滑装置的梯子进行高空作业	严禁使用有缺陷的梯子进行高空作业
3	在杆塔上作业，将安全帽挂在杆塔抱箍和横担上，或当工具包使用	应正确使用安全帽
4	不熟悉使用方法，擅自使用电气工具，如提着电气工具的导线部位；因故离开工作场所或遇到临时停电时，不切断电源	不熟悉其使用方法的人员，不能擅自使用
5	忽视检查，使用带故障的电气工具	电线漏电、没有接地线、绝缘不良等，既有碍作业，又存在发生触电的危险，因此绝不能忽视对电气工具的检查。使用前必须检查电线是否完好、有无可靠接地、绝缘是否良好、有无损坏，并应按规定装好漏电保护开关和地线，对不符合要求的不能使用
6	在开挖的土方斜坡上放置物料	杜绝在土方斜坡上面放置工具材料

续表

序　号	表 现 形 式	纠 正 措 施
7	不对易燃易爆物品隔绝即从事电、火焊作业，在从事电、火焊作业时焊花飞溅，将易燃易爆物品点燃，引起火灾	在从事电、火焊作业时必须办理相关工作票，对现场存有易燃易爆物品的，采取可靠的隔离措施后方可作业
8	不熟悉使用方法，擅自使用喷灯	不熟悉使用方法的人员，不能擅自使用喷灯
9	电动机具带病工作	作业前，应认真检查电动机具及电源，必要时进行维修，防止隐患引发事故，对带病的电动机具不得使用
10	使用有缺陷的大锤作业	工具有缺陷，不但妨碍作业，而且容易诱发伤亡事故。大锤歪斜就容易抡偏，击伤手臂，如果锤柄断裂锤头会飞出伤人

表12-2　电气作业时的不安全行为及其纠正

序　号	表 现 形 式	纠 正 措 施
1	冒险不使用防护用具带电作业	严格禁止
2	让雇用的临时工、民工、油漆工等自由出入电气作业场所，而未按有关规定履行手续，且又无人监护	应禁止雇用的临时工、民工、油漆工等自由出入电气作业场所
3	擅自扩大工作范围，在超出工作票上规定的工作范围内工作	严格在工作票上规定的工作范围内工作
4	工作班成员未撤离工作现场甚至还在工作，就提前办理工作终结手续	必须在工作终结后办理工作终结手续
5	非单人值班，变电所倒闸操作单人进行	变电所倒闸操作应有监护人
6	倒闸操作不带票、不唱票、不复诵，不认真校对设备，倒闸操作任务结束后一次性打钩代替核对	严格执行倒闸操作程序
7	现场工作负责人、监护人不到位，负责人临时离开现场，未临时委托能胜任人员代替且未通知全体工作人员	现场工作负责人应带头执行有关规定
8	登杆前不核对线路名称和杆号就盲目登杆	登杆前必须核对线路名称和杆号
9	登杆前不检查3m划线、杆子埋深及拉线牢固程度，盲目登杆	登杆前必须先检查电杆状况
10	还未等工作人员全部下杆就提前拆除接地线	确认电杆上无人后方可拆除接地线
11	单人巡线时，发现缺陷，擅自登杆（塔）检查，又不注意安全距离	禁止擅自登杆（塔）检查
12	遇有电气设备火情或人员触电时，不先切断电源慌忙进行抢救	遇有电气设备火情和人员触电时，应先切断电源

续表

序　号	表 现 形 式	纠 正 措 施
13	接触高温物体工作，不戴防护手套，不穿专用防护服	接触高温物体时，如果不戴防护手套，不穿专用防护工作服，可能被烫伤。作业前应认真检查，对接触高温物体，不戴防护手套、不穿用防护工作服者，不准上岗
14	不按规定穿用工作服；穿用工作服时，衣服和袖口不扣好；女职工进入生产现场穿裙子和高跟鞋，辫子、长发不盘在工作帽内	在作业前，应对着装进行严格检查，不按规定着装的不准上岗作业
15	进入施工作业现场不正确佩戴安全帽；虽然戴上安全帽，却不系好帽绳；把安全帽当成小凳子坐	进入施工生产现场前，严格检查工人佩戴安全帽的情况，不正确佩戴安全帽者不准进入施工生产现场。发现把安全帽当凳子坐的现象应严肃查处
16	带电断开或接续空载线路时不戴护目镜	在作业中，不仅要戴护目镜，还应采取安全措施
17	使用电动工具时不戴绝缘手套	使用电动工具时戴绝缘手套，能有效地防止电弧灼伤或电击伤。在作业前进行严格检查，对不戴绝缘手套者不允许操作电动工具
18	在室外地面高压设备上工作时，四周不设围栏	工作时，四周应立即用围网做好围栏，并悬挂相当数量的“止步!高压危险!”的标识。对不设围栏的，应予以批评教育或处罚
19	移开或越过遮栏进行工作	不论高压设备带电与否，值班人员都不得移开或跨越遮栏工作。需要移开遮栏工作时，必须与带电设备保持足够的安全距离，并有人在场监护
20	不办理工作票盲目作业	工作票是电气作业的行动指南，也是保障安全的重要措施，对不办理工作票即展开工作的，工人有权拒绝作业
21	带负荷拉隔离开关	对违反规定带负荷拉隔离开关者，不论后果严重与否，均应从严处罚
22	接错电源相，用手触摸电气设备触电	无论是否有电，对电气设备一律视为有电，严禁用手触摸。电工应增强责任心和提高技术水平，防止接错电源相
23	进出高压室时，不随手将门锁好，结果有小动物进入，导致弧光短路事故	在巡视时进出高压室随手将门锁好
24	雷雨天气不穿绝缘靴巡视室外高压设备	不穿绝缘靴者，不能进行雷雨天室外高压设备的巡视
25	在带电设备周围，使用钢卷尺测量	在带电设备周围进行测量工作，必须使用绝缘体的尺子
26	与带电部位安全距离小	作业前，应认真检查和测量安全距离是否合适，作业时，与带电部位的安全距离必须保持在安全规程规定的范围内

续表

序　号	表 现 形 式	纠 正 措 施
27	不采取安全措施，在带电线路下方穿越放线	如必须在带电线路下方穿越放线，必须采取万无一失的安全措施，防止导线弛度上升
28	电气设备不接地漏电	电气设备必须接地，没有接地的不能使用
29	约时停用或恢复重合闸	对约时停用或恢复重合闸的，应立即纠正，并对责任者予以相应的处罚
30	随意拆除电气设备接地装置，认为电气设备绝缘没有损坏，不使用接地装置也不会触电	接地装置不能随意拆除，也不能对接地装置随意处理
31	非电工接引电源，因为不懂电的基本知识，误将黑色接地线接在A相火线上，使电源箱外壳带电。当其用手去扶电源箱时，当即触电倒下	严禁非电工接电源，发现非电工接电源时，应立即制止，并予以批评教育或处罚
32	非电工冒险移动电源盘	不论有电无电，严禁非电工移动电气设备
33	擅自进入变电所干私活	严禁擅自进入变电所。对擅自进入变电所干私活的，应予以批评教育或处罚
34	带电部位不设明显警告标志	带电部位必须设明显的警告标志
35	翻越栏杆，在运行的设备上行走或坐立	栏杆上、管道上、靠背轮上、安全罩上或运行中的设备上，都属于危险部分，翻越或在上面行走和坐立，容易发生摔、跌、轧、压等伤害事故
36	在机器转动时装拆或校正皮带	装拆或校正皮带必须在机器停止时进行，否则有可能绞伤手指或手臂
37	在机器未完全停止以前，进行修理工作，认为等机器完全停止，排除故障再重新启动，影响工作效率	在机器未完全停止之前，不能进行修理工作
38	在机器运行中，清扫、擦拭或润滑转动部位，导致手部或臂部被机器绞伤	在机器转动时，严禁清扫、擦拭或滑润转动部位，只有确认对工作人员确无危险时，方可用长嘴壶或油枪往油盅里注油

表12-3　其他作业时的不安全行为及其纠正

序　号	表 现 形 式	纠 正 措 施
1	酒后从事各种作业	严禁酒后作业
2	着装不合劳动保护要求	着装应按劳动保护要求
3	不按工种要求着装和佩戴安全用具，如电焊工不穿电焊工作服；高压验电不戴绝缘手套；车工戴手套作业；使用砂轮时不戴防护眼镜	应严格按工种要求着装
4	电焊、架子、爆破、起重、驾驶等特殊工种不按持证上岗的规定	特种作业必须持证上岗

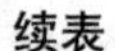

续表

序　　号	表现形式	纠正措施
5	现场平台、扶梯、栏杆、孔洞盖板、照明、通道等安全设施不完善时，未设遮栏、围栏、标示牌等	安全设施不完善时必须采取安全措施
6	在油库、危险品库、制氢站等易燃、易爆区域违章用火，违章吸烟	严禁在易燃易爆品附近用火、吸烟
7	电工上班期间穿裙子、背心、高跟鞋、拖鞋	电工上班时间着装必须规范
8	工作班负责人对工作班成员中情绪激动、发生家庭纠纷和明显精神状态差的人员不闻不问	情绪低落人员应暂停作业
9	现场触电抢救不能正确施行心肺复苏法，不能正确使用肾上腺素针剂	认真学习触电急救方法
10	电气设备着火，使用泡沫灭火器灭火，结果适得其反，越喷火焰越大	扑灭电气设备火灾，只能使用干式或二氧化碳灭火器，不得使用泡沫灭火器。泡沫灭火器只能用于扑救油类设备起火
11	在带电体、带油体附近点火炉或喷灯，结果导致火灾	点燃喷灯时，必须在安全可靠的场所，严禁在带电带油体附近点燃
12	搅拌熔化的电缆胶时，使用冰冷的金属棒，结果金属棒放进滚热的胶里，发生爆溅被烫伤	搅拌或盛取熔化的电缆胶或焊锡时，必须用预先加热的金属棒或金属勺子，以避免由于冷热不均生成水分引起爆溅烫伤
13	敷设电缆时，用手搬动滑轮以便尽快地敷设，结果手被滑轮挤伤	严禁用手搬动滑轮。对用手搬动滑轮的工作人员，应及时进行劝止
14	电工值班时睡觉	严格禁止

第2节　安全操作注意事项

一、电工带电操作应注意的问题

电工在实际工作时应尽量不带电操作，非带电操作不可时，就应仔细小心，常见的几种带电操作应注意的问题如下：

1）带电在配电柜内作业

由于配电柜内的电气元件结构紧凑，各元件间电气距离较小，带电作业时，一定要弄清哪些元件有电，哪些元件没有电。操作时，应采取必要的安全防护措施，并注意动作的幅度不宜过大，以防人身触电或工具造成设备短路。

2）带电叉接相线

带电叉接相线时，各带电线头要处理好，以避免叉接线时由于操作不当而造成相间短路。

带电叉接相线时，操作人员要站在绝缘体上，尽量切断线路负荷，以减小叉接线时产生的电弧。叉接线时，应先将两线头接触好后，再用钳子拧紧，最后可用手去绑扎。

3）带电登杆作业

配电线路采用同杆架设的情况较多，登杆前，应搞清楚哪些是带电部分，哪些是不带电部分，这样便于登杆后的操作。在杆上带电作业时，应正确使用绝缘工具和用具。

4）带电在三相四线制低压配电系统线路上搭火线和拆火线

带电在三相四线制低压配电系统线路上搭火线时，应先接零线，后接相线，拆火线时则应先拆相线，后拆零线。因为运行中的三相四线制系统的中性线是不允许断开的。如拆火线时先拆掉零线，这时各相不平衡负载所承受的相电压则不再对称，有的负载所承受的电压将高于其额定电压，有的负载所承受的电压低于其额定电压，因此使负载不能正常工作甚至烧毁。

5）带负荷拉配电变压器跌落式熔断器

带负荷拉配电变压器跌落式熔断器时会产生电弧，变压器的负荷越大，则拉开时的电弧越大。这就要求在断开跌落式熔断器之前，要先切断用户负荷，以减小电弧的危害。

在有风的环境下拉配电变压器跌落式熔断器时，应先拉下风侧，后拉上风侧，以防止由于风吹电弧导致相间短路。

6）带电测量配电变压器低压出线电压或电流

测量之前，一定要先分清高压及低压，严格保持安全距离，并有人监护，以免测量仪表误触高压接线柱而发生触电事故。

二、电工停电工作时的安全技术措施

电工停电检修是指在一般情况下，电工在检查和维修照明线路及配电等装置或各种电力设备和用电器具时，必须在检修范围内实现安全而可靠的停电，禁止带电检修。为了保障检修人员的绝对安全，规定必须采取以下各项安全措施。

1）停电必须断开检修段的电源总开关

所谓检修段是指检修范围内的线路上的各种装置和设备。电源总开关一经断开，在这些装置和设备上（包括线路）就应没有电源。如果仍有电源，就有下列可能：

（1）存在双端或多端电源，此时应将所有电源端的总开关都断开。

（2）存在自行发电的备用电源，应将备用电源总开关断开。

（3）检修段内装有电容器设备（如功率因数补偿电容器组），则应把电容器设备的控制开关断开（或彻底放完电容器内的所有电荷）。

电工在检修电路时，应严格遵守停电操作规定，必须先拉下总开关，并拔下熔断器（保险盒）的插座，以切断电源，才能操作。电工操作时，严禁任何形式的约时停电、送电，以免造成人身伤亡事故。

为了确保检修时的绝对安全，除了断开检修段的电源总开关以外，还必须采取以下安全措施：

随身携走总熔丝盒插盖（或熔芯），要在总开关上挂上“有人工作，严禁合闸”的警告牌，必要时还应把总开关的操作手柄缚住或锁牢。

上述两项安全措施必须双管齐下，才能避免因旁人盲目合上总开关而使检修段恢复通电的危险。

2）检查检修段是否确实无电

为了防止检修段存在多端电源、备用电源或电容器设备，在断开电源总开关以后，必须在检修段的导体上反复验电，确认确实无电后方可着手进行检修。

（1）在切断电源以后，电工操作需在停电设备的各个电源端或停电设备的进出线处，用合格的验电笔进行验电。如在刀开关或熔断器上验电时，应在断开两侧验电；在电杆上电力线路验电时，应先验下层，后验上层，先验距人较近的，后验距人较远的导线。验电应逐段进行。

（2）在低压设备上验电必须用合格的低压试电笔，为此，应先在带电的低压设备上试验，以确认验电笔完好。

3）临时进行相间短路并接地

在有可能会突然来电的场所，或在高压线路和设备上进行检修前，必须采取临时性的各相间的短路连接，并进行临时接地，然后方可进行检修。

经确认设备两端确实无电以后，应立即在设备工作点两端导线上挂接地线。挂接地线时，应先将地线的接地端接好，然后在导线上挂接地线，拆除接地线的程序与上述相反。

4）检修电路应采取预防措施

为防止电路突然通电，电工在检修电路时，应采取如下预防措施：

（1）操作前应穿具有良好绝缘的胶鞋，或在脚下垫干燥的木凳或木器，不得赤脚、穿潮湿的衣服或布鞋。

（2）在已拉下的开关上挂上“有人工作，严禁合闸”的警告牌，并进行验电：或一人监护一人操作，以防他人误把总开关合上。同时，还要拔下用户熔断器上的插盖。注意在动手检修前，必须再进行验电。

5）严禁约时送电

在检修前或在检修过程中，是绝对禁止预先约定送电时间的，以免出现检修尚未竣工时由他人进行送电的恶性事故。同时必须指出：断开总开关和检修完毕的恢复送电的各项操作，应由负责检修的人员亲自掌握，不应委托旁人代行操作。

检修工作结束时，应对检修点进行检查并确认合格后，待人员和工具等全部撤离后，才可恢复供电。

反侵权盗版声明

举报电话：（010）88254396；（010）88258888

传　　真：（010）88254397

E-mail：　dbqq@phei.com.cn

通信地址：北京市万寿路 173 信箱

电子工业出版社总编办公室

邮　　编：100036